智能电容器开发设计与应用技术

赵国鹏 刘涛 著

清华大学出版社
北 京

内容简介

智能电容器是一种集成了现代测控技术、网络通信技术、自动控制技术、电力电子技术等先进技术的低压无功补偿装置。本书对智能电容器的开发设计与应用技术进行了深入的讨论。按照智能电容器的结构、设计技术、控制器设计、关键控制技术、基于单片机的控制器设计、基于DSP的控制器设计、仿真、工程设计与应用进行了全面讨论。本书注重装置的具体设计技术和工程应用技术，结合了智能电容器装置及产品的设备内部结构、设计方法、设计原则等设备设计层面的内容和工程设计、工程应用等应用层面的内容，综合展示了智能电容器的理论基础、开发设计和工程应用。

本书可作为从事智能电容器装置及产品设计和制造的技术人员以及产品应用的技术人员的参考书，从本书中可同时了解到产品设计和工程应用的相关技术。

图书在版编目（CIP）数据

智能电容器开发设计与应用技术 / 赵国鹏，刘涛著. 北京：清华大学出版社，2025. 1. -- ISBN 978-7-302-67760-4

Ⅰ. TM53

中国国家版本馆CIP数据核字第2025AT8325号

责任编辑：王　欣
封面设计：常雪影
责任校对：薄军霞
责任印制：刘海龙

出版发行：清华大学出版社
网　　址：https://www.tup.com.cn，https://www.wqxuetang.com
地　　址：北京清华大学学研大厦A座　　邮　　编：100084
社 总 机：010-83470000　　邮　　购：010-62786544
投稿与读者服务：010-62776969，c-service@tup.tsinghua.edu.cn
质量反馈：010-62772015，zhiliang@tup.tsinghua.edu.cn
印 装 者：小森印刷霸州有限公司
经　　销：全国新华书店
开　　本：185mm×260mm　　**印　　张**：11.25　　**字　　数**：272千字
版　　次：2025年1月第1版　　**印　　次**：2025年1月第1次印刷
定　　价：68.00元

产品编号：108492-01

前言

无功补偿技术在过去的几十年里得到了发展，无论是在高压场合还是低压场合，相关无功补偿设备的产品已经越来越成熟，例如并联电容器、静止无功补偿器、静止无功发生器等产品已成功应用到无功补偿领域，相应的国家标准也被逐步制定和实施，提升了电网的电能质量，节约了电能，起到了合理应用电能和环保的作用。

在低压配电网中，无功补偿产品已经被广泛应用，例如在开关柜等成套设备中都已经配备了无功补偿设备。在无功补偿产品中，以电容器为主要器件对感性无功负荷进行无功补偿的产品占有相当大的比例，基于电容器的无功补偿设备有低压并联电容器、晶闸管投切电容器等。从电容器补偿无功的发展历史看，投切开关器件的发展对产品的性能起到了至关重要的作用。例如，从机械投切开关到晶闸管投切开关的应用，提升了电容器无功补偿装置的性能；复合开关结合了机械投切开关和晶闸管投切开关的优点，解决了过零投切与器件损耗的矛盾。随着机械开关和智能控制技术的发展，尤其是磁保持继电器性能的完善与发展，基于磁保持继电器的同步开关技术（复合开关的一种）被应用到投切电容器的无功补偿装置中。投切开关技术不断更新，相应的低压电容器无功补偿设备也在更新换代。

在低压电容器无功补偿设备中，无功补偿控制器作为独立的二次设备产品得到了广泛应用。无功补偿控制器实现了电网参数的测量、无功功率的计算与多路投切指令的生成，可根据补偿容量的需要安装多路投切开关和电容器，无功补偿控制器驱动相应的多路投切开关来投切电容器进行无功补偿，例如在晶闸管投切电容器装置中应用无功补偿控制器连接到晶闸管上，投切与晶闸管串联的电容器进行无功补偿。低压电容器无功补偿技术逐步向智能化发展，在传统的无功补偿产品基础上，产生了智能电容器产品。智能电容器是包含一次设备和二次设备的独立个体，包含以低压电力电容器为主体的一次设备，以智能测控处理器为控制核心的二次设备。它是通过具有过零投切功能的开关来投切电容器的模块化低压无功补偿装置，集成了现代测控技术、网络通信技术、自动控制技术、电力电子技术等先进技术。智能电容器在模块化、集成化基础上实现了智能化的无功补偿功能。智能电容器由智能控制模块和电力电容器两大部分组成，包括智能测量系统、过零投切系统、保护系统、通信系统、人机对话系统、电力电容器等模块。模块化的单独个体组合起来使用替代原来成套的无功补偿装置。每一台智能电容器都是一个独立的无功补偿装置，多台智能电容器也可以通过通信系统构成智能电容器组来进行无功补偿。

智能电容器的智能化和模块化特点方便了该产品的应用和推广。本书主要介绍智能电容器的开发设计与应用技术，较系统地讲述了智能电容器无功补偿的基础知识、基本原理、设计过程、生产过程、质量要求及应用技术等。本书注重装置的具体设计技术和工程应用技术，结合了智能电容器装置及产品的设备内部结构、设计方法、设计原则等设备设计层面的内容和工程设计、工程应用等应用层面的内容。本书可作为从事智能电容器装置及产品设计和制造的技术人员以及产品应用的技术人员的参考书，从本书中可同时了解到产品设计和工程应用的相关技术。

本书共分为9章。其中第1章介绍了无功补偿设备的发展历史与智能电容器产品的兴起和发展过程，总结了智能电容器的特点。第2章介绍了智能电容器的结构与模块化技术。第3章主要介绍了智能电容器主电路的结构和参数的设计原则与方法。第4章介绍了作为智能电容器产品核心部件的控制器的功能和设计技术。第5章主要针对控制器的控制方法中的关键技术与难点进行了总结。第6章和第7章列举了两个设计实例，以具体说明智能电容器控制器的设计方法。第8章介绍了智能电容器仿真技术。第9章介绍了智能电容器工程设计与应用。

本书由赵国鹏和刘涛合作撰写，赵国鹏撰写了第1、4、5、6、7、8章，刘涛撰写了第2、3、9章。全书由赵国鹏统稿。

厦门明翰电气股份有限公司在本书的撰写过程中给予了很多帮助，在此表示诚挚的感谢！

由于智能电容器是最近几年出现的新产品，技术处于不断发展过程中，是一项偏重实践的技术，并且智能电容器产品没有标准的设计原则和最优的设计方法，加上作者在产品设计和工程应用经验水平方面的限制，书中难免存在错误和不妥之处，敬请广大读者加以批评指正，以完善本书。

作　者

2024年6月

目录

第1章

智能电容器的发展

智能电容器是将一次设备和二次设备集成在一起的独立个体，将模块化、集成化、结构化、智能化、网络化技术引入传统的电容器无功补偿装置中，用多个标准的、通用的、独立的装置组合使用来代替传统的具有定制性的电容器无功补偿成套装置。智能电容器由智能模块与电力电容器两大部分组成。近些年智能电容器在低压配电网感性无功负载的无功补偿中得到了广泛应用。本章首先介绍无功补偿技术及智能电容器的基本原理，然后扼要叙述智能电容器的兴起、发展、功能和特点。

1.1 无功补偿技术

当前电力电子技术飞速发展，电力电子器件被广泛应用，但是电能质量问题日益严重，其中无功问题是一种常见的电能质量问题，而用户对电能质量的要求越来越高，对电能质量的改善提出了迫切需求。

1.1.1 无功功率的定义

无功功率和功率因数是电能质量中两个重要的概念。无功功率常用的定义是在正弦电压和正弦电流的情况下定义的，如图1-1所示，设正弦电压为 $u=\sqrt{2}U\sin\omega t$，其有效值为 U，正弦电流为 $i=\sqrt{2}I\sin(\omega t-\varphi)$，其有效值为 I，电流滞后电压的角度为 φ。

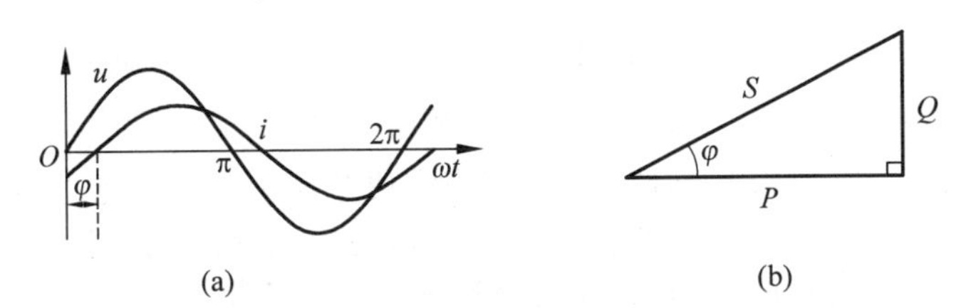

图1-1 无功功率的定义

(a) 电压和电流波形；(b) 有功功率、无功功率和视在功率的关系

无功功率定义为

$$Q=UI\sin\varphi \tag{1-1}$$

设有功功率为 P，引入视在功率 S 和功率因数 λ：

$$S = UI \tag{1-2}$$

$$\lambda = \frac{P}{S} \tag{1-3}$$

一般地，在三相对称的正弦电路中，三相无功功率常用单相无功功率乘以3来表示[1]，在测量和计算无功功率的过程中，可以应用单相无功功率来得到三相无功功率。

1.1.2 无功功率的产生和影响

在配电网中，常见的产生无功功率的负载有如下两种：

（1）感性负载产生无功功率。在工业和生活用电负载中，感性负载所占的比例很大，产生大量无功功率，可称为感性无功功率，例如异步电动机、变压器、日光灯等都是典型的感性负载，产生感性无功功率。

（2）电力电子装置等非线性装置产生无功功率。例如，由晶闸管构成的相控整流器、相控交流调功器和相控周波变流器等，在工作时导通时刻由晶闸管触发角来控制，基波电流滞后于电网电压，产生无功功率。

无功问题常会影响电网及用电设备的稳定运行，对电网的影响主要有以下三个方面：

（1）无功功率可导致设备容量增加。用电设备容量主要用视在功率表示，无功功率会使视在功率增加，从而使用电设备容量增大，例如发电机、变压器、导线及其他电气设备由于无功功率的存在使得设备容量增加。

（2）无功功率可导致设备及线路损耗增加。无功电流在设备和线路中产生损耗，增大了设备和线路的损耗，降低了效率。

（3）无功功率可导致线路的电压降增大。无功电流在线路阻抗上产生压降，使负载端压降增大，无功功率的变化还会引起电网电压的波动，甚至导致闪变，使供电质量下降。

1996年颁布并实施的中华人民共和国电力工业部令第八号文件《供电营业规则》要求用户提高用电的自然功率因数。无功功率对供电系统和负荷的正常运行都是十分重要的，网络元件和负荷所需要的无功功率必须从电网获得，为了减小无功功率对电网的影响，常用的方法是在需要消耗无功功率的地方产生无功功率，即无功补偿。

1.1.3 无功功率补偿装置

无功功率补偿是应用一个可以输出无功功率的装置与需要吸收无功功率的负载并联在一起，减少流入电网的无功功率。无功功率补偿原理如图1-2所示。在图1-2(a)中，当负载为感性负载时，需要吸收感性无功功率，无功补偿装置输出感性无功功率（或等效为吸收容性无功功率）给负载；在图1-2(b)中，当负载为容性负载时，需要吸收容性无功功率，无功补偿装置输出容性无功功率（或等效为吸收感性无功功率）给负载。无功功率在无功补偿装置和无功负荷之间相互交换。这样，感性无功负荷所需要的无功功率可由容性无功补偿装置吸收的无功功率进行补偿，从而改善交流电力系统的供电质量，实现提高功率因数、调节电压和平衡各相负载的目的。无功补偿装置的使用，在提高供用电系统及负载的功率因数、减少功率损耗、降低设备容量和提高输电能力等方面具有显著作用。

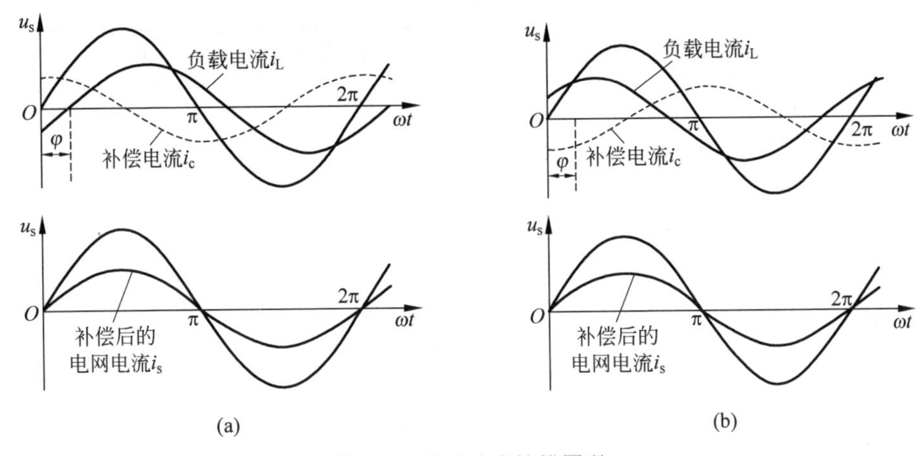

图 1-2 无功功率补偿原理

(a) 感性负载；(b) 容性负载

常用无功补偿装置如图 1-3 所示。

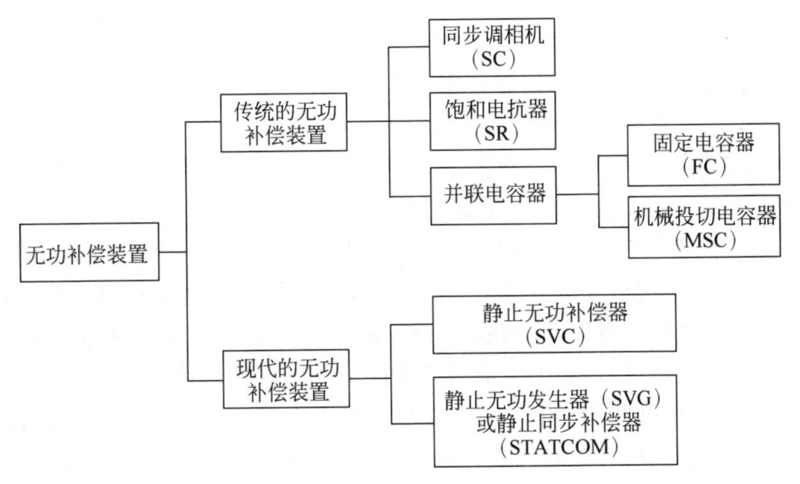

图 1-3 常用的无功补偿装置

无功补偿装置分为传统的无功补偿装置和现代的无功补偿装置。传统的无功补偿装置主要有同步调相机(synchronous condenser，SC)、饱和电抗器(saturated reactor，SR)和并联电容器，其中并联电容器又包含固定电容器(fixed capacitor，FC)、机械投切电容器(mechanically switched capacitor，MSC)两种。现代的无功补偿装置以电力电子技术为基础，主要包含静止无功补偿器(static var compensator，SVC)、静止无功发生器(static var generator，SVG)或静止同步补偿器(static synchronous compensator，STATCOM)等，其中静止无功补偿器是由晶闸管控制电抗器(thyristor controlled reactor，TCR)和晶闸管投切电容器(thyristor switched capacitor，TSC)组合而成。现代的无功补偿装置在响应速度、维护便利性、连续可控性等方面优于传统的无功补偿装置，逐渐取代传统的无功补偿装置。各种传统的无功补偿装置和现代的无功补偿装置的特点对比如表 1-1 所示[1]。

表 1-1 各种无功补偿装置的简要对比

项　目	同步调相机(SC)	饱和电抗器(SR)	晶闸管控制电抗器(TCR)	晶闸管投切电容器(TSC)	静止无功补偿器(SVC)	静止无功发生器(SVG)
响应速度	慢	较快	较快	较快	较快	快
吸收无功	连续	连续	连续	分级	连续	连续
控制	简单	不可控	较简单	较简单	较简单	复杂
谐波电流	无	大	大	无	大	小
分相调节	有限	不可以	可以	有限	可以	可以
损耗	大	较大	中	小	小	小
噪声	大	大	小	小	小	小

1.2 智能电容器的兴起和发展

1.2.1 低压电容器无功补偿技术的发展

并联电容器是现在广泛应用的无功补偿装置。用于低压无功功率补偿的电容器装置在整个发展过程中经历了从简单控制到复杂控制，从手动投切到自动投切，从静态补偿到动态补偿的发展过程，逐渐智能化。

传统无功补偿用的并联电容器是固定电容器(FC)。虽然固定电容器具有简单经济和灵活简便的特点，但其阻抗是固定的，不能跟踪无功补偿需求的变化，也就是不能实现对无功功率的动态补偿。随着电力系统和负载的发展，对快速、动态补偿无功功率的需求越来越大。

当需要对无功功率进行动态补偿时，一般采用电容器分组投入或切除的方式进行阶跃式调节，例如应用机械投切电容器(MSC)进行分组投切，称其为动态无功补偿，这里的“动态”一词主要是针对固定电容器中的“固定”而言。在机械投切电容器中，应用例如真空接触器等机械式开关进行电容器的投切，在投切过程中由于不能控制投切时刻，所以不能实现过零投切，会产生过电压和瞬间涌流，当负荷变化或无功补偿变化比较频繁时，其投切开关频繁动作会大大降低其使用寿命。

随着电力电子技术的发展，电力电子器件被应用在无功补偿装置中，使用晶闸管的静止无功补偿装置占据了无功补偿装置的主导地位。这里的“静止”一词主要是针对旋转的同步调相机而言的。TSC 应用反并联的两只晶闸管构成的无触点开关来投切电容器，极大地改进了投切开关的性能并延长了其使用寿命，但仍然无法实现对无功功率的连续补偿。按照应用范围，可将 TSC 分为日常民用 TSC 和工业用 TSC 两类。民用 TSC 主要安装于城市低压配电网和居民电力用户端的装置中，用于补偿无功功率，补偿后用电端的功率因数可达到 0.95 以上，且不会出现因过补偿而使得无功功率倒送的现象。工业用 TSC 在工业系统中应用广泛，用于补偿工业生产中因大功率、冲击性及非线性负载引起的无功功率，例如在冶金、采矿、电气化铁路等领域中得到了广泛应用。

随着电力电子技术的进一步发展，全控型器件出现，一种更为先进的静止型无功补偿装置——静止无功发生器(SVG)或静止同步补偿器(STATCOM)产生了，其应用全控型桥式变流电路对无功电流进行控制，进而控制无功功率，对桥式变流电路进行不同的控制，可使得 SVG 或 STATCOM 发出无功功率或吸收无功功率，对外既可以呈容性来补偿感性负载的无功功率，也可以呈感性来补偿容性负载的无功功率。SVG 和 SVC 不同，SVC 主要应用半控型电力电子器件晶闸管，且需要大容量的电容器或电抗器，而 SVG 主要应用全控型电力电子器件，桥式变流电路的直流侧只需要较小容量的电容器或电抗器来维持其电压或者电流即可[1]。

无功补偿装置的发展历程也是对装置的无功补偿性能不断改进的过程。各种无功补偿装置的优缺点决定了其应用的场合和应用的范围。虽然 SVG 或 STATCOM 具有响应速度快、谐波电流小以及可以连续调节等优异性能，但因其具有成本较高、控制系统复杂等特点，使得 SVG 或 STATCOM 的应用受到限制。而静止无功补偿器(SVC)虽然具有可能存在过电压或瞬间涌流、系统参数和特性容易漂移、易与系统阻抗产生谐振、存在投切振荡、易频繁误投切、投切速度慢等缺点，但是其具有成本低、控制系统简单等优势，在实际中仍得到了广泛的应用。

目前在无功补偿装置的应用中，SVC 占绝大部分份额，SVC 的主要生产企业有荣信电力电子股份有限公司、思源清能电气电子有限公司、中电普瑞科技有限公司、西安西电科技实业有限责任公司、ABB、Siemens 等。

随着我国智能电网建设进入新的发展阶段，电力设备进一步更新换代，智能用电设备发展迅速。在此背景下，低压电容器无功补偿装置在传统电容器无功补偿模式和装置的基础上，不断向智能化方向发展。在向智能化发展的过程中，首先经历了模块化发展阶段，产生了模块化的低压电容器无功补偿装置。模块化低压电容器无功补偿装置是将传统的无功补偿装置中的主要一次元器件例如电容器、电抗器、投切开关和部分二次接线集成在一个低压柜单元中，作为低压电容器无功补偿柜的一个抽屉单元或模块单元来使用，如图 1-4 所示。与传统的无功补偿装置相比，模块化低压电容器无功补偿装置的集成度更高，多个抽屉单元或模块单元组合应用可方便扩容，使得成套设备生产厂家在组装和维护时更为方便。但是这种模块化的补偿器单元中没有智能控制功能，仅仅是对传统的低压电容器无功补偿装置的并联和集成，不带有整体装置的控制、保护等智能功能。

(a)

(b)

图 1-4 模块化无功补偿装置

(a) 单个模块结构；(b) 多模块抽屉式结构

低压电容器无功补偿装置在向智能化发展的过程中还经历了集成化的发展阶段，将低压电容器无功补偿装置集成化，使其具备控制、保护、测量等各种智能的功能。早在 2002 年，有些厂家开始尝试集成化和智能化，应用传统的接触器或复合开关作为投切开关，具有一定的控制、保护等功能。随着智能电气产品的发展，磁保持继电器的机械和电气特性得到了长足的发展，可以适用于小容量低压电力电容器的同步开关（复合开关的一种）中，可以达到百万次以上的带负荷投切。2006 年以后，磁保持继电器构成的同步开关作为投切开关在低压电容器无功补偿装置中被广泛应用。

图 1-5 智能电容器

近些年，随着微电子技术、数字控制技术、通信与网络技术的高速发展和广泛应用，智能电器技术迅速发展，低压电容器无功补偿装置朝着智能化、模块化、集成化、网络化的方向发展，具有高可靠性、可用性、可维护性、安全、节能、环保等特征。在此背景下，产生了智能电容器，其采用了新型的投切开关控制技术，集成了电容器、电抗器、同步投切开关、控制器、微型断路器等一次器件和二次器件，具有控制、保护、过零投切、级联通信等功能，如图 1-5 所示。相对于传统的低压无功补偿装置和模块化无功补偿装置，智能电容器具有独立的单柜结构，其体积小，接线简单，易于多台组合扩容，积木式搭接结构使得低压无功补偿柜的安装和维护更为方便。越来越多的厂商开始研发和生产此类电容器无功补偿装置。

1.2.2 低压电容器无功补偿技术的分类

根据国家相关标准，电容器无功补偿设备分为高压并联电容器装置和低压并联电容器装置。高压并联电容器装置由电容器和相应的电气一次及二次配套设备组成，并联接于标称电压 1kV 以上的三相交流电力系统中，能完成独立投运。低压并联电容器装置由低压电容器和相应的电气一次及二次配套元件组成，并联接于标称电压 1kV 以下的三相交流配电网中，能完成独立投运[2-5]。

低压电容器无功补偿装置的分类如表 1-2 所示。

表 1-2 低压电容器无功补偿装置的分类

<table>
<tr><th>分类方式</th><th colspan="7">类型</th></tr>
<tr><td>安装地点</td><td colspan="4">户内型</td><td colspan="3">户外型</td></tr>
<tr><td>安装部位</td><td colspan="2">集中补偿</td><td colspan="3">分组补偿</td><td colspan="2">末端补偿</td></tr>
<tr><td>补偿方式</td><td>三相对称补偿型</td><td colspan="2">分相补偿型</td><td colspan="3">相间不对称补偿型</td><td>混合补偿型</td></tr>
<tr><td>投切电容器的开关类型</td><td>机械开关</td><td colspan="2">电子开关</td><td colspan="3">复合开关</td><td>同步开关
（复合开关的一种）</td></tr>
<tr><td>有无抑制谐波或滤波功能</td><td colspan="2">无抑制谐波或滤波功能</td><td colspan="3">有抑制谐波功能</td><td colspan="2">有滤波功能</td></tr>
<tr><td>切除到投入的最小时间间隔</td><td colspan="4">快速型</td><td colspan="3">普通型</td></tr>
<tr><td>控制方式</td><td colspan="4">手动控制</td><td colspan="3">自动控制</td></tr>
</table>

按照安装部位分类，可分为集中补偿、分组补偿和末端补偿三类。集中补偿装置是指将低压电容器无功补偿成套装置安装在变电所，对变电所无功功率进行集中补偿；分组补偿装置是指将低压电容器无功补偿成套装置安装在功率因数较低的用电单元或母线上，对供配电系统中的一部分(区域)无功功率进行分段(区域)补偿；末端补偿装置是指将低压电容器无功补偿成套装置直接安装在感性用电负载附近，对负载无功功率进行就地补偿。

按照补偿方式分类，可分为三相对称补偿型、分相补偿型、相间不对称补偿型和混合补偿型四类[2]。三相对称补偿型装置内三相一起投入或者切除电容器，三相电容器既可连接成三角形也可以连接成星形，允许其中一相不经电容器投切开关而接入主电路；分相补偿型装置内每相分别由电容器投切器件将这一相电容器投入或切除，三个单相电容器连接成星形，三个电容器应将中性线与主电路中性线相连，正常运行时可控制每相电容器投切开关的接通或断开；相间不对称补偿型装置内三个电容器分别串联电容器投切开关后接成三角形并连接到三相主电路中，投入或切除主电路相间的电容器；混合补偿型装置内同时装有三相对称补偿型装置、分相补偿型装置、相间不对称补偿型装置中的两种或以上。

按照投切电容器的开关类型分类，可分为机械开关、电子开关、复合开关和同步开关(复合开关的一种)，例如应用接触器的机械开关、应用晶闸管的半导体电子开关、半导体电子开关和机电开关并联组合使用的复合开关、可控制过零投切的同步开关等，在后面的章节中将做详细介绍。

按照有无抑制谐波或滤波功能分类，可分为无抑制谐波或滤波功能、有抑制谐波功能和有滤波功能三类。其中有抑制谐波功能的装置投入运行时不能使系统谐波含量增加或产生谐振；有滤波功能的装置投入运行时会对系统滤波，使其谐波含量减少。

按切除到投入的最小时间间隔分类，可分为快速型和普通型。快速型装置补偿响应时间不大于100ms，普通型装置补偿响应时间大于100ms[2]。

按控制方式分类，可分为手动控制和自动控制。手动控制装置由操作人员手动控制电容器投入和切除，自动控制装置通过控制器进行电容器组自动投入和切除，也可通过该控制器进行手动控制。

1.2.3 智能电容器的定义

智能电容器是包含一次设备和二次设备的独立个体。它包含以低压电力电容器为主体的一次设备和以智能测控处理器为控制核心的二次设备，是通过具有过零投切功能的开关来投切电容器的模块化低压无功补偿装置。智能电容器集成了现代测控技术、网络通信技术、自动控制技术、电力电子技术等先进技术，其在模块化、集成化的基础上实现了智能化的无功补偿功能。智能电容器由智能控制模块和电力电容器模块两大部分组成，包括智能测量系统、过零投切系统、保护系统、通信系统、人机对话系统、电力电容器等模块。模块化的单独个体组合起来使用替代原来的成套无功补偿装置。每一台智能电容器都是一个独立的无功补偿装置，多台智能电容器也可以通过通信系统构成智能电容器组来进行无功补偿。

目前，我国没有关于智能电容器的相关标准，也没有权威的第三方或者业内主流厂商对智能电容器进行明确定义，在工程应用中智能电容器的标准及产品的CCC认证(中国强制性产品认证)按《低压成套无功功率补偿装置》(GB/T 15576—2020)执行，但是此标准针对的对象与智能电容器的相关性较差。目前市场上已有多种类型和规格型号的智能电容器，各个厂商生产的智能电容器在结构、控制、通信功能等方面均有不同。但是，它们有以下共同特征：每台智能电容器均包含智能监控模块和低压电力电容器；智能监控模块除具有传统无功补偿控制器的无功控制功能外，还有测量、保护、通信、级联、监控等功能；智能电容器内包含独立的控制器，无须外接控制器；单台智能电容器体积小，接线简单；多台智能电容器以积木式搭接结构组成智能电容器组，易于扩充补偿容量。具有上述特征的电容器，可以称之为智能电容器。

1.2.4 智能电容器的基本原理

智能电容器同其他低压并联电容器一样，通常并联在低压电力母线上，用于补偿低压配电系统的无功功率，提高功率因数，从而降低电能损耗，提高配电网的运行效率和电能质量，保证其他设备的正常运行。

智能电容器无功补偿的基本原理如图 1-6 所示。其中，图 1-6(a)为等效电路图，投切开关起到将电容器接入电网或从电网断开的作用，而串联的电抗器主要用来抑制谐波电流流入电容器，同时也能抑制电容器投入电网时的冲击电流，使电流变化率保持在开关器件可以承受的范围之内，适当设计串联的电抗器的值，其还可以作为滤波器来抑制高次谐波。当智能电容器投入时，电容器的电压与电流的关系如图 1-6(b)所示，其中 $\dot{U}$ 表示电网电压，$\dot{I}_L$ 表示负载电流(分为有功电流 $\dot{I}_P$ 和无功电流 $\dot{I}_Q$)，$\dot{I}_C$ 表示补偿的无功电流(由于智能电容器中串联电抗器的容量相对较小，因此智能电容器的工作电流一般超前于电网电压 90°)，$\dot{I}_S$ 表示补偿后的电网电流。无功电流补偿后，负载电流滞后于电压的角度由 φ_1 变为 φ_2。

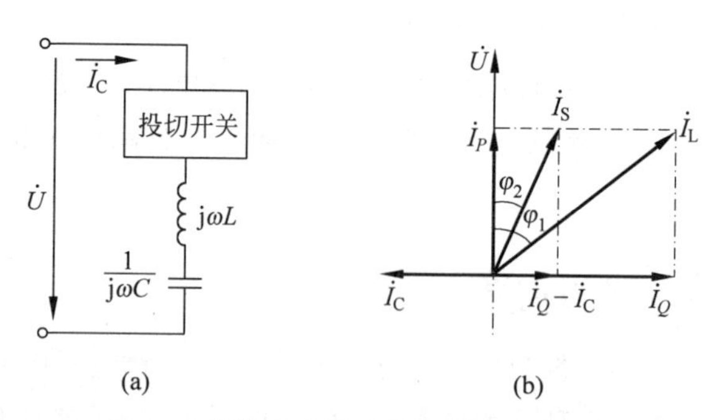

图 1-6 智能电容器无功补偿的基本原理

(a) 等效电路图；(b) 电压和电流相量图

智能电容器结构图如图 1-7 所示，一次设备包含总电源接入端、快速断路器、过零投切开关和低压自愈式干式电容器；二次设备包含人机界面、智能控制单元、电压和电流检测单元。智能电容器工作时，采集三相低压母线上的电压和需要补偿的负荷电流，通过接线端子输入智能控制单元。智能控制单元的中央处理器根据采集的各种数据进行快速计算，得出精确的电容器投切容量及投切组合规则，并输出控制信号来控制投切开关实现过零投切，最终实现低压无功补偿的功能。同时，通过 RS-485 等通信接口，可将多台智能电容器连接成一个具有主从自适应控制功能的无功补偿系统，无须外接控制器。另外，通过液晶显示屏或触控显示装置实现人机界面，可以更为有效和方便地实现参数设定、运行状态显示与故障排查等人机交互的功能。图 1-8 给出了智能电容器在配电网中的接线示意图。

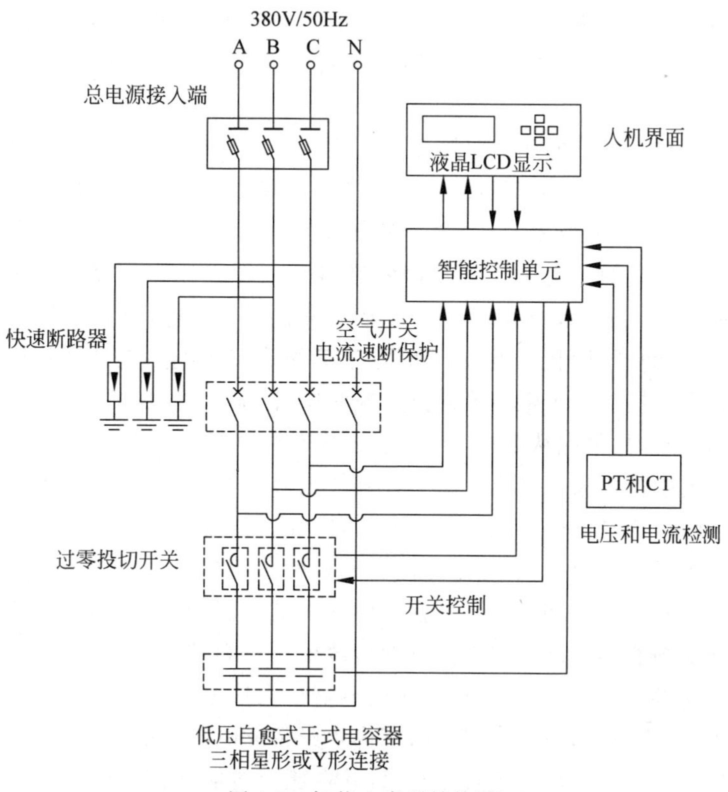

图 1-7 智能电容器结构图

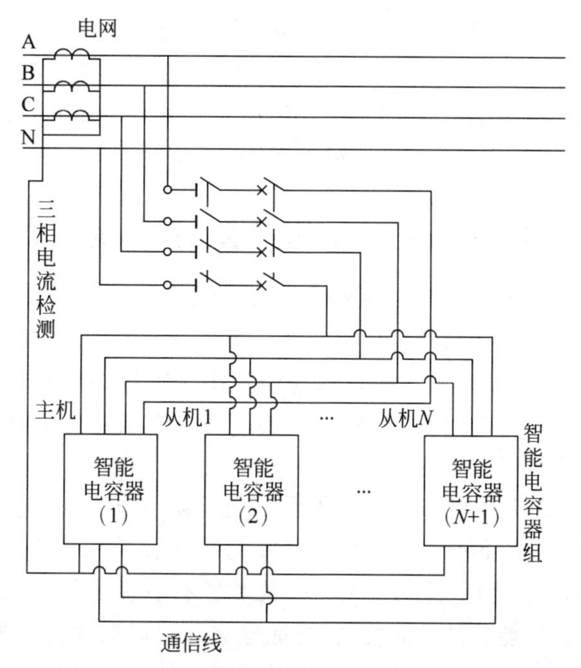

图 1-8 智能电容器在配电网中的接线示意图

1.2.5 智能电容器的发展现状

随着我国电力工业的快速发展以及技术水平的不断提高，我国不断深入推进节能减排政策，建设智能电网的需求在增长，无功补偿及相对应的节能控制产品的市场规模将迅速扩大。

智能电容器是在模块化低压电容器无功补偿装置的基础上，结合用户对智能电气设备的要求，将原电容器无功补偿控制器的功能创造性地集成到电容器模块中，并采用可靠、精确、智能化的过零投切开关技术，使得电容器无功补偿装置的体积和接线大为减少。智能电容器首先在建筑行业的配电网无功补偿领域得到应用。智能电容器的雏形最早出现在2002年前后，一些无功补偿设备生产厂家开始开发智能化的低压电容器无功补偿装置，该装置与模块化低压无功补偿装置类似，当时称之为智能集成电力电容器补偿装置。随着技术人员将磁保持继电器应用于电容器的投切控制中，限制智能电容器发展的投切开关的损耗和寿命问题得以解决，因此从2006年开始，国内智能电容器的发展进入了一个新的阶段，一些无功补偿设备生产厂家开发出了新一代智能电容器产品，在智能电容器产品中加入了过零投切、控制保护、级联通信等功能，在低压电容器无功补偿领域中大量推广和应用，智能电容器得到了市场和用户的认可，并逐渐开始取代传统的低压电容器无功补偿装置。随着智能电容器的进一步普及和推广以及在配电网中的广泛应用，国内生产低压电容器的厂商逐渐意识到智能电容器可能取代大部分的传统低压电容器无功补偿产品，成为一种新型的低压电容器无功补偿装置，因此国内低压电容器厂商从2006年起就逐渐开始研发不同类型的智能电容器，并积极投入市场。目前，国内生产智能电容器的厂商越来越多，具有CCC认证智能电容器产品的厂商已经超过100家，并在逐年增加，国内知名的智能电容器生产厂家越来越多，具有代表性的厂家有江苏现代电力科技股份有限公司、南通富士特电力自动化有限公司、浙江亿德科技有限公司、厦门明翰电气股份有限公司、恒一电气有限公司、浙江沃尔德电力电子有限公司、台州安耐杰电力设备有限公司、成都星宇节能技术股份有限公司、淄博莱宝电力电容器有限公司等。国外生产低压电容器无功补偿产品的厂商也有很多，例如ABB、DUCATI、ELSPEC、Schneider、NOKIAN等。

1.2.6 智能电容器在配电网中的需求及面临的挑战

随着电力用户对电能质量的要求越来越高，供配电企业对降低用户电能损耗的要求越来越严格，低压电容器无功补偿装置作为最基础、最基本的节能降耗产品，日益引起电力用户的广泛关注。同时，就地提高功率因数已经体现出了很好的发展优势，而智能电容器作为新一代的低压电容器无功补偿和功率因数提升产品，在装置智能化、模块化、小型化、易维护方面有着一定的优势。

在低压配电网中，无功补偿装置已经成为和变压器一样不可或缺的电力设备，有着节能降耗的功能。在低压配电网中，无功补偿装置的配置容量一般为变压器容量的20%～40%[4]，因此，在新建低压配电项目中，无功补偿装置有着极大的市场容量和份额。同时，随着国家电力设备朝着智能化的方向发展，智能电容器可以取代已有配电网中传统的电容器无功补偿装置，其结构特点易于对原有电容器无功补偿装置进行改造，因此，市场对智能电容器产品的需求极大。智能电容器可提高供电的功率因数和配电网的效率，在城市配电网、农村配电网、民用建筑、厂矿企业、轨道交通等领域都有应用，在其供电的箱变、成套柜、户外配电箱等设备中都可包含智能电容器进行无功补偿。

智能电容器具有以下发展趋势：

(1) 进一步智能化与通信化。采用微处理器技术，智能采集电力参数，自动根据实际运行情况随时进行无功补偿；装置中加入通信模块，与上位机组成一个系统，操作人员可以进行远程监控。

(2) 提高维护的方便性。在智能电容器中增加自诊断功能，除了具有缺相、过压、过流、谐波超额等各类保护功能，还可以具有过零开关、电容器、控制器模块、通信模块等故障报警功能，方便查询现场故障和及时维护设备。

(3) 提高经济性、可靠性、响应速度等。智能电容器作为新一代低压电容器无功补偿装置，相对于传统的电容器无功补偿装置来说，由于集成了智能化的各种功能，产品的价格会高于传统的电容器无功补偿装置；智能电容器的无功补偿方案、电容器组的连接方式和传统的无功电容器补偿方案和连接方式有较大的不同，其产品面临稳定性和可靠性方面的挑战。

1.3 智能电容器的功能和特点

根据无功补偿的需要和智能化的特点，智能电容器的主要功能和特点如下：

(1) 过零投切。实现投切开关两端电压过零投入，流经投切开关的电流过零切除，无投切瞬间涌流，减轻了对设备和电网的电压冲击和电流冲击，提高了设备的使用寿命。

(2) 补偿模式多样。可以设置手动投切模式和自动投切模式，智能电容器既可以按照操作人员指令投切电容器，也可根据无功补偿需求自动投切电容器。

(3) 混合补偿。三相共补型智能电容器与分相补偿型智能电容器共同组网，有效补偿电网三相负载无功不平衡，精确提高供电的功率因数，避免出现无功过补偿、欠补偿和三相不平衡问题。

(4) 优化补偿。补偿容量可以分为多级，应用智能电容器组进行分级补偿，进行优化补偿，达到最优化的补偿效果，最大限度地提高功率因数。

(5) 保护功能。具有过压、欠压、过流、过热等保护功能，智能电容器可以快速切除，退出运行，达到保护装置的目的。

(6) 智能网络。每台智能电容器均含通信接口，可上传本智能电容器运行工况和运行参数等实时信息；多台智能电容器可联网使用，自动生成一个网络，组合起来构成低压无功自动补偿系统，其中一台智能电容器为主机，其余为分机，每台智能电容器可通过通信接口与主机监控设备进行通信；如果个别分机故障，该分机会自动退出，不影响其余智能电容器的工作状态；如果主机故障，该主机也会自动退出，自动补偿系统会从分机中产生一个新的主机，组成一个新的自动补偿系统，继续组网工作。

(7) 绿色环保。智能电容器采用特制干式自愈式电容器，该类型电容具有无泄漏、整体阻燃防爆、绿色环保等特点，且年衰减率小于1%。

(8) 高可靠性。多台智能电容器组网运行,采用主机和从机控制,不需要额外的控制器,采用分散控制模式,避免了因控制器故障导致整个系统失效;同步开关减小了开关的损坏率,与传统无触点继电器、接触器、固态继电器、复合开关相比,可靠性提高。

(9) 积木式组合结构。智能电容器产品具有标准化和网络化特点,采用积木式组合结构安装,某台智能电容器损坏后只需更换单体,简单快速,无须对整个补偿系统进行维修和更换,与应用分立器件构成的传统电容器无功补偿装置相比,节约了维护成本。

(10) 接线简单。单体智能电容器组网模式使得生产工时比传统电容器无功补偿装置少,同时减少了智能电容器组的连接线和节点,柜内简洁,可现场进行快速组网安装,大大提高了生产厂家的生产效率。

(11) 扩容方便。智能电容器产品体积小,组网时接线简单,随着用户电力负荷及无功补偿容量的增加,可以随时增加智能电容器的数量,易于扩容。

(12) 人机接口方便。可采用数码管、液晶显示屏、触摸屏等人机交互设备进行人机交互,例如可显示电压、电流、功率因数等系统参数,可显示如过压、欠压、过温等装置保护信息,也可以显示每台智能电容器每相投切状态,还可以通过操控面板对各种参数进行修改和设定。人机交互界面操作简单和方便,且界面直观。

(13) 就地补偿。智能电容器单体体积小,易于安装和移动,可以在负载旁边直接接入智能电容器进行就地补偿,易于接线。

(14) 可以与传统的无功补偿控制器混合使用。智能电容器组可以与传统的电容器无功补偿控制器混合使用,每台智能电容器可通过网络与传统的电容器无功补偿控制器进行通信,可与传统的电容器无功补偿控制器进行运行工况及参数的信息交换,也可以进行参数设置及控制命令的信息交换。

智能电容器的主要技术参数如表 1-3 所示。

表 1-3　智能电容器的主要技术参数

项　目	参　数	项　目	参　数
额定电压	AC 220V/380V	额定电流	30A、40A、60A、100A 等
功率因数误差	±0.01	控制投切准确率	100%
操作间隔	小于 60s	投切开关寿命	100 万次以上
保护误差	电压:≤0.5% 电流:≤0.5%	输出方式	通信线输出

第2章

智能电容器的结构

2.1 智能电容器的结构组成及其特点

智能电容器通常设计为模块化结构，组成模块有低压电力电容器、低压串联电抗器、外部防护功能模块和智能控制器，其中智能控制器包含测量模块、投切开关模块、线路保护模块、人机界面模块、快速断路器等。模块化的结构使得智能电容器体积小、现场接线简单、维护方便、易于进行无功补偿系统的扩容。具有模块化结构的智能电容器如图 2-1 所示。

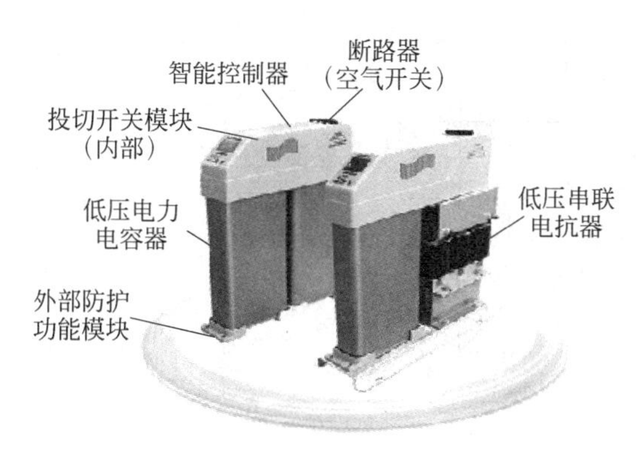

图 2-1　智能电容器的模块化结构

智能电容器与传统低压并联电容器无功补偿装置的结构组成基本一致，智能电容器将传统低压并联电容器无功补偿装置的各个部分模块化和集成化。图 2-2 为以智能电容器为主体的无功补偿装置与传统低压并联电容器无功补偿装置的对比图。在配电网中应用低压并联电容器装置进行无功补偿时，装置中只有一个控制器，用以控制多台电力电容器，如图 2-2(a)和(b)所示；以智能电容器为主体的无功补偿装置中，各台智能电容器均具有控制器且能独立工作，智能电容器与低压配电网母线直接并联，各智能电容器之间通过通信线相连，进线柜中的电流通过外接电流互感器接至任意一台智能电容器，多台智能电容器之间自动组成网络，构成整体系统后作为一个装置来进行无功补偿，任意一台智能电容器均可以作为主机或从机运行，任意一台智能电容器出现故障或退出均不影响整个补偿系统的正常运行，如图 2-2(c)和(d)所示。

智能电容器与传统低压并联电容器无功补偿装置的对比如表 2-1 所示。

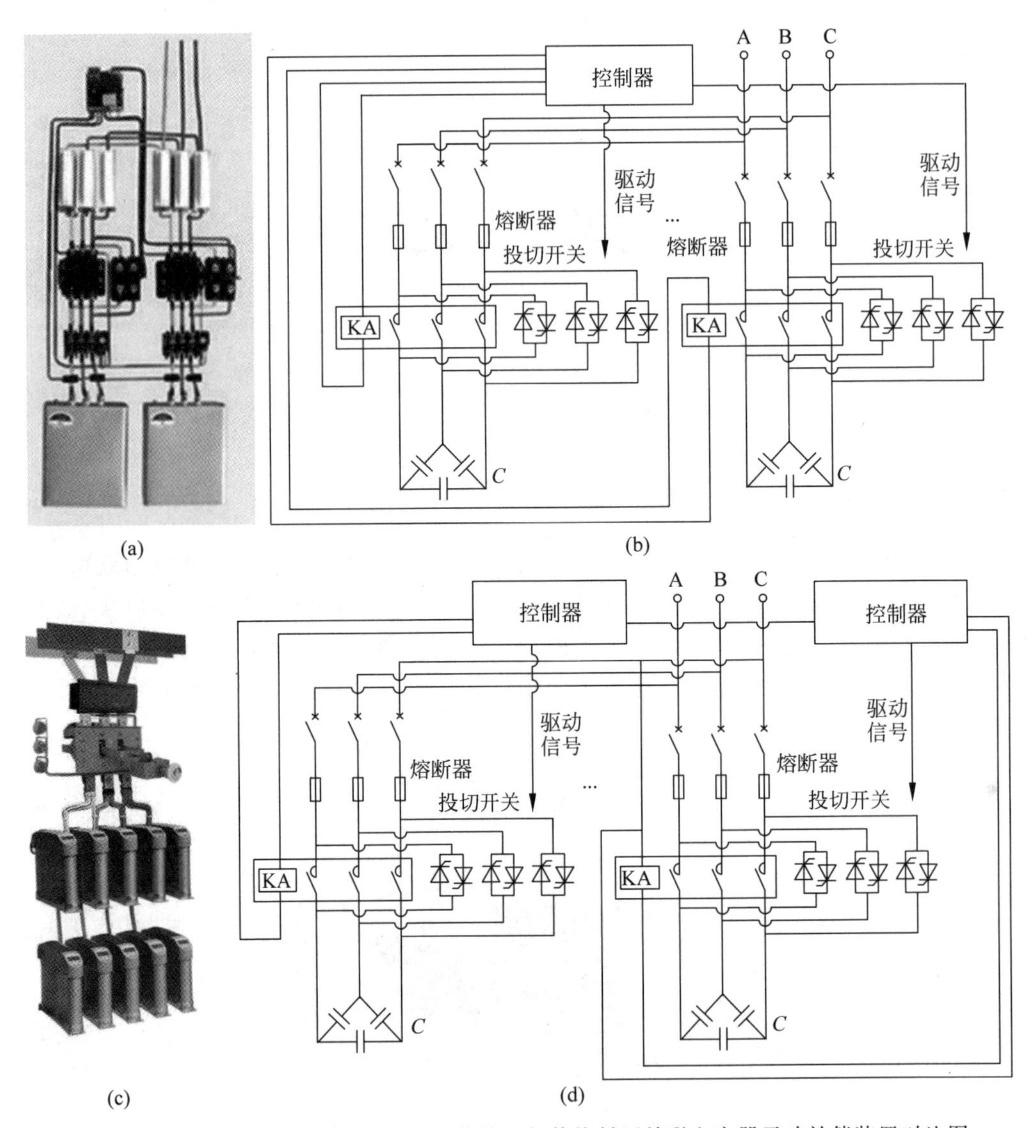

图 2-2 以智能电容器为主体的无功补偿装置与传统低压并联电容器无功补偿装置对比图

(a) 传统低压并联电容器无功补偿装置示意图；(b) 传统低压并联电容器无功补偿装置接线图；
(c) 以智能电容器为主体的无功补偿装置示意图；(d) 以智能电容器为主体的无功补偿装置接线图

表 2-1 智能电容器与传统低压并联电容器无功补偿装置的对比[6]

序号	内容	传统低压并联电容器无功补偿装置	智能电容器
1	结构	由一台控制器、多台低压电力电容器、多个投切开关等器件在箱内组装而成	每一台智能电容器包含控制器、电力电容器、投切开关等，由多台智能电容器在箱内像搭积木一样组装而成，也可以单台独立使用
2	功能	常规的投切电容器无功补偿功能	除具有常规无功补偿功能之外，还具有过零投切功能，过压、过流、过温、欠压、缺相、过谐波等保护功能，电压、电流、功率因数、无功/有功、电流谐波畸变率等测量功能，手动/自动控制功能，对外通信功能，故障报警功能等

续表

序号	内　　容	传统低压并联电容器无功补偿装置	智能电容器
3	配置与扩展	产品为整体设备，根据需求进行一次性配置，产品一旦形成，调整配置和无功补偿容量十分困难	产品以独立电容器为基础，构成积木式结构，设备可根据当前需要和经济能力进行配置，日后可根据情况扩展，防止一次性投资，可实现分期投资，在使用现场可以方便地调整配置和无功补偿容量
4	过零控制	如用接触器投切开关，无过零控制，需加 *RC* 吸收电路；如用复合开关，具有硬件检测过零投切功能；如用可控硅开关，导通存在压降，且在投入过程中有谐波产生，关断时承受反压较高，对器件选型要求严格	可选用磁保持继电器作为投切开关，采用微电子软、硬件技术控制机械触点实现过零投切，无涌流，能耗小，无谐波，可靠性高
5	体积与重量	体积和重量均大	体积和重量均小，在相同柜宽的情况下智能电容器的补偿容量最大可以是传统装置补偿容量的 3 倍
6	开关损耗	如用晶闸管投切电容器，损耗较大	可以采用含磁保持继电器的同步开关，磁保持继电器运行时损耗很小
7	生产与运输	产品结构复杂，体积大，元件集成度低，不易生产和运输	产品结构简单，集成度高，体积小，便于生产和运输
8	可靠性	控制器是整个系统可靠性的瓶颈，其一旦发生故障，则整个无功补偿系统将失效；整体装置中元件的种类、数量多，控制环节多，可靠性不易控制	采用分散控制模式，可自成系统工作，实现每一台智能电容器独立的实时投切功能，个别智能电容器出现故障后自动退出，并不影响其余独立个体的工作；应用磁保持继电器作为投切开关时，具有 100 万次投切的机械寿命和电气寿命，可靠性较高
9	可维护性	现场诊断与处理比较困难，所需时间长，元器件更换比较麻烦	具有故障自诊断功能，现场故障诊断与处理容易，装卸方便，元器件易于更换
10	经济性	价格与电容器数量不成比例，小容量场合性价比低	价格与智能电容器数量成比例
11	补偿模式	集中补偿应用多，分散补偿应用少	集中、分散补偿均适用
12	标准化生产	困难	容易

2.2 智能电容器模块化技术

智能电容器是对传统低压并联电容器无功补偿装置的集成化和模块化，采用模块化设计使得智能电容器的体积小，接线简单，便于容量拓展和维护。智能电容器不仅是对传统低压并联电容器无功补偿装置各部分元器件的简单集成，而且是对所有的一次元器件、二次元器件、控制保护装置、通信级联装置、投切开关、外部防护功能模块等部分的重新模块化设计。它具体包含以下模块：

(1) 低压电力电容器。智能电容器采用干式自愈式电容器，其可靠性和安全性较高，介质损失小，温升低，寿命长，容量衰减低。电容器内部包含放电电阻和温度传感器，且填充软质树脂，可避免侵蚀和污染环境，具有绿色环保的特点；常设计成三相一体式，缩减电容器体积，并在外形上设计成椭圆形或长方形以减少安装空间。

（2）低压串联电抗器。低压串联电抗器采用干式铁芯串联电抗器，根据用户调谐需求选定电抗器值，具有损耗低、抑制涌流、噪声低、可以抑制谐波、可以自然冷却等特性，绝缘等级符合相关标准。同时，电抗器也设计成三相一体式，以配合电力电容器使用。

（3）智能控制模块。智能控制模块采用微处理芯片电路板，集成了电气参数测量功能、无功补偿控制功能、保护功能、级联通信功能、对外通信功能、人机接口等。在智能控制模块中的投切开关模块采用微电子软、硬件技术对投切相位角进行跟踪控制和修正，准确控制投切开关的动作时间，消除投切开关弹跳，抑制涌流，防止操作过电压，无过电压击穿，响应速度快，可频繁投切，无电弧和重燃，投切开关烧蚀的危险性小，提高了投切开关及电容器运行时长，使其具有100万次投切的寿命。

（4）外部防护功能模块。智能电容器产品采用模块化、一体化的积木式结构，外壳均采用阻燃的ABS（丙烯腈-丁二烯-苯乙烯共聚物）工程材料，其防护等级为IP4X（能防止直径或厚度大于1mm的固体异物进入壳内），结构上装置应能承受一定的机械、电和热的应力，其构件应有良好的防腐性能。装置的结构设计、元件安装、布局安全可靠、维修方便，需手动操作的器件操作灵活。装置中所选的指示灯、按钮、导线及母线的颜色在外观上符合相关标准。

2.3 智能电容器的主电路结构

2.3.1 主电路的接线形式

智能电容器常用图2-3所示的主电路接线形式：有不接中线的方式，有接中线的方式；三相电容的接线方式有Y接线（星形接线）和△接线（三角形接线），三角形接线有三角形外接法和三角形内接法。四种主电路接线形式有各自的优缺点，在应用过程中有些缺点表现明显，导致某种结构只能应用在一定的场合。

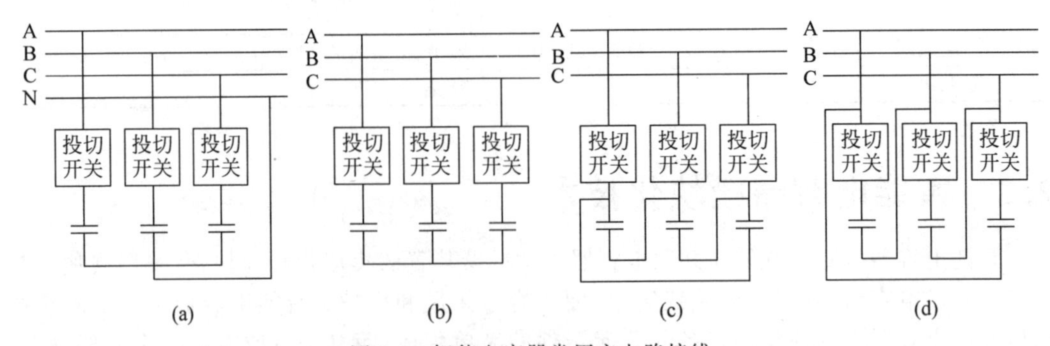

图2-3 智能电容器常用主电路接线

(a) 星形有中线接法；(b) 星形无中线接法；(c) 三角形外接法；(d) 三角形内接法

星形有中线接线方式可以看作三个单相的智能电容器，如图2-3(a)所示，三相独立控制，易于控制，投切开关的电压定额低，但由于中线的存在，对3的整数倍次谐波无抑制作用，中线上有大电流流过，需要连接较大的电抗器来抑制谐波。

星形无中线接线方式中，三相之间不独立，必须由其中两相的电容器才能构成回路，如图 2-3(b)所示，因此不能进行分相投切，但是能够抑制 3 的整数倍次谐波，对电网无污染。在电容大小相同的情况下，此种接法的无功补偿容量为三角形接法的 1/3，但是投切开关和电容器承受的电压都较小。

三角形接线方式与星形接线方式（包含星形有中线接线方式和星形无中线接线方式）相比，有如下两个特点：一是可以充分发挥电容器的无功补偿能力。电容器的无功补偿容量与加在其两端的电压有关，在采用电容器星形接线方式时每相承受的是电网的相电压，采用三角形接线方式时每相中的电容器承受的是电网的线电压，所以以三角形接线方式连接的电容器的无功补偿容量是以星形接线方式连接的电容器的无功补偿容量的 3 倍。二是三角形接线方式没有中性点，不会出现星形接线方式中因某一相电容器发生故障而引起三相不对称，从而导致中性点转移的情况，也就不会出现因中性点转移而产生的部分相欠电压和部分相过电压，同时产生的不平衡度也小于星形有中线接线方式。在三角形外接法中，开关器件处于电容器三角形的外部，这种接法应用于三相对称负载时，可有效抑制 3 的整数倍次谐波。在三角形内接法中，开关器件处于电容器三角形的内部，这种接线方式与三角形外接法相比，减小了开关器件的电流额定值，但开关器件的电压额定值较大。

下面分两种情况对三角形接线方式与星形接线方式进行对比：

（1）采用三个单相电容器分别进行星形连接和三角形连接，在 3 个电容器的额定容量之和相同、单个电容器的额定电压（单相电压）相同、单个电容器的额定电流相同的情况下，三角形连接方式的容量利用率（实际补偿容量与额定容量之比）是星形连接方式的容量利用率的 3 倍。原因是：在三角形连接方式中，假设实际流过单个电容器的电流按照额定电流考虑，此时为相电流，3 个电容器都是在额定容量运行，而在星形连接方式中，电压为相电压且没有达到额定电压，是额定电压的 $1/\sqrt{3}$，实际流过单个电容器的电流也为额定电流的 $1/\sqrt{3}$，此时为线电流，且电容值不变，3 个电容器均未在额定容量下运行，是最大补偿容量的 1/3。因此，三角形连接方式的容量利用率是星形连接方式的容量利用率的 3 倍。

（2）在智能电容器中通常不用 3 个单相电容器，而是应用集成了 3 个电容器的电容器单元，电容器单元在额定电压和额定容量下，内部三角形接法的电容器单元价格要高于内部星形接法的电容器单元，原因是星形接法总的电容值要大于三角形接法总的电容值，增加了成本[7]。例如，电容器单元容量为 30kvar，额定电压（线电压）为 400V，线电流为 43.3A，相电流为 25A，三角形接法和星形接法参数对比如表 2-2 所示。

表 2-2 电容器三角形接法和星形接法的参数对比

电容器单元内部接线方式	三相电容器单元总容量/kvar	内部单相电容器额定相电流/A	内部单相电容器额定电压/V	内部单相电容器额定值之和/μF
三角形接法	30	25	400	345
星形接法	30	43.3	230	602

由于低压配电网系统容量有限，智能电容器发生相间短路时产生的短路电流不至于造成重大事故，所以智能电容器应用的自愈式低压电容器常将三相电容集成为一体，内部电

容器多接成三角形，特别是为了降低电容器的价格以节省成本，额定电压 400V 的电容器多接成三角形。原因是若 3 个电容器接成三角形，其额定电压为 400V，可采用 7μm 或 8μm 厚的金属化膜，额定工作场强分别为 51.74kV/mm 和 50kV/mm；若 3 个电容器接成星形，其额定电压为 230V，如果需要上述 7μm 或 8μm 厚金属化膜的电容器接近的场强，则必须选用 4～4.6μm 的金属化膜，而这种金属化膜的价格比 7～8μm 的金属化膜高很多，一般同容量的 230V 电容器的价格为 400V 电容器价格的 2 倍以上[7]。因此，从经济性考虑，线电压 380V 系统中三相补偿所用的电容器大多采用三角形接线。

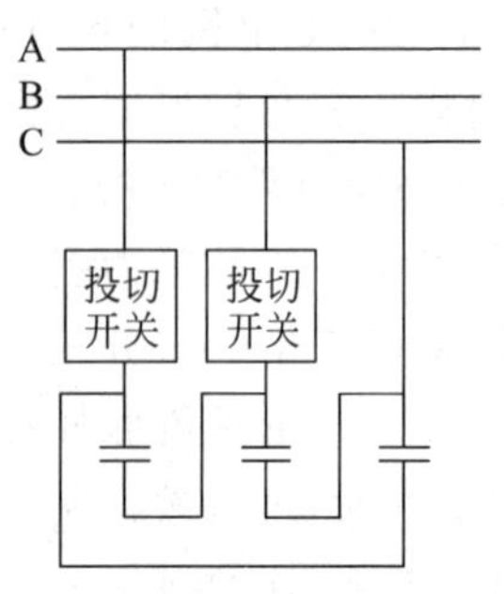

图 2-4 智能电容器二控三型三角形接线方式

智能电容器通常采用三相电容器封装结构的电容器，而采用三个单相封装的电容器较少。在图 2-3 所示的主电路连接方式中，智能电容器常应用图 2-3(a)和图 2-3(c)的接线方式，而且在三角形连接中应用两个开关的方式(二控三型三角形接线方式)，如图 2-4 所示。

综上所述，智能电容器通常采用两种接线方式，如图 2-3(a)和图 2-4 所示。

在智能电容器中常串联电感器(电抗器)以抑制谐波和瞬态合闸涌流，串联电抗器接线方式如图 2-5 所示，分别接于电网侧、中性点侧和中线上。

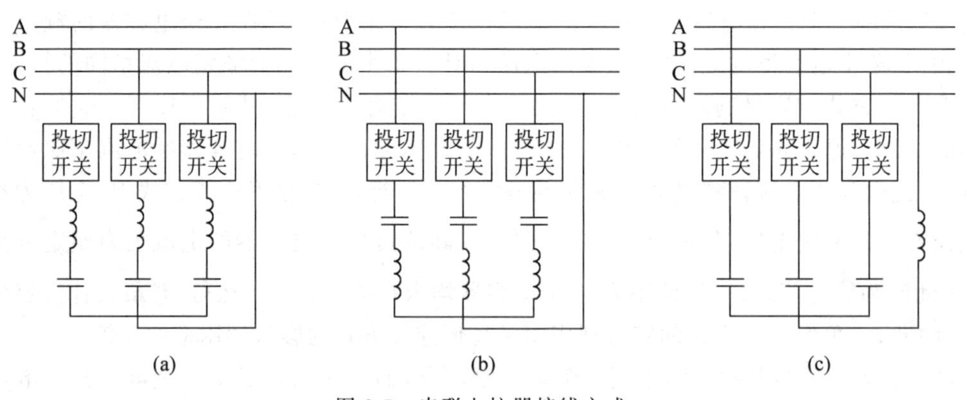

图 2-5 串联电抗器接线方式

(a) 电网侧接法；(b) 中性点侧接法；(c) 中线接法

在电网侧接法中，当电容侧两相短路时要承受短路电流，但可以限制短路电流，减小电容器和开关器件的损坏；在中性点侧接法中，当电容侧两相短路时不承受短路电流。电抗器放在电容器前端有利于含有 3 个电容器的低压电容器组的安装，可令整套装置的接线更加简洁，又由于串联电抗器的绝缘问题不是很突出，所以通常情况下串联电抗器接于电网侧。对于图 2-5(c)所示的中线接法，当中性线出现故障或断开时，串联电抗器将失去作用，所以通常很少应用。

2.3.2 补偿类型

智能电容器可以在不同场合对无功功率进行补偿，根据低压配电系统中负荷的无功和谐波电流的情况，可分为纯电容器补偿型和电容器串联电抗器补偿型；按补偿类型还可分为三相共补型、三相分补型和混合补偿型。结合应用场合和补偿类型，市场上出现了六种智能电容器产品：三相共补型、三相分补型、三相抗谐波共补型、三相抗谐波分补型、三相混合补偿型和三相抗谐波混合补偿型。

1. 三相共补型智能电容器

三相共补型智能电容器采用三角形连接的电容器对三相无功负荷进行无功补偿，如图 2-6 所示，主要应用在负载无谐波或谐波畸变率低于国家标准，同时没有过多单相负荷的场合。多采用二控三型三角形接线方式实现三相共同补偿，控制其中任意两相，剩余相直接与电网连接。通常情况下，为了提高智能电容器的容量和分级补偿的精度，一般有 2 台三角形连接的电容器，且可以分别控制。

2. 三相分补型智能电容器

三相分补型智能电容器采用 Y0 型连接的电容器对三相无功负荷进行分相补偿，如图 2-7 所示，主要应用在无谐波或谐波畸变率低于国家标准且大部分为单相负荷的场合。采用 3 个投切开关进行三相分别补偿，可以对每相中的电容器进行单相直接控制，电容器连接方式为 Y0 型。智能电容器中一般有两台 Y0 型电容器，两台 Y0 型电容器并联且分别进行控制。三相分补型智能电容器可以提高补偿母线中每一相的功率因数且可以分别控制，提高了供电的功率因数，改善了电网的不平衡度，减少了中性线电流。

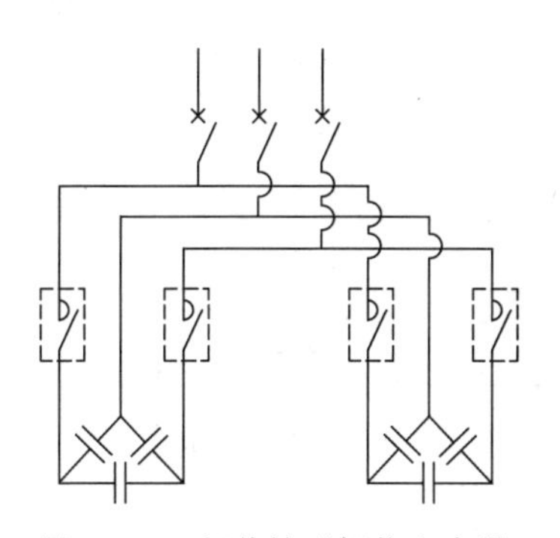

图 2-6　三相共补型智能电容器

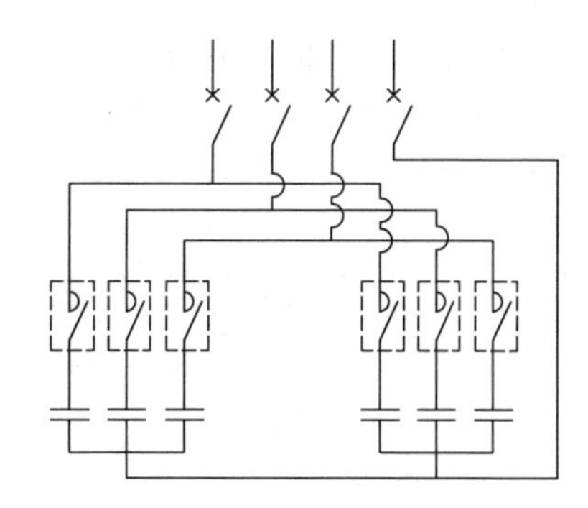

图 2-7　三相分补型智能电容器

3. 三相抗谐波共补型智能电容器

三相抗谐波共补型智能电容器采用三角形连接的电容器串联电抗器的形式对三相无功负荷进行无功补偿，如图 2-8 所示，主要应用在谐波含量较高且补偿负荷大部分为三相对称负荷的场合。其采用二控三型三角形接线方式实现三相共同补偿，控制其中任意两相，剩余相直接与电网连接。电容器连接方式为三角形，电抗器串联在电容器前端，与投切开关相连接。串联电抗器的主要目的是抑制谐波电流流入电容器，保护电容器并延长电容器的使用寿命。

4. 三相抗谐波分补型智能电容器

三相抗谐波分补型智能电容器采用 Y0 型连接的电容器与串联电抗器串联后对无功负荷进行无功补偿，如图 2-9 所示，主要应用在谐波较高且补偿的负荷中大部分为单相负荷的场合。采用 3 个开关的三相分别补偿的方式，可以对每相进行单相直接控制，电容器连接方式为 Y0 型，电抗器串联在电容器前端，与投切开关相连接。串联电抗器的主要目的是抑制谐波电流流入电容器，保护电容器并延长电容器的使用寿命。

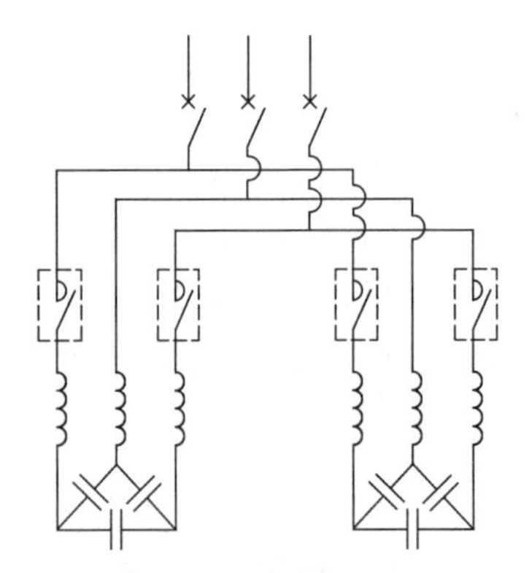

图 2-8　三相抗谐波共补型智能电容器

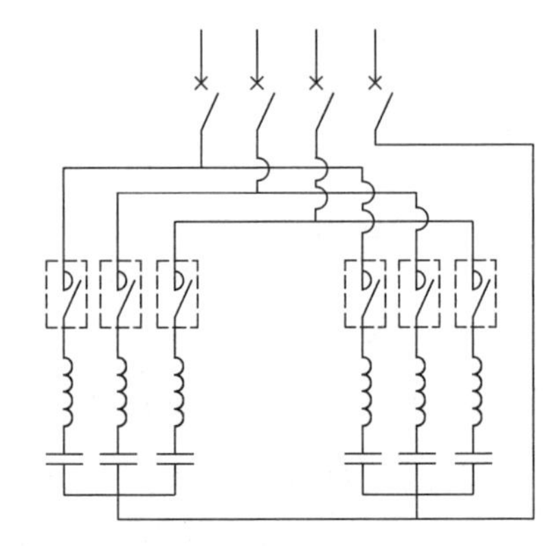

图 2-9　三相抗谐波分补型智能电容器

5. 三相混合补偿型和三相抗谐波混合补偿型智能电容器

在应用中，常出现多台智能电容器并联工作的情况，存在三相共补型和三相分补型智能电容器同时工作的情况，不同类型的智能电容器根据负荷情况进行配置。两种不同类型的智能电容器同时工作的情况称为三相混合补偿型，例如在图 2-10 中，三相抗谐波共补型与三相抗谐波分补型智能电容器构成了三相抗谐波混合补偿型智能电容器。混合补偿其实是多台单独补偿的智能电容器构成的智能电容器组，用来进行无功补偿。

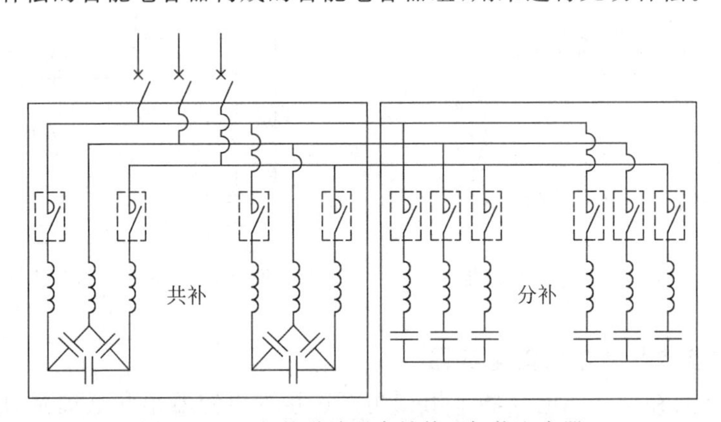

图 2-10　三相抗谐波混合补偿型智能电容器

2.3.3　投切开关的类型

在智能电容器中，开关器件包含两种：一种是进线用的断路器开关，另一种是用于投切电容的投切开关。断路器开关完成智能电容器的正常供电操作以及智能电容器内部故障时的保护，对于相间短路等引起的短路电流的开断属于断路器开关功能范围，断路器开关应满足智能电容器短路容量的开断要求。

用于智能电容器的投切开关与传统低压电容器补偿装置用的投切开关类似，主要分为四类，分别是机械式投切开关、电子式投切开关、复合式投切开关（简称复合开关）和同步投切开关(简称同步开关)。传统的电容器投切开关采用的是交流接触器,是机械式投切开关。后来为了提高电容器的使用寿命,实现电容的无冲击电流投切,晶闸管被用作电容器投切开关,产生了电子式投切开关。复合开关综合了交流接触器(或继电器)和晶闸管两种元件的优点,采用晶闸管投入和切除电容器,实现无涌流投切。在复合开关正常运行时,由交流接触器接入电路工作,晶闸管退出运行,不仅减小了晶闸管的损耗,还延长了交流接触器和晶闸管的使用寿命。基于磁保持继电器的同步开关(复合开关的一种)技术是总结了机械式投切开关、无触点晶闸管投切开关、复合开关的特点及弊端,采用微电子软、硬件技术对机械式磁保持继电器投切时间进行精准控制,实现对电容器的过零投切。各类开关的特点如下所述。

1. 机械式投切开关

传统的低压电容器无功补偿装置应用的是机械式投切开关,例如应用交流接触器来投切电容器组,如图 2-11 所示。这种机械式投切开关具有闭合后电阻小、压降小、功耗低、导通容量大的优点。

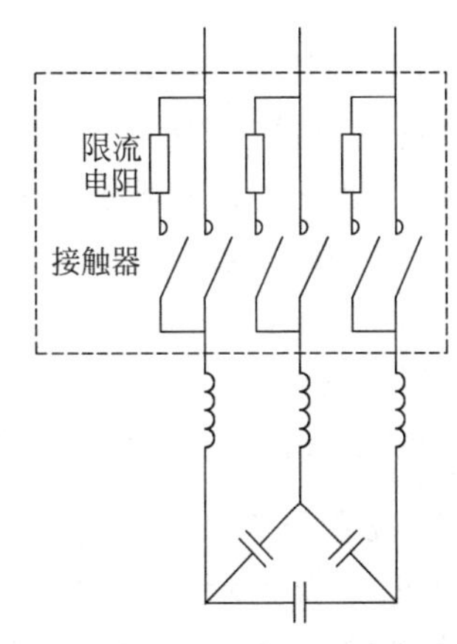

图 2-11 接触器(机械式投切开关)投切电容器示意图

由于此类接触器在投切电容器的过程中电容器组的初始电压为零,而在合闸瞬间电网电压往往不为零,使得加在电容器两端的电压突然升高而产生一个很大的合闸涌流,甚至可能达到额定电流的几十倍,会在接触器触点处产生火花,烧损接触器触点。这样不仅对配电网造成巨大的冲击干扰,而且影响智能电容器的使用寿命。为了解决交流接触器在投切电容器时引起较严重的冲击涌流,导致接触器和电容器损坏的问题,在主回路中接入限流电阻以起到限制涌流的作用。实践证明,此类接触器投切电容器时的涌流一般能控制在额定电流的 20 倍以内。但从长期运行情况来看,涌流致使交流接触器触点黏结或烧毁,以及使限流电阻发热而损坏的情况发生较多,故障率仍然较高,维修费用较高,成为影响该装置使用寿命的主要原因。机械式投切开关在配电网负荷波动不大、不需要频繁投切、三相负荷基本平衡的场合可以应用。机械式投切开关的优点是价格低,设备成本低,无漏电流;缺点是投切过程涌流大,寿命短,故障多,维修费用高。

2. 电子式投切开关

随着电力电子技术和微机控制技术的发展,技术人员将电力电子器件作为电容器的投切开关,可以解决投切电容器时所产生的涌流、过电压和分断电弧过大等问题,其中有双向晶闸管电子开关、晶闸管与二极管反并联的电子开关、固态继电器电子开关等。电子式投切开关在低压系统中应用广泛,具有动作快、投切时无电弧、寿命长等优点。

1) 双向晶闸管电子开关

双向晶闸管电子开关如图 2-12 所示,电容器上提前充以电网电压峰值的电压,采用单片机等控制器来控制反并联的两只晶闸管,在晶闸管两端电压过零时,晶闸管被触发而导通,电流缓慢上升,无投切过程涌流。双向晶闸管电子开关具有控制功率小、动作快、投切时无电弧、可频繁投切等优点,但实际运行中双向晶闸管电子开关也暴露出以下不足:

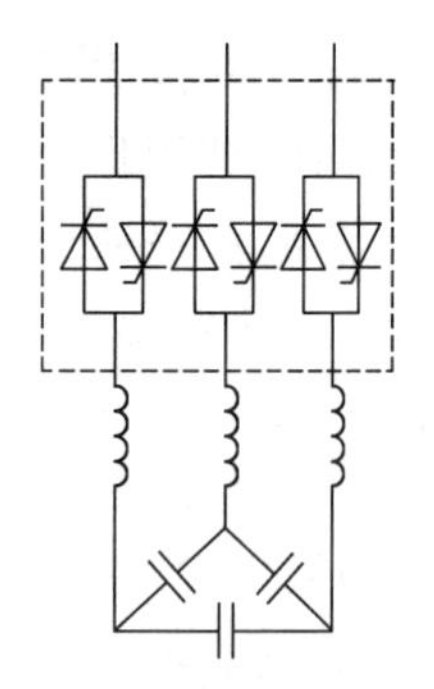

图 2-12 双向晶闸管投切电容器示意图

(1) 晶闸管在长期运行中有损耗,发热还会增加整个无功补偿装置的温升,一般要求在装置内安装散热风扇。

(2) 晶闸管导通后存在 0.7V 的压降,使得流过电容器的电流含有谐波,影响电容器的正常运行。

(3) 晶闸管是半控型器件,只能控制其导通时刻,不能控制其关断时刻,在晶闸管电子开关断开时,晶闸管两端容易承受过高的反向电压而被烧毁。

(4) 晶闸管对驱动信号要求严格,故驱动电路比较复杂。

(5) 电容器上可能有电网电压峰值的残压,晶闸管应能耐受电网电压峰-峰值的电压,因此晶闸管承受的电压较高,导致其成本较高。

2) 晶闸管与二极管反并联的电子开关

由一个晶闸管和一个二极管反并联构成的电子开关,与双向晶闸管电子开关相比,应用二极管代替一个晶闸管,节省了成本,但控制性能较双向晶闸管稍弱。

3) 固态继电器电子开关

固态继电器(solid state relay,SSR)是将晶闸管及其触发电路和逻辑控制电路封装成一体,同时具有零电压开通、零电流关断特性的电子开关。将其用于低压电容器的投切,可大大减小装置的体积。SSR 具有与双向晶闸管电子开关一样的优缺点。

3. 复合开关

如图 2-13 所示,复合开关是将常规的机械式投切开关(例如磁保持继电器或接触器)与晶闸管相结合,充分利用各自的优点。图 2-14 给出了复合开关的工作过程示意。复合开关的动作过程可分为投入电容器的过程和切除电容器的过程。将晶闸管和磁保持继电器或接触器并联,在复合开关两端电压过零瞬间投入电容器,晶闸管先被触发而导通,稳定后再将磁保持继电器或接触器吸合,使其导通,然后使晶闸管关断;而切除电容器时先使晶闸管导通,再将磁保持继电器或接触器断开,然后使晶闸管在电流过零时刻断开,从而实现电流过零切除。复合开关结合了机械式投切开关和电子式投切开关的优点,在投入后机械式投切开关导通,损耗小;在动态投切过程中,通过控制晶闸管来完成,投切速度快,涌流小。

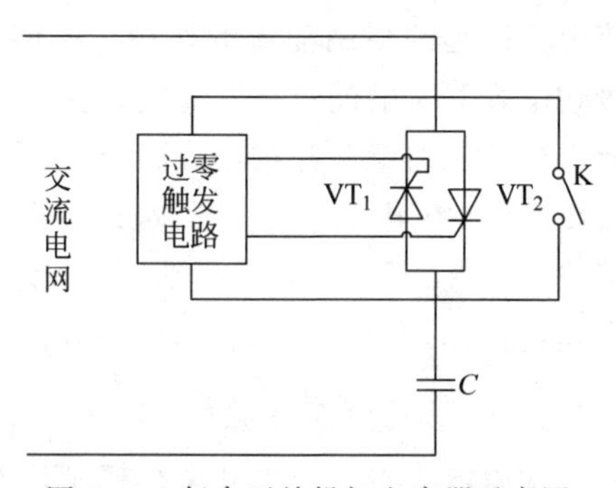

图 2-13 复合开关投切电容器示意图

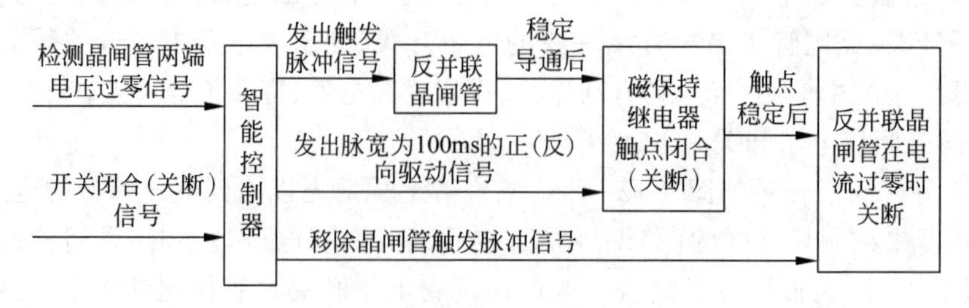

图 2-14 复合开关工作过程示意

4. 同步开关(单片机 CPU 控制+磁保持继电器)

同步开关(又名选相开关)是近年来发展起来的开关技术,是新一代投切开关,在国家标准《低压成套无功功率补偿装置》(GB/T 15576—2020)中将其归为复合开关,是复合开关的一种(标准中将复合开关分为两类,分别是半导体电子开关与机电开关并联的组合体和单片机 CPU 控制+磁保持继电器)。同步开关采用微电子软、硬件技术对机械开关(例如磁保持继电器)投切时间进行精准控制,就是使机械开关的触点准确地在需要的时刻闭合或在开关电流过零时断开。对于控制电容器投切的同步开关,就是要在开关触点两端电压为零的时刻闭合,从而实现投入电容器时无涌流;在电流过零的时刻断开,从而实现开关触点的无电弧分断。

基于磁保持继电器的同步开关在接通和断开时,具有瞬间投切触点不烧结,接通后损耗小,不产生谐波,耐较高过电压和过电流等优点。同时,磁保持继电器具有 100 万次投切的寿命,可靠性高,是其他开关器件所不能及的。基于磁保持继电器的同步开关技术是兼具安全性、经济性、稳定性和可靠性以及节能环保的产品。其缺点是目前磁保持继电器产品的开关容量还不能做得很大,例如在投切电容器时,每组电容器容量难以超过 70kvar。另外,应用的自适应控制较为复杂,在出厂时需要自适应学习,生产时间较长。

4 种投切开关性能和特点对比如表 2-3 所示。

表 2-3 4 种开关性能和特点的对比[8]

性能和特点	机械式投切开关	电子式投切开关	复合开关	同步开关(单片机 CPU 控制+磁保持继电器的复合开关)
电压过零投入、电流过零切除功能	无	有	有	有
投切涌流	大	小	小	很小
无功补偿速度	慢	快	中	快
耐电压、电流冲击	中	低	低	中
功率损耗	大	很大	中	小
体积和重量	大	很大(含散热片)	中	小
成本及价格	低	高	中	中

由以上几类开关构成的投切电容器无功补偿装置的性能和特点对比,如表 2-4 所示。

表 2-4 不同开关构成的投切电容器无功补偿装置的性能和特点对比[8-10]

性能和特点	机械式投切电容器(MSC)	晶闸管投切电容器(TSC)	复合开关投切电容器(MSC+TSC)	同步开关投切电容器
发热、压降、器件数量	存在限流电阻,导致投切过程发热严重,触点易烧结,器件少	导通后损耗引起的发热大,压降大,有漏电流	少许发热,压降小,器件多	无发热,无压降,器件少
合闸涌流	大	小	小	很小
开关被击穿的性能	触点不易被击穿	晶闸管易被击穿,承受电压较高	晶闸管易被击穿	触点不易被击穿
工作能耗	大	大	小	极小

续表

性能和特点	机械式投切电容器（MSC）	晶闸管投切电容器（TSC）	复合开关投切电容器（MSC＋TSC）	同步开关投切电容器
响应时间	＞10s	＜0.02s	＞0.5s	＜0.2s
谐波、动作频度	无谐波，抗压强，不宜频繁动作	有漏电流，耐压低，有谐波，可频繁动作	有漏电流，耐压低，有谐波，成本高，不宜频繁动作	无谐波，抗压强，可频繁动作
智能性和保护功能	智能性低，保护功能少	控制简单，智能性低，保护功能少	控制简单，部分厂家的产品具有智能性	控制复杂，具有智能控制、检测、保护等功能
接线复杂度	接线复杂	接线较复杂，需散热装置	接线很复杂	接线简单
成本	成本低，性价比中	成本高，性价比低	成品高，性价比中	成本中，性价比高

第3章

智能电容器设计技术

在设计和应用智能电容器的过程中,参数的设计非常重要。关于智能电容器的设计还没有相应的国家标准或者行业标准可供参考,如何选择参数可以参考并联电容器和低压无功补偿设备的相关标准。智能电容器的设计应根据下列条件确定:配电网电压决定了电容器的额定电压;智能电容器投入容量、涌流倍数、谐波放大倍数等决定了智能电容器的类型及各器件的参数;母线短路电流及智能电容器对短路电流的助增效应是选择投切开关容量的条件;初期补偿容量、扩建规划;接线方式、电容器投切方式及保护,例如采用自动投切方式对电容器组进行频繁投切时要求投切开关应具有频繁投切的功能;海拔、气温、湿度等环境条件;布置与安装方式;其他相关产品的技术条件和产品标准。以上是智能电容器在器件设计和选型时应考虑的主要问题。

3.1 电容器

3.1.1 并联低压电力电容器的发展

电容器可分为电力电容器和电子电容器两大类。电力电容器能承受高电压和流过大电流,是一种重要的基础工业产品,其在电力输配电系统、工业生产设备及现代科学技术装备等方面被广泛应用,例如并联无功补偿电容器及成套装置、电力滤波电容器及成套装置、电容式电压互感器等。在电力电容器的应用中,无功补偿电容器目前用量非常大,其作为一种交流电力系统无功补偿装置,与呈感性的负载并联,使得容性无功功率与负载的感性无功功率相抵消,可以改善供电母线的功率因数,减少电网的电能损耗,减小设备的容量,保障供电电压的质量,增强电力系统的稳定性和提高电力系统输送电能的能力等。

1. 并联电容器的分类

现代的并联电容器有多种分类方法,常用的分类方法有按额定电压分类、按结构形式分类、按极板和电介质种类分类、按是否充有液体浸渍剂分类。下面简要介绍常用的分类方法。

1) 按额定电压分类

并联电容器按照电压等级可分为两类,分别是1kV及以下的低电压并联电容器和1kV以上的高电压并联电容器。

2）按结构形式分类

并联电容器按照结构形式可分为以下三种：

(1) 电容器单元。电容器单元也称单台电容器或壳式电容器，其由一个或多个电容器元件组装而成，用同一个外壳并有出线端子。为了满足所需的电压和容量的要求，电容器单元通常是电容器元件在电容器内部的串、并联。

(2) 集合式电容器。集合式电容器应用串、并联和集成技术，将有内熔断丝的电容器单元集合装于一个电容器或油箱中。

(3) 箱式电容器。在箱式电容器中，由无内熔断丝的大元件、绝缘件、紧固件组成芯子，由一个或数个芯子和连接件等组装成一个整体并装于一个油箱中。箱式电容器外观与集合式电容器相似，但其结构上有区别：箱式电容器一般无内熔断丝保护，但在国产箱式电容器中含有内熔断丝；箱式电容器无小外壳保护，而且由于箱式电容器容量巨大，导致无法使用外熔断器进行保护[11]。

3）按极板和电介质种类分类

并联电容器按极板和电介质种类可分为以下两类：

(1) 油浸箔式电容器。油浸箔式电容器又分为油浸箔式全膜介质电容器和油浸箔式复合介质电容器。油浸箔式全膜介质电容器以铝箔为极板、聚丙烯薄膜浸绝缘油为介质，油浸箔式复合介质电容器以铝箔为极板、聚丙烯薄膜与电容器纸复合浸绝缘油为介质。

(2) 自愈式电容器。自愈式电容器也称金属化电容器。其极板为金属化薄膜上的金属层，介质为金属化薄膜的聚丙烯基膜，是一种有自愈性能的电容器。自愈式电容器有两种类型，分别是油浸金属化电容器和干式金属化电容器。油浸金属化电容器是一种浸油的电容器，干式金属化电容器是不用液体浸渍的电容器。

4）按是否充有液体浸渍剂分类

并联电容器按是否充有液体浸渍剂可分为油浸电容器和干式电容器。

目前，低压并联电容器通常应用自愈式电容器。

2. 低压并联电容器的发展

低压并联电容器广泛用于低压配电系统中，以提高功率因数，改善供电质量。传统的低压并联电容器是以铝箔为极板的油浸纸介质的电容器。从 20 世纪 80 年代开始，我国的一些企业开始生产以金属化聚丙烯薄膜为主要材料的自愈式电容器。自愈式电容器的主要优点是介质损耗小、单台容量大、材料消耗少、制造成本低，基本取代了传统的以铝箔为极板的油浸纸介质电容器。铝箔电极油浸纸并联电容器与金属化膜自愈式并联电容器主要性能对比见表 3-1。

表 3-1 铝箔电极油浸纸并联电容器与金属化膜自愈式并联电容器主要性能对比[12]

类别	主要性能			
	单台容量/kvar	介质损耗因数/tanδ	比特性/(kg·kvar^{-1})	是否浸油
铝箔电极油浸纸并联电容器	5～16	0.004	1.5	浸油
金属化膜自愈式并联电容器	5～120	0.0005	0.13	干式或浸油

3.1.2 自愈式电力电容器

1. 基本原理[7]

自愈式电力电容器的特点是具有自愈性能。自愈式低压并联电容器也称金属化电容器，其元件用金属化聚丙烯薄膜卷绕而成。金属化膜上的金属层构成了电容器的极板，电介质由基膜即聚丙烯薄膜构成。其自愈性表现在：当金属化电容器发生介质击穿时，击穿点处的击穿电流会在该击穿点处产生电弧和高温，使击穿点周围由于金属化层极板熔化蒸发，形成了圆形的非金属化区域（该过程称为去金属化），当电弧熄灭后，在击穿点部位恢复绝缘性能。由于金属化电容器具有自愈性，因此具有较高的运行可靠性。自愈式电力电容器可以提高介质的工作场强，从而可改善其比特性。其极板厚可为几十纳米，电容器体积小。

2. 自愈式低压并联电容器的种类

自愈式低压并联电容器可分为油浸式和干式两种。油浸式电容器采用金属外壳，其内部注有绝缘油。油浸式电容器的浸渍剂使用不当会对金属层造成损害。干式电容器填充非液体类的绝缘物，填充物主要有惰性气体、微晶石蜡和环氧树脂 3 种类型。表 3-2 给出了油浸式与干式自愈式电容器性能对比，其中油浸式电容器以植物油为绝缘物，干式电容器以环氧树脂为绝缘物。随着安全膜技术的发展，干式电容器逐步替代油浸式电容器。

表 3-2 油浸式与干式自愈式电容器综合性能对比和评估[12]

项　目	油浸式电容器	干式电容器	差异比较
箱体材料及外形结构	金属箱体，采用拉伸或焊接工艺，外形多为圆形、方形、椭圆形等	塑料箱体，采用注塑成形，无固定外形，可根据需要设计外形	油浸式电容器须用金属外壳，对防锈蚀、防涡流、接地、绝缘、密封性要求高；干式电容器可采用塑料外壳，但强度不如金属外壳
填充绝缘物	植物油	环氧树脂	油浸式电容器须真空浸渍或注油
工作场强	约交流 60V/μm	同油浸式电容器	二者基本相同
额定电压	压力式防爆机构和绝缘水平限制了高电压等级	电压等级高	油浸式电容器以交流 525V 以下电压等级产品为主，交流 660V 以上电压等级产品少；干式电容器已有交流 900V 及以上电压等级系列产品
额定容量	单台在 50kvar 以下	单台能达到 100kvar 以上	油浸式电容器受防爆机构限制，额定电流不能做得很大；干式电容器采用安全膜，额定电流较大
温升和散热	油和金属壳热传导良好	树脂和塑料外壳热传导相对较差	干式电容器须选择导热性好的树脂，可采取组合结构、增加表面积等来解决散热问题
安全性	采用压力式防爆装置	采用安全膜结构和难燃性材料	油浸式电容器存在漏油隐患；干式电容器安全可靠，并能适合无油化特殊要求场合
寿命及可靠性	需选择适用的油和处理工艺	安全膜的质量要求高	油浸式电容器产品结构、工艺相对复杂，容易发生早期失效；干式电容器除安全膜外，产品结构、工艺相对简单

续表

项　目	油浸式电容器	干式电容器	差异比较
成本	结构制造成本较高	安全膜、环氧树脂成本较高	目前干式电容器成本要高于油浸式电容器产品，今后差异会逐步缩小
环境影响	须进行污染控制	属环境友好型产品	油浸式电容器金属资源消耗量大，存在油、水污染；干式电容器金属资源消耗量小，无污染

3. 自愈式低压并联电容器的质量和性能要求

自愈式低压并联电容器的主要性能和试验要求：各项性能应满足国家标准《标称电压1000V及以下交流电力系统用自愈式并联电容器 第1部分：总则 性能、试验和定额 安全要求 安装和运行导则》(GB/T 12747.1—2017)、《标称电压1000V及以下交流电力系统用自愈式并联电容器 第2部分：老化试验、自愈性试验和破坏试验》(GB/T 12747.2—2017)和制造方企业标准的要求。

3.1.3 参数设计

在设计电容器参数时，可以参考《电力电容器 低压功率因数校正装置》(GB/T 22582—2023)、《标称电压1000V及以下交流电力系统用自愈式并联电容器 第1部分：总则 性能、试验和定额 安全要求 安装和运行导则》(GB/T 12747.1—2017)和《标称电压1000V及以下交流电力系统用自愈式并联电容器 第2部分：老化试验、自愈性试验和破坏试验》(GB/T 12747.2—2017)。应根据环境条件和使用技术要求选择低压并联电容器。智能电容器由生产厂家在工厂生产，厂家根据不同的环境条件和技术要求生产出不同型号的产品。智能电容器中装设的电容器是金属化膜自愈式电容器，电容器应根据电容器接入电网处的电压等级、电容器接线方式、安装要求、安装方式等进行选取。

1. 电容器的额定值

智能电容器的额定值包含额定电压、额定频率、额定电容、额定电流、额定容量(也称额定无功功率)。图3-1给出了标有额定值的电容器铭牌。

图3-1　电容器铭牌

1) 额定频率 f_N

额定频率是电容器所规定的运行频率，也就是配电网的频率，单位为Hz。在我国额定频率规定为50Hz。电容器的容抗为 $2\pi fC$，所以无功功率与运行频率成正比，如果电容器的工作频率为 f_0，其无功功率的表达式为

$$无功功率=额定无功功率\times(f_0/f_N)$$

2) 额定电压 U_N

额定电压是电容器所规定的电压的方均根值，工程上常用单位为kV。电容器的额定电压应不低于该电容器所接入配电网的最高运行电压。选择额定电压时，应考虑电容器的连续运行电压和一些其他因素导致的电压升高，例如串联电抗器引起的电压升高、谐波造成的电压升高、三相电容器不平衡导致的电压升高等。

3）额定容量 Q_N

额定容量是电容器所规定的无功功率，工程上常用单位为 kvar。

4）额定电容 C_N

额定电容是由电容器的额定容量 Q_N、额定电压 U_N 和额定频率 f_N 计算得出的电容值，工程上常用单位为μF。其计算公式为

$$C_N = \frac{Q_N}{2\pi f_N U_N^2} \tag{3-1}$$

5）额定电流 I_N

额定电流是电容器所规定的交流电流的方均根值，可由公式 $I_N = Q_N / U_N$ 算得，单位为 A。

自愈式低压并联电容器的额定优选值见表 3-3。

表 3-3 自愈式低压并联电容器的额定值

额定电压 U_N/kV	额定频率 f_N/Hz	额定容量 Q_N/kvar
0.23,0.4,0.525,0.69	50	1,1.6,2.0,2.5,3.2,5,6.3,8,10,15,20,25,32,50,63,80,100

2. 电容电压的选择

在国家标准《并联电容器装置设计规范》(GB 50227—2017)中规定了电容器额定电压选择的主要原则。额定电压是电容器的重要参数，在智能电容器设计时，正确选择电容器的额定电压十分重要。电容器的补偿容量与其运行电压的二次方成正比(即 $Q=\omega CU^2$)，当电容器运行在额定电压时，其工作在额定容量；当运行电压低于其额定电压时，则其工作在低于额定容量的工况，也称为亏容；当运行电压高于其额定电压时，则其工作在高于额定容量的工况，将会造成电容器过载运行，如果长期过载运行，会导致电容器内部介质产生局部放电，损害绝缘介质，使电容器损坏。因此，在选择电容器的额定电压时，安全裕度取值不宜过大或过小，应尽量使其接近额定电压。在选择电容器额定电压时要考虑智能电容器投入运行后的预期母线运行电压，为了使电容器的额定电压选择合理，进而达到经济和安全运行的目的，需要计算电容器预期的运行电压，标准中推荐考虑下面 5 种电压升高的情况：①智能电容器装置接入电网后引起的电网电压升高；②由谐波放大引起的电网电压升高；③增加串联电抗器后引起的电容器端子的电压升高；④不平衡或电容差引起的部分电容器两端电压升高；⑤负荷较轻引起的电网电压升高。

智能电容器投入配电网后引起的母线电压升高值可按式(3-2)计算。

$$\Delta U = U_{s0}\frac{Q}{S_d} \tag{3-2}$$

式中，ΔU 为母线电压升高值，kV；U_{s0} 为智能电容器装置投入前的母线电压，kV；Q 为母线上所有运行的智能电容器的容量，Mvar；S_d 为母线的三路短路容量，MV·A。

智能电容器额定电压一般应符合下列要求：①宜按智能电容器接入配电网处的运行电压进行计量；②当含有串联电抗器时，需考虑其引起的电容器运行电压的升高情况。智能电容器额定电压可按式(3-3)计算。

$$U_N = \frac{1.05U_{SN}}{\sqrt{3}(1-K)} \tag{3-3}$$

式中,U_N 为智能电容器的额定电压,kV;U_{SN} 为智能电容器接入点配电网的标称电压,kV;K 为电抗率。

一般情况下,配电网最高运行电压不超过1.07倍标称电压,最高为1.1倍标称电压,运行电压的平均值约为1.05倍电网标称电压,所以式(3-3)中的系数取值为1.05。由式(3-3)计算出电容器的额定电压值,然后从电容器的标准系数中选取额定电压。

3. 电容器电流和容量的选择

按照并联电容器的参考标准《并联电容器装置设计规范》(GB 50227—2017)的规定,智能电容器中各器件电流的选择原则为:应按稳态过电流最大值来确定,一般可按过电流为额定电流的1.3倍来选取。标准中规定的依据是按照电容器的容量偏差和长期过电压的值来计算的,电容器的容量偏差一般在5%以内,电容器长期运行过电压一般不超过额定电压的1.1倍,所以电容器的稳态过电流值可以按电容器额定电流的1.3倍来考虑。

在电力行业标准《低压并联电容器装置使用技术条件》(DL/T 842—2015)中也规定了电容器最大允许电流,智能电容器应能在1.3倍额定电流的条件下连续运行,保护动作门限在$1.3I_N$~$1.6I_N$,且可调。在标准中对涌流的限值也做了规定,采用机械开关的并联电容器投入瞬间产生的涌流峰值应小于20倍电容器额定电流,采用晶闸管电子开关的并联电容器投切瞬间产生的涌流峰值应小于$2\sqrt{2}$倍电容器额定电流。

在国家标准《电力电容器 低压功率因数校正装置》(GB/T 22582—2023)中规定了电容允许的偏差:①装置测定的电容量与额定电容器量之差再除以装置测定电容量的值应在0%~10%范围内;②在装置任意两进线端之间进行电容量的测量,测得的电容量的最大值与最小值之比应不大于1.05。

智能电容器具有模块化结构,单台智能电容器作为独立个体进行设计,然后根据实际补偿容量需求选择多台智能电容器组成网络。单台智能电容器产品常见的容量等级如表3-4所示,其中常用的三相共补型智能电容器的容量等级为5kvar、10kvar、15kvar、20kvar、30kvar和40kvar;常用的三相分补型智能电容器的容量等级为5kvar、10kvar、15kvar和20kvar。三相共补型智能电容器的电压等级为480V(串联7%电抗器)和525V(串联14%电抗器);三相分补型智能电容器的电压等级为280V(串联7%电抗器)和300V(串联14%电抗器)。在三相共补型智能电容器中,为了提高补偿精度和减小冲击电流,往往用两台同容量的电容器并联使用,例如40kvar三相共补型智能电容器是由两台20kvar的电容器构成。

表3-4 智能电容器产品常见容量

补偿种类	容量/kvar											
三相共补型	5	7.5	10	15	20	25	30	35	40	50	60	70
三相分补型	5	10	15	20	25	30						

3.2 电抗器

3.2.1 串联铁芯电抗器的发展

电抗器产品按其在电力系统中的用途不同可分为并联电抗器、串联电抗器、消弧线圈、平波电抗器、滤波电抗器、限流电抗器、启动电抗器、防雷绕组、平衡电抗器、饱和电抗器、自饱和电抗器、阻波电抗器等。智能电容器应用的是串联电抗器，与电容器串联起来，用来抑制高次谐波放大，限制投切电容器时的涌流。电抗器按结构形式可分为空心电抗器和铁芯电抗器两种。

1. 空心电抗器

空心电抗器只有绕组，没有铁芯，以空气为磁路，由于空气的磁导率恒定，所以空心电抗器的电感值恒定，且不存在饱和现象。

2. 铁芯电抗器

铁芯电抗器主要由铁芯和绕组构成，是以闭合的铁芯为磁路。由于铁磁材料的磁导率比空气大得多，所以相同容量的铁芯电抗器比空心电抗器体积小很多，一般只有空心电抗器体积的1/5左右。与空心变压器相比，由于铁磁材料存在磁饱和现象，当铁磁材料磁密超过一定数值后，铁芯就会饱和，电感值将会降低。

3.2.2 串联铁芯电抗器的作用

在进行智能电容器设计时，不仅要关注其无功补偿情况，也应考虑对谐波的影响和抑制。随着电力电子设备的广泛应用，配电网中存在大量的谐波，如果智能电容器不采取谐波抑制措施，就有可能出现电容器和线路阻抗构成谐振回路，对谐波进行放大，损毁智能电容器。通常采用串联电抗器等措施来减小谐波对智能电容器的影响。另外，在智能电容器投切合闸过程中，由于电容器阻抗小且存在电容电压突变，会产生合闸涌流，通常情况下也是采用串联电抗器来抑制合闸涌流。因此，串联电抗器的主要作用是抑制谐波和限制合闸涌流，下面分别从这两个方面分析串联电抗器的功能。参考并联电容器相关标准，电抗率定义为串联电抗器的额定感抗与串联连接的电容器的额定容抗之比，以百分数表示。

1. 智能电容器谐波放大及抑制措施

1）智能电容器使电网谐波放大的机理

在含有谐波的系统中应用智能电容器时，必须考虑系统谐振的情况，非线性负载产生的谐波电流可以看作一个谐波电流源。图3-2表示应用智能电容器之前的谐波等效电路，图3-3表示应用智能电容器之后的谐波等效电路，其中，I_{Sh} 表示系统阻抗上的 h 次谐波电流的有效值，U_h 表示电网的 h 次谐波电压的有效值，h 为谐波次数，X_{Sh} 为系统的 h 次谐波阻抗，X_{Ch} 为智能电容器的 h 次谐波阻抗。

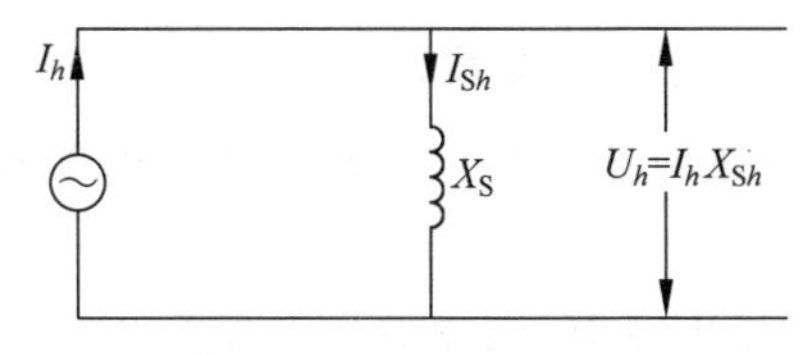

图3-2 谐波等效电路

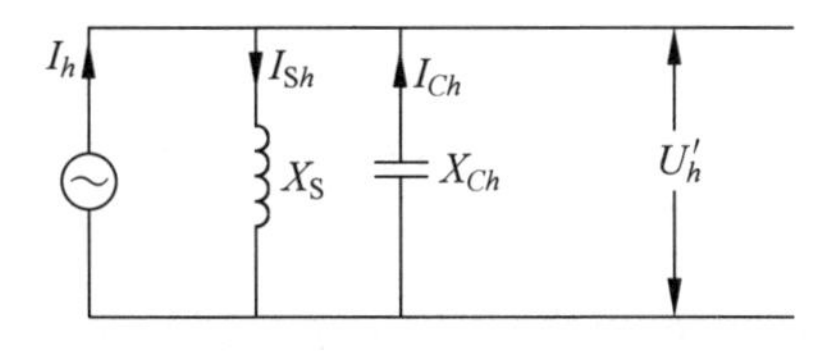

图3-3 含智能电容器的谐波等效电路

当系统中没有并联智能电容器时，电网的谐波电压为 U_h，其计算式如式(3-4)所示。系统的基波阻抗 X_s 与谐波阻抗 X_{Sh} 的关系如式(3-5)所示。

$$U_h = I_h X_{Sh} \tag{3-4}$$

$$X_{Sh} = hX_S \tag{3-5}$$

当系统中有智能电容器运行时，智能电容器的谐波阻抗与系统的谐波阻抗相并联，电网的谐波电压变为U'_h，其计算式如式(3-6)所示。

$$U'_h = I_h \frac{X_{Sh}(-X_{Ch})}{X_{Sh} - X_{Ch}} = I_h Z_h \tag{3-6}$$

智能电容器的谐波阻抗与原系统的谐波阻抗并联后的谐波阻抗大于原系统的谐波阻抗，使得式(3-6)中的电网谐波电压U'_h大于原电网中的谐波电压值U_h，这就是所谓的谐波放大原理，应用智能电容器后系统的谐波阻抗与原系统的谐波阻抗的关系可由式(3-7)表示。

$$Z_h - X_{Sh} = \frac{X_{Sh}^2(-X_{Ch})}{X_{Ch} - X_{Sh}} > 0 \tag{3-7}$$

由式(3-7)可知，智能电容器投入电网运行时系统谐波被放大了，它和系统的短路阻抗(谐波阻抗与短路阻抗成正比)、智能电容器的容量以及谐波次数有关，根据电容器的工频容抗X_C和系统的短路阻抗X_S可以得出智能电容器和系统的谐波阻抗表达式，如式(3-8)所示。定义智能电容器的电网谐波放大率k如式(3-9)所示。

$$\begin{cases} X_{Ch} = \dfrac{X_C}{h} \\ X_{Sh} = hX_S \end{cases} \tag{3-8}$$

$$k = \frac{U'_h - U_h}{U_h} = \frac{1}{\dfrac{X_{Ch}}{X_{Sh}} - 1} \tag{3-9}$$

由式(3-9)可以看出，谐波次数不同，谐波阻抗也不同，最终谐波放大率也不同。

2）谐波对智能电容器的影响

谐波对智能电容器影响很大，可以参考并联电容器在谐波作用下损坏的例子，有关资料认为，并联电容器损坏的70%是与谐波相关的[7]。谐波会产生过电压，电容器过电压时内部可能发生局部放电，如果长时间发生局部放电，可能导致电容器绝缘的损坏。

2. 瞬态过程合闸涌流的限制

智能电容器投切的暂态过程可能会伴随过电流或过电压现象，在智能电容器装置设计中应予以重视。在国家标准《并联电容器装置设计规范》(GB 50227—2017)中给出了电容器组投入电网时的涌流计算方法，可以作为智能电容器参数设计的参考。下面主要分析投入暂态过程。智能电容器投切电路图如图3-4所示，以该图解释瞬态过程合闸涌流的原理。

假设电网电压$u_s(t)$表示为式(3-10)，根据图3-4和式(3-10)可求解出电容器电流$i(t)$。

$$u_s(t) = U_m \sin(\omega t + \varphi) \tag{3-10}$$

式中，φ为投切相角；U_m为电网电压峰值；ω为角频率。

实际的R_s很小，为了分析方便，可忽略R_s，根据基尔霍夫定律可得式(3-11)，即电网电

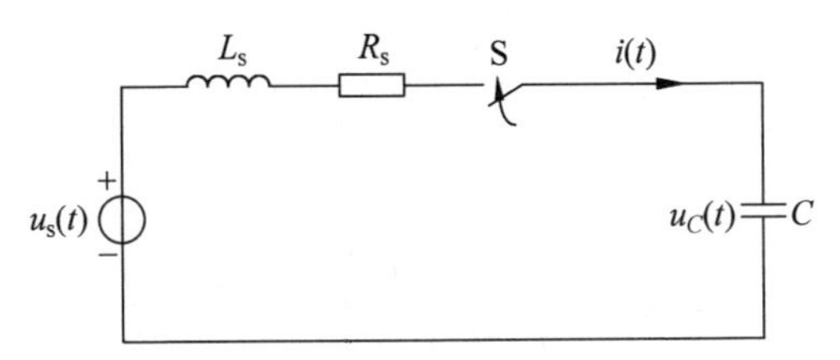

图 3-4　智能电容器投切电路图

C—电容器；S—投切开关；L_s,R_s—电网阻抗的电感和电阻

压为电感两端电压和电容电压之和。

$$\begin{cases} u_s(t) = L_s \dfrac{\mathrm{d}i(t)}{\mathrm{d}t} + u_C(t) \\ i(t) = C \dfrac{\mathrm{d}u_C(t)}{\mathrm{d}t} \end{cases} \tag{3-11}$$

式(3-11)可表示为式(3-12)。

$$u_s(t) = L_s C \frac{\mathrm{d}^2 u_C(t)}{\mathrm{d}t^2} + u_C(t) \tag{3-12}$$

在投切时刻,有式(3-13)的初始值关系。

$$\begin{cases} u_C(t) \mid_{t=0} = U_{C0} \\ i(t) \mid_{t=0} = 0 \end{cases} \tag{3-13}$$

式(3-12)为 u_C 的非齐次二阶微分方程,其解为

$$u_C(t) = \frac{\omega_0^2}{\omega_0^2 - \omega^2} U_m \sin(\omega t + \varphi) + \left(U_{C0} - \frac{\omega_0^2}{\omega_0^2 - \omega^2} U_m \sin\varphi\right) \cos(\omega_0 t) - \frac{\omega\omega_0 U_m \cos\varphi}{\omega_0^2 - \omega^2} \sin(\omega_0 t) \tag{3-14}$$

式中,ω_0 为电路的自然频率,$\omega_0 = 1/\sqrt{L_s C}$；$U_{C0}$ 为电容器上的残余电压。

由式(3-14)可求出智能电容器的电流 $i(t)$,如式(3-15)所示。

$$i(t) = \frac{\omega C \omega_0^2}{\omega_0^2 - \omega^2} U_m \cos(\omega t + \varphi) - \omega_0 C \left(U_{C0} - \frac{\omega_0^2}{\omega_0^2 - \omega^2} U_m \sin\varphi\right) \sin(\omega_0 t) - \frac{\omega C \omega_0^2 U_m \cos\varphi}{\omega_0^2 - \omega^2} \cos(\omega_0 t) \tag{3-15}$$

也可以应用拉氏变换和拉氏反变换的方法进行求解,同样可以得到式(3-15)。拉氏变换表示的电压方程为

$$U_s(s) = \left(L_s s + \frac{1}{Cs}\right) I_s(s) + \frac{U_{C0}}{s} \tag{3-16}$$

式中,$U_s(s)$和 $I_s(s)$分别为电网电压和电流的拉氏变换,经过反变换可以得到式(3-15)。式(3-15)可以简化为式(3-17)。式(3-15)右侧的后两项表示投切过程的电流振荡分量,其频率为自然频率,实际上会由于电阻 R_s 的影响而逐渐衰减为零。当 $\omega \ll \omega_0$ 时,可将式(3-17)简化并整理为式(3-18)。

$$i(t)=\omega CU_{\mathrm{m}}\cos(\omega t+\varphi)-C\sqrt{[\omega_0(U_{C0}-U_{\mathrm{m}}\sin\varphi)]^2+(\omega U_{\mathrm{m}}\cos\varphi)^2}\sin(\omega_0 t+\theta) \tag{3-17}$$

式中，θ 为振荡部分的相角。

$$\theta=\arctan\frac{\omega\omega_0 U_{\mathrm{m}}\cos\varphi}{[(\omega_0^2-\omega^2)U_{C0}-\omega_0^2 U_{\mathrm{m}}\sin\varphi]} \tag{3-18}$$

由式(3-17)可以看出，投切电容时的涌流和过电压与开关闭合时的相角 φ、电容残压 U_{C0} 和电路自然频率 ω_0 有关。式(3-14)和式(3-15)中电压和电流由基波分量和高频振荡分量构成，可以根据式(3-14)和式(3-15)求出最大电压值和最大电流值，但实际应用过程中最大涌流非常大，如图 3-5 所示，已经远远超出了投切开关和电容器的承受范围，所以常用下面两种方法近似得出涌流的最大值：方法一[13]，将工频稳态的电流幅值和高频涌流的幅值相加来估计最大涌流值；方法二[14]，投切开关闭合时涌流的频率和峰值均比工频额定电流大很多，常以暂态的高频涌流的最大值作为实际的最大涌流值，有一些偏差不影响结果，以使讨论分析更为简便。例如：在 $\varphi=90°$，$U_{C0}=0$ 时刻投入电容器，代入式(3-14)和式(3-15)中，可得到投入电容器后的动态过程过电压和涌流。这两种方法得出的估计值虽然可能不是准确的电压和电流的最大值，但是对分析涌流和设计参数来说影响并不大，因为过电压和涌流在设计过程中应通过过零投切控制将其尽可能消除。

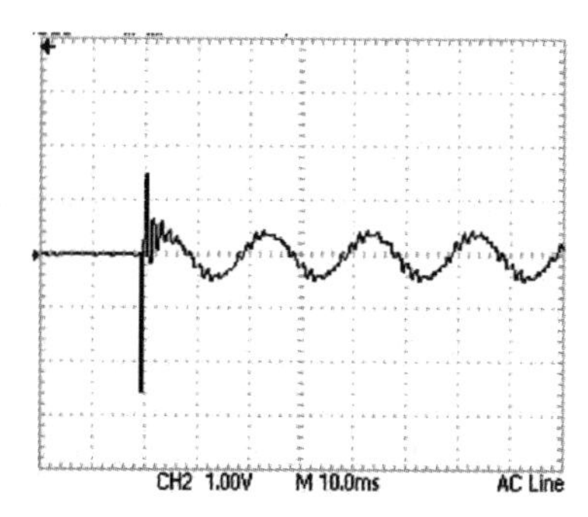

图 3-5　投入电容时的冲击电流

在智能电容器正常合闸过程中，过电压最高不会超过 2 倍的额定电压；而过电流的现象更为突出，在多数场合下必须采取措施加以限制。在国家标准《并联电容器装置设计规范》(GB 50227—2017)中规定了“合闸涌流倍数应不大于装置额定电流的 20 倍”，即要求限制合闸涌流。在智能电容器中串联电抗器，加大了电容器回路的电感，可以起到限制合闸涌流、故障电流、操作过电压的作用。

3.2.3　串联电抗器的选型及设计

智能电容器中串联电抗器有两个功能，分别是抑制谐波放大和限制合闸涌流，其参数设计可以参考并联电容器的国家标准。国家标准《并联电容器装置设计规范》(GB 50227—2017)规定了串联电抗器的电抗率取值范围应符合下列规定：

(1) 当串联电抗器仅用于限制投切过程的合闸涌流时，其电抗率宜取 0.1%～1.0%。

(2) 当串联电抗器实现抑制谐波放大功能时，智能电容器接入电网处的背景谐波含量的测量值不同，选择的电抗率值也不同。当抑制谐波次数为 3 次及以上时，其电抗率宜取 12.0%。

(3) 串联电抗器的额定电流应等于所连接的智能电容器的额定电流，其过电流也应不小于智能电容器的最大过电流值。

在国家标准《电力电容器 低压功率因数校正装置》(GB/T 22582—2023)规定了串联电抗器电抗允许偏差[2]：当智能电容器中含有串联电抗器时，在三相电抗器或由三个单相电抗器组成的三相电抗器中，每相电抗值不超过三相平均值的±3%；对于铁芯电抗器，在通过1.8倍额定电流时，其电感值与额定值的偏差不超过−5%。

下面以抑制5次谐波为例说明串联电抗器对谐波放大的抑制功能，设电网侧电抗为 X_{Sh}，电容器的容抗为 X_C，X_{s5} 为电网中的5次谐波电抗，X_{C5} 为电容器的5次谐波容抗，U_{s5} 为电网的5次谐波电压，那么电容器上的5次谐波电压 U_{C5} 和5次谐波电流的表达式分别如式(3-19)和式(3-20)所示。

$$U_{C5}=U_{s5}\frac{X_{C5}}{X_{s5}+X_{C5}}>U_{s5} \tag{3-19}$$

$$I_{C5}=\frac{U_{s5}}{X_{s5}+X_{C5}} \tag{3-20}$$

由式(3-20)可知，流过电容器的电流含有谐波，产生严重的畸变。假设5次谐波电压的含量为2%，电网侧电抗率为5%，电容器的容抗率为100%，则5次谐波电流的含量为

$$I_{C5}=\frac{2}{5\times5-100/5}\times100\%=40\%$$

计算得出的谐波电流的含量非常大，可以应用串联电抗器的方法来抑制谐波电流。假如串入5%的电抗器，5次谐波电流的含量变为

$$I_{C5}=\frac{2}{5\times5+5\times5-100/5}\times100\%=6.7\%$$

由此可见，串入电抗器后谐波电流的含量大大降低。

第4章

智能电容器控制器设计

4.1 控制器的构成及控制目标

在应用智能电容器进行无功补偿时，其并联在负载侧，从而使流入电网的无功电流减小或消除。智能电容器根据采集回来的电网参数，如电压、电流、电压和电流的相位角来计算当前的无功功率和功率因数，通过与智能电容器补偿容量的大小进行比较，来控制智能电容器的投切，实现无功补偿。

智能电容器的控制器也采用模块化设计，大致可分为测量与计算功能模块、开关投切控制功能模块、通信功能模块、人机交互系统、保护与故障报警模块和其他辅助配套功能模块，如图4-1所示。智能电容器装置的无功功率算法和投切规则是决定其补偿效果最重要的因素，无功电流检测算法直接决定了装置的响应速度及补偿精度。

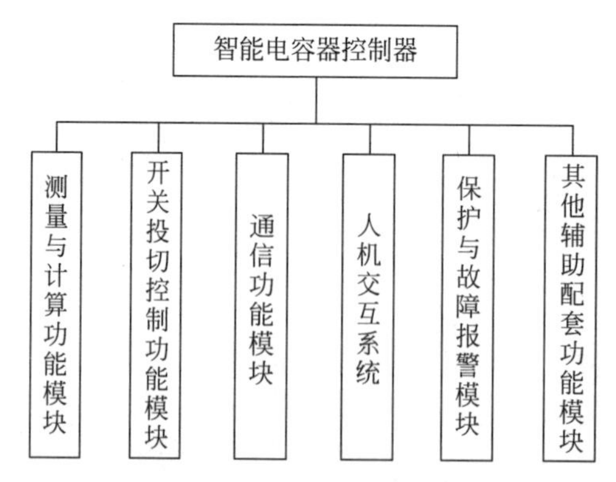

图4-1　智能电容器的控制器构成模块

控制器设计技术是智能电容器设计的核心技术之一。控制系统硬件是实现控制算法的基础。通常控制系统是低压供电，并且与主电路进行隔离。常用的控制系统硬件如图4-2所示，包含电压和电流检测环节、信号调理环节、保护环节、微处理器、按键操作模块、液晶显示模块和驱动电路。微处理器作为主控芯片，可以应用单片机、数字信号处理器(digital signal processor，DSP)等芯片。

在以DSP为核心的智能电容器控制器中，DSP芯片运算速度快，可以进行烦琐的数值计算，但是DSP芯片价格较高；在以单片机为核心的智能电容器控制器中，单片机主要完成控制功能，执行和计算的速度不是很高，但是单片机价格较低。

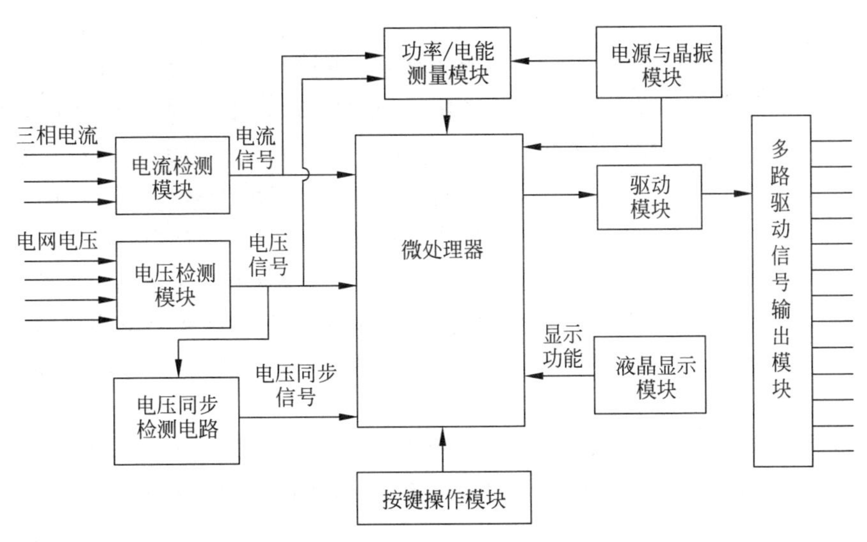

图 4-2　控制系统硬件结构图

4.2　测量与计算功能模块

测量与计算功能模块主要包含电气参数检测、信号调理、数据采集和数据处理等功能。

1. 电压、电流检测

需要测量的电气量包括电网电压、负载电流、输出电流等。将主电路中相对较大的电压和电流经过互感器或者霍尔传感器变为相对较低的电压和电流。互感器利用电磁感应原理，变化的磁场产生电场，导体在该磁场中产生感应电动势，如果是闭合回路，会产生感应电流。互感器分为电压互感器(PT)和电流互感器(CT)。电压互感器相当于降压变压器空载运行，原边视为恒压源，不允许输出端短路，否则会产生很大的短路电流；电流互感器相当于降压变压器短路运行，原边视为恒流源，不允许输出端开路，否则输出端会产生很大的过电压。显然，由于互感器应用电磁感应原理，所以无论是电压互感器还是电流互感器，都不能测量直流量。电压互感器是检测电网电压常用的器件，它的原理和变压器类似，如图 4-3 所示，初级线圈接待测电压 u_a，次级线圈上所检测的电压为 $u_o=(N_2/N_1)u_a$。电压互感器具有隔离作用，成本较低，使用方便，且不需要单独供电，缺点是抗干扰能力较差，不能测量含直流分量的信号。

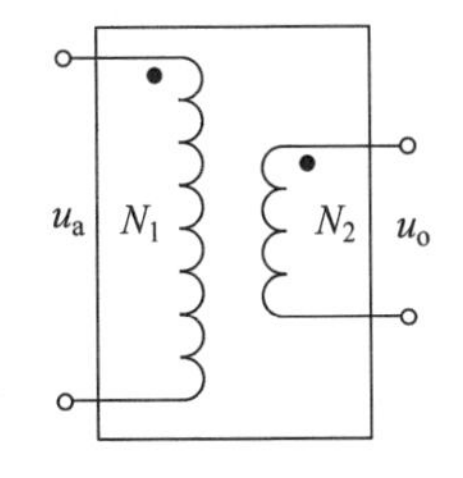

图 4-3　电压互感器

霍尔传感器是另一种检测电压、电流的常用器件。霍尔传感器是利用霍尔效应制作的传感器，当一个导体通过与外磁场垂直的电流时，在与磁场和电流方向垂直的方向产生电压，该电压与待测电流成正比。霍尔传感器可用于测量直流量和交流量。互感器往往有铁芯，因此适用的频段较窄，例如 50Hz 附近；霍尔传感器无铁芯，适用的频段较宽，但是霍尔传感器需要恒定的供电电源来产生恒定的磁场。

测量电网电压可应用霍尔传感器 LV28-P 或者 LV25-800。图 4-4 所示为霍尔传感器

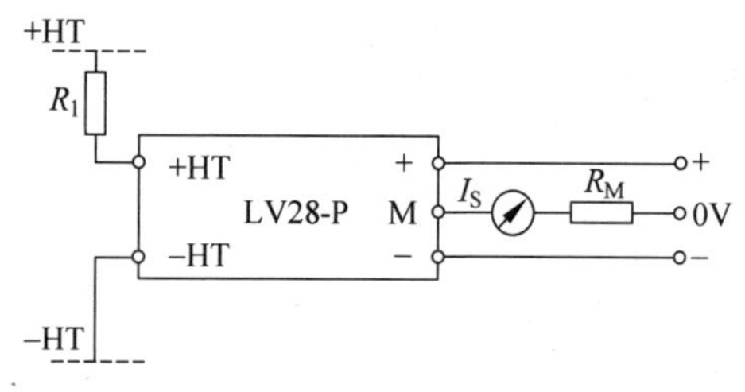

图 4-4 霍尔传感器 LV28-P 连接图

LV28-P 连接图，在 LV28-P 中根据 10mA 原边电流的要求选择电阻 R_1，例如测量 250V 的电压需选择 250kΩ/10W 的电阻，并且尽量使用多个电阻并联以减小每个电阻上的功率，这样就不会使电阻的温度过高。霍尔传感器分为应用闭环原理的传感器和应用开环原理的传感器。与应用开环原理的传感器相比，应用闭环原理的传感器精度高、响应时间快、测量频率范围宽，所以较为常用。应用闭环原理的传感器输出电流信号，应用开环原理的传感器输出电压信号，所以应用闭环原理的 LV28-P 或者 LV25-800 霍尔传感器输出端需要并联电阻来产生电压信号。

测量负载电流或者智能电容器输出电流可应用霍尔传感器 LA205-S 或者 LT308-S7，由于其是应用闭环原理的传感器，输出的是电流信号，所以输出端需要并联电阻来产生电压信号。

无论是电压霍尔传感器还是电流霍尔传感器，其原理都是霍尔效应，只是电压霍尔传感器将原边电压转换为电流后应用了霍尔效应。

如果补偿电流比较大，尤其在应用智能电容器组的情况下，可以用两级电流检测器件，第一级可以用电流互感器将大电流转变为小电流(例如将 500A 转变为 5A)，再用第二级电流互感器对 5A 电流进行测量。

2. 测量位置

智能电容器电流检测点可分为两种，分别是前点检测和后点检测，如图 4-5 所示。检测点与智能电容器投切点的位置不同，智能电容器控制系统设计也是不同的。

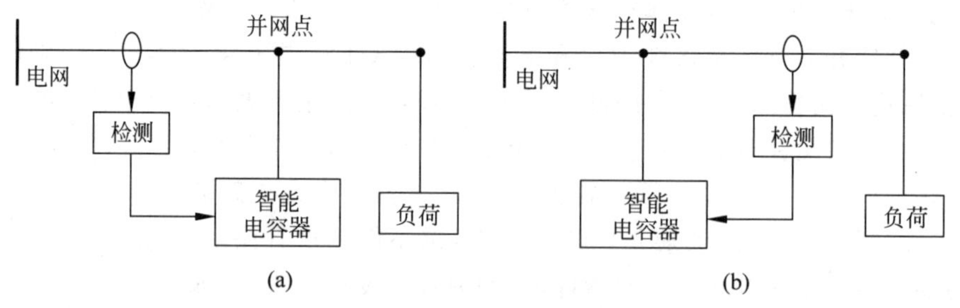

图 4-5 智能电容器检测点

(a) 前点检测；(b) 后点检测

电流检测点在智能电容器并网点与电网之间时称为前点检测，检测到的无功功率或者功率因数为补偿后的缺额，该方法实际上是形成了无功补偿的闭环控制。前点检测由于不是直接检测负载所需的无功功率，而是检测补偿后的无功功率，不易实现多台智能电容器的一次性快速投切，而适合逐个、渐进地投入各台智能电容器，速度较慢，因此常用于负荷无功变化缓慢、无大容量冲击负荷、不需要快速动态无功补偿的场合[15]。电流检测点在智能电容器并网点与负荷之间时称为后点检测，检测到的无功功率是负荷所需补偿的无功功率，该方式是开环控制。后点检测可得到需要补偿的无功功率，进而决定智能电容器投入台数，控制方式简单，但不能控制补偿后的效果，补偿的精度较差。

为了结合两者优点，也可以采用同时应用前点检测和后点检测的复合控制方式，即设置两个检测点。后点检测能得到补偿前负荷完全补偿时所需要投入的全部智能电容器的容量或台数，前点检测能检测补偿后的电网端无功功率情况，可以根据两个检测点无功的差值投切智能电容器，既可完全补偿所需的无功功率，也可以获得快速的动态补偿特性。

3. 信号调理

信号调理电路是整个控制系统的前级电路，具有对互感器或者霍尔传感器中传过来的信号进行转换、滤波、偏移量调整等功能。其电路形式很多，这里举例说明信号调理电路的基本功能，如图 4-6 所示[16]。

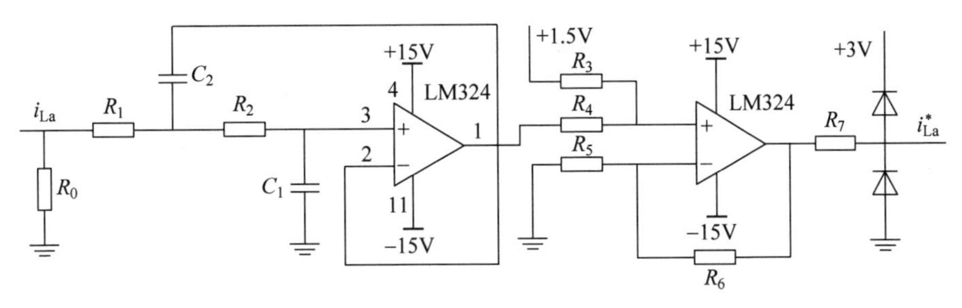

图 4-6 电流信号调理电路图

上面讲到，由于电压霍尔传感器和电流霍尔传感器应用了闭环原理，输出为电流信号，所以需将电流信号转换成电压信号才能作为处理器芯片的输入，需要经过调理电路。调理电路选择电阻 R_0 时应注意信号的峰-峰值不能超过处理器允许输入信号的峰-峰值。

将电压信号通过一个二阶或者高阶低通滤波器进行滤波，以滤除高频谐波，减小高频谐波干扰。例如，可以使用 Butterworth 低通滤波器等。图 4-6 所示是使用了 Sallen-Key 低通滤波器的负载电流信号调理电路，应用 Butterworth 函数进行逼近，即电压传递函数为二阶 Butterworth 函数。选择 Sallen-Key 低通滤波器的增益为 1，传递函数如式(4-1)所示。

$$G(s)=\frac{\dfrac{1}{R_1R_2C_1C_2}}{s^2+s\left[\left(\dfrac{1}{R_1}+\dfrac{1}{R_2}\right)\dfrac{1}{C_2}\right]+\dfrac{1}{R_1R_2C_1C_2}} \tag{4-1}$$

归一化 Butterworth 函数，如式(4-2)所示，通过选择其中的电阻值和电容值，再结合截止频率和参数灵敏度设计各参数。

$$G(s)=\frac{1}{s^2+\sqrt{2}s+1} \tag{4-2}$$

图 4-7 为截止频率 5000Hz 的 Sallen-Key 低通滤波器的 Bode 图和电路参数。

最后对信号进行偏移量调整，例如输入处理器 DSP 的电压信号为 0～3.3V，增加+1.65V 偏移量可使信号在 0～3.3V 范围内。具体的调理电路如图 4-6 所示。

再举例说明电压信号调理电路，如图 4-8 所示[17]。以 a 相电压 u_a 为例，电压互感器额定电流变比为 2mA/2mA。输入电压经限流电阻 R_1 使流过电压互感器初级(原边)的额定电流为 2mA，次级(副边)也会产生一个相同的电流值，输入到运算放大器。调节运算放大器反馈电阻 R_2 的值，在输出端将得到所要的电压值，输入与输出的关系为 $u_a^*=u_a(R_2/R_1)$。

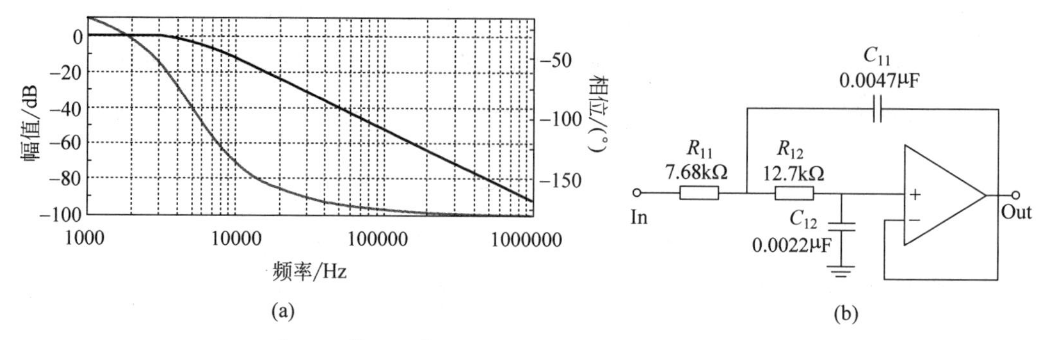

图 4-7 截止频率 5000Hz 的 Sallen-Key 低通滤波器

(a) Sallen-Key 低通滤波器 Bode 图；(b) 电路参数

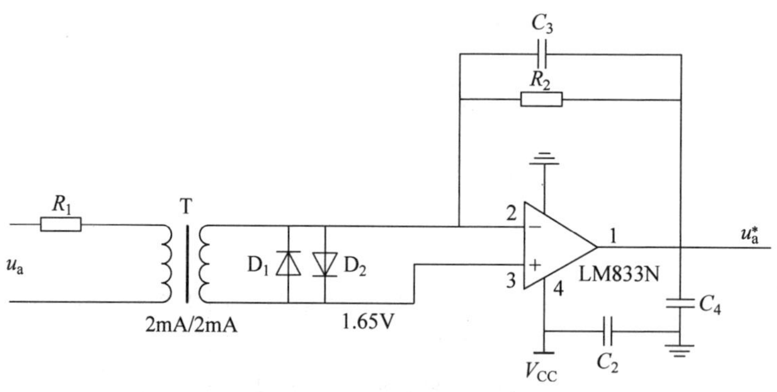

图 4-8 电压信号调理电路图

4. 电压同步信号的生成

电压同步信号的产生是信号调理电路中非常重要的一部分。同步信号主要用于确定电压的频率和相位，电压同步信号调理电路输出的波形与电网电压具有固定的频率和相位关系。电压同步信号是在电压过零处产生电平变换，可以是电网电压作为电路的输入，也可以是开关器件两端电压作为电路的输入。

下面举例说明电压同步信号生成的原理。图 4-9 为电压同步信号生成电路，生成与输入电压过零点同步的电压同步信号。

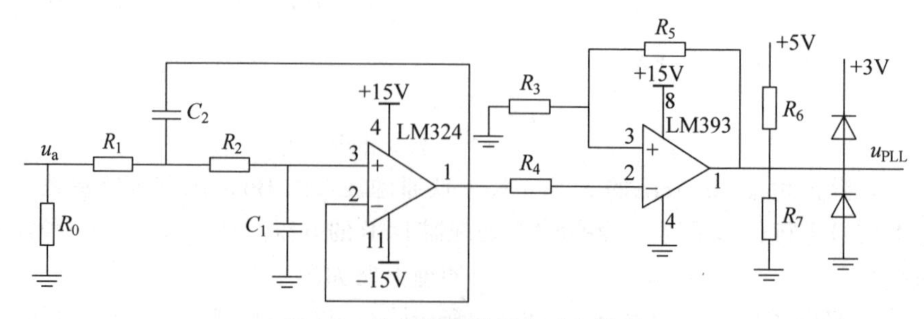

图 4-9 电压同步信号生成电路图

图 4-9 中，电压信号 u_a 经过 Sallen-Key 低通滤波器滤除高频分量。设计该滤波电路时，应注意 50Hz 频率的信号延时问题，为防止 50Hz 信号延时过大，低通滤波器截止频率不宜过小。滤波后的信号与零电平进行比较(图中应用的是 LM393 比较器)，输出为方波信

号，即得到了输入电压信号的过零点。

5. 投切开关状态的检测

控制器需要检测投切开关的状态，例如判断过零投切、电容器投切状态等功能都需要进行开关状态检测。通常做法是采集投切开关两端电压，经过变换得到稳定的电平。例如，投切开关断开时输出高电平，投切开关闭合后输出电平变为低电平，这样处理器芯片就可以捕获到投切开关闭合时刻。图 4-10 给出了一种简单的投切开关状态检测电路[18]。在实际运行的电路中由于光耦或者二极管有压降，输出电平在投切开关闭合之前不是标准的高电平，而是在投切开关两端电压过零点附近产生两个很小的窄脉冲，在设计投切开关状态捕获时刻时应避开这两个窄脉冲。

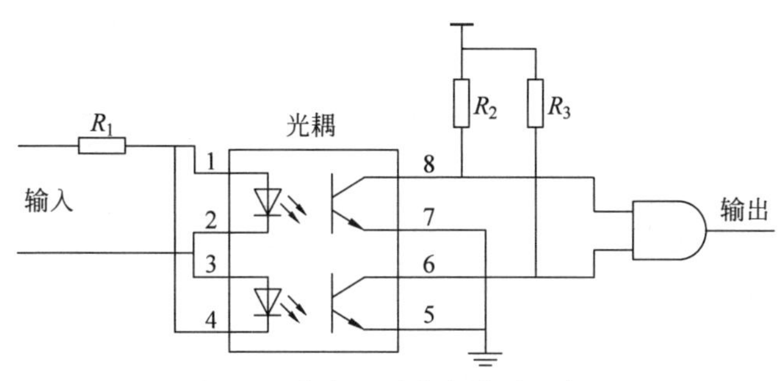

图 4-10　投切开关状态检测电路图

6. 电气参数测量与计算电路

电气参数的测量精度决定了智能电容器的无功补偿精度。电气参数测量与计算功能模块有两种形式：一种是应用处理器芯片进行 A/D 采样，将模拟量转化为数字量进行计算；另一种是应用测量/计算芯片。

1）基于 A/D 采样的测量与计算方法

A/D 采样分为两种情况：一种是应用 A/D 采样专用芯片来实现，通常称为片外(处理器芯片外部)A/D 采样；另一种是应用处理器内部的 A/D 采样功能，通常称为片内(处理器芯片内部)A/D 采样。专用的 A/D 采样芯片有很多种，可以选择不同采样精度的芯片，例如常用的 12 位 A/D 转换器芯片 AD7864、AD7892-1、AD7891 等。将输出信号调理成符合 A/D 转换器芯片输入范围的模拟量，输入 A/D 转换器芯片进行 A/D 采样，再将数字量信号传入处理器芯片。现在常用的处理器，例如单片机、DSP 等内部都具有多通路 A/D 转换器，通常情况下这些芯片内部的 A/D 转换器可以满足 A/D 采样精度的需求，应用非常普遍。将输出信号调理成适合处理器芯片输入范围的模拟量，处理器芯片直接进行 A/D 采样，将模拟量转化为数字量。

2）应用测量/计算芯片的方法

功率因数等电网电气参数也可通过专用测量/计算芯片来获得，例如应用测量芯片 CS5460A、CS5463、ATT7022A、ADE7758、ATT7026A、PL3223、RN8302 等，它们对外部输入的电压和电流信号进行计算，得到电压有效值、电流有效值、功率因数、无功功率等。它们与处理器连接，减轻了处理器测量和计算的负担。这里举两个例子来介绍测量芯片的作用。图 4-11 为芯片 CS5463 的典型应用电路，CS5463 是包含模/数转换器、功率计算部分、电能-频率转换器和一个串行接口的完整的功率测量芯片。它可以精确测量瞬时电压、瞬时电流、电压有效值、电流有效值、瞬时功率、有功功率，可与微处理器进行双向串行通信。图 4-12 给出了三相电能专用计量芯片 ATT7022A 的典型应用电路。

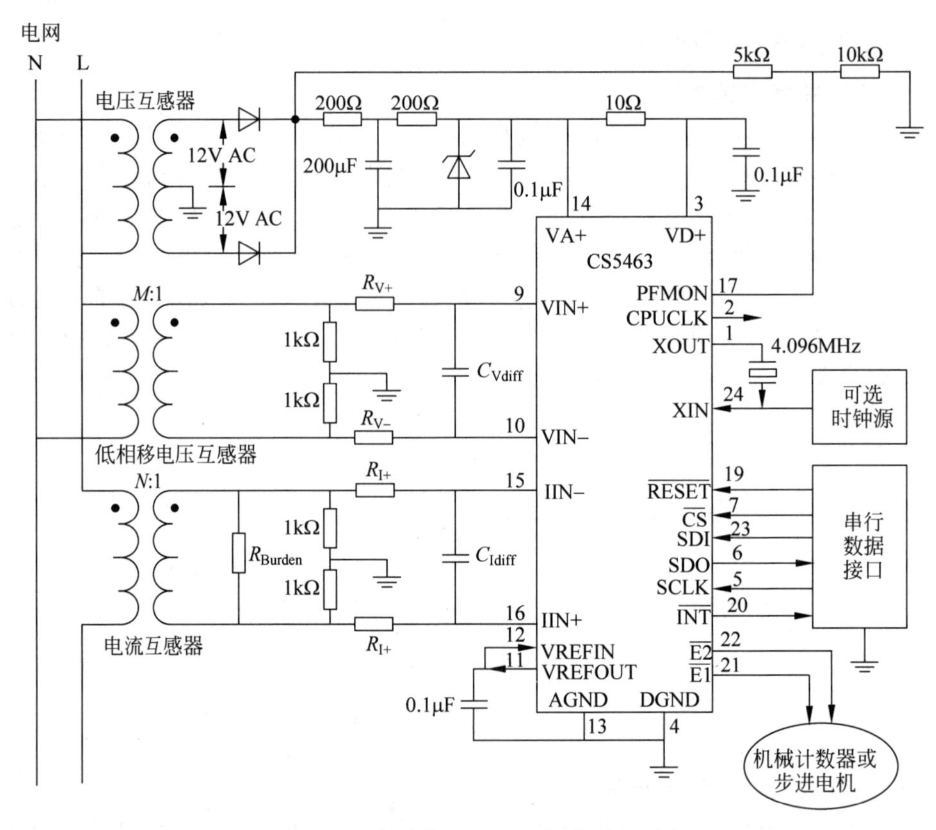

图 4-11 CS5463 典型应用电路图(单相隔离)

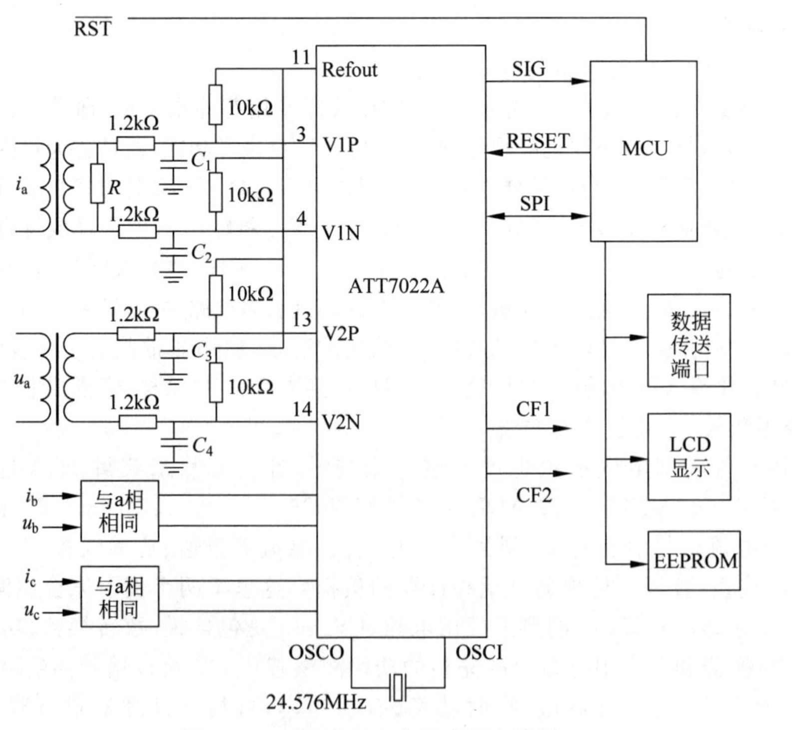

图 4-12 ATT7022A 典型应用电路图

4.3　开关投切控制功能模块

开关投切控制功能模块主要完成投切开关的过零投切，实现投切过程无过电压和涌流。下面针对不同的投切开关类型介绍其投切电路。

1. 晶闸管投切电路

晶闸管作为投切开关通常要考虑两个问题：晶闸管驱动电平的生成和过零触发。这两个问题的关键是过零触发问题。晶闸管两端电压过零触发可通过传感器测得晶闸管两端电压，然后用微处理器芯片采样得到电压过零点信号，计算出投入时刻，并输出投切信号。该方法受到晶闸管两端电压直流分量、谐波、检测零点阈值等因素影响，可能产生过零触发偏差。另外一种方法是通过投切开关电压过零触发光耦来实现，常用的光电双向可控硅驱动器芯片有MOC3061、MOC3081、MOC3083等。图4-13为MOC3083的内部结构图。只有当发光二极管内流过足够大的持续正向电流且引脚4和引脚6之间外加电压接近为零时，反并联的晶闸管才会被触发而导通。图4-14是MOC3083典型的应用电路。

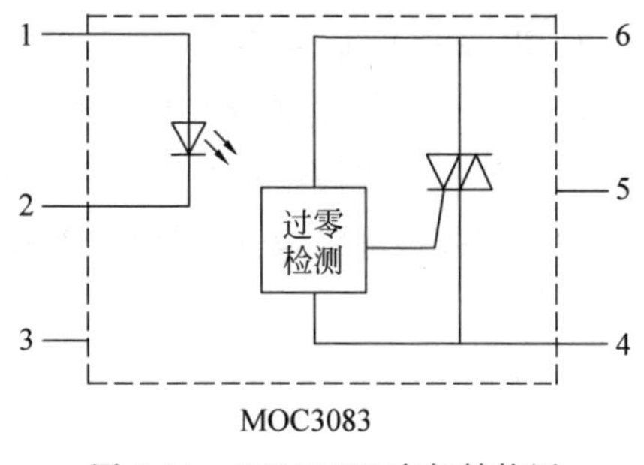

图4-13　MOC3083内部结构图

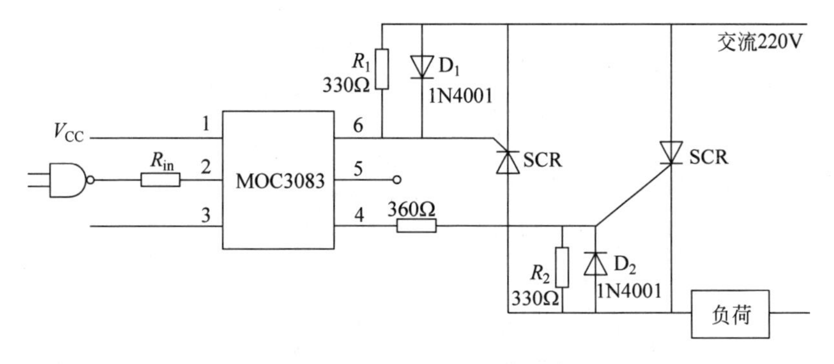

图4-14　MOC3083应用电路

2. 磁保持继电器投切电路

磁保持继电器常用于实现复合开关，复合开关需要用微处理器芯片实现晶闸管和磁保持继电器的投切逻辑[19]，下面给出常用的磁保持继电器的驱动电路，如图4-15所示[20]。

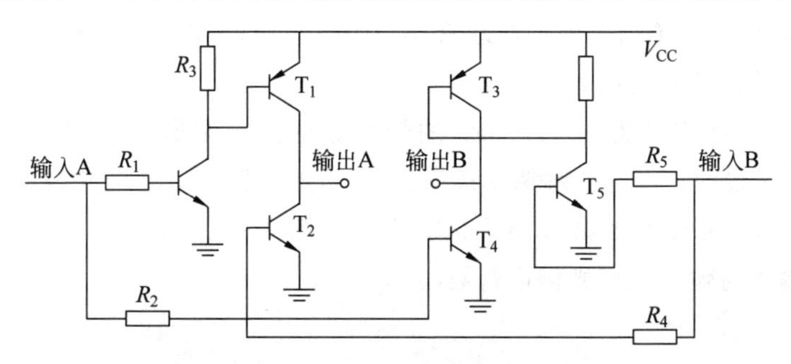

图4-15　磁保持继电器驱动电路

4.4 通信功能模块

通信功能模块是控制器的一个重要组成部分，它是控制器与外部进行信息交换的桥梁，在多台智能电容器构成智能电容器组的过程中，通信功能模块是各台智能电容器信息交换和控制的重要部分。通过通信功能模块可以实现运行参数和运行状态信息的传输，也可以实现控制命令的发送和接收。

控制器的通信方式有多种，智能电容器常用的通信方式包括串行通信（例如 RS-232/485 通信）、GPRS（general packet radio service）无线通信等。

1. RS-232 通信电路

RS-232 接口是目前常用的计算机与计算机之间、计算机与外设之间进行数据通信的接口标准。其标准的传输距离不大于 15m，传输速率最大为 20KB/s。图 4-16 给出了 RS-232 通信的典型接口电路，其中应用了 MAX232 芯片。

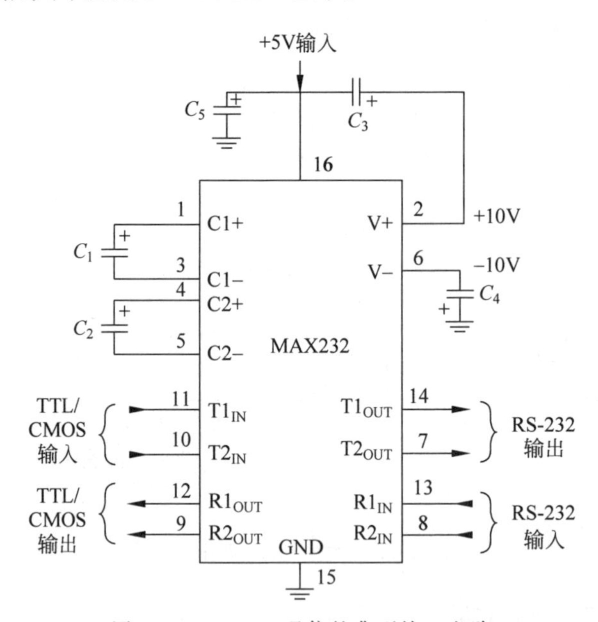

图 4-16　RS-232 通信的典型接口电路

2. RS-485 通信电路

RS-485 通信标准是美国电气工业联合会（EIA）制定的利用平衡双绞线做传输线的多点传输标准。其数据信号采用差分传输方式，如图 4-17 所示，使用一对双绞线，将其中一条线定义为 A，另一条线定义为 B。RS-485 的最大数据传输速率为 10MB/s，传输距离可达 1200m。平衡双绞线的长度与传输速率成反比，所以在短距离下才能获得最高的传输速率。另外，RS-485 接口具有良好的抗噪声干扰能力。在图 4-17 中应用了 MAX485 芯片，通常情况下通信的输入与输出应用光耦进行隔离。

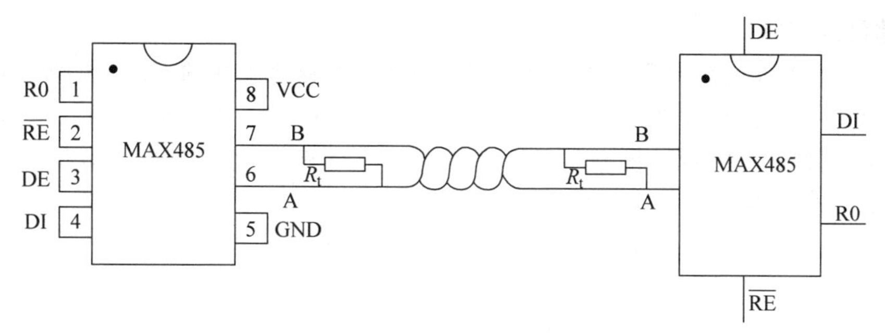

图 4-17 RS-485 典型应用电路

3. GPRS 无线通信

GPRS 无线通信可实现控制器与监控中心上位机的通信。GPRS 是以分组交换技术为基础的一项高速数据处理技术，用户通过 GPRS 可以在移动状态下使用各种高速数据业务，例如收发 E-mail，进行 Internet 浏览等。GPRS 网络稳定可靠、数据传输速度快、覆盖面广，可以实现 40～100KB/s 的数据传输速率。在具有远程监控功能的智能电容器中，可以在其控制器中应用 GPRS 无线通信方式。

4.5 人机交互系统

智能电容器具有用户管理功能，该功能是通过人机交互系统来实现的，包括对智能电容器信息进行管理，例如智能电容器类型设置、参数设置、密码设置、历史数据查询、投切状态查询、故障查询等。人机交互系统通常由指示灯、键盘、显示器、通信接口等构成。

在电力行业标准《低压并联电容器装置使用技术条件》(DL/T 842—2015)中对人机交互系统做了相关规定和解释：智能电容器应有运行和投切状态的显示功能，可以采用指示灯或其他方式进行指示；智能电容器应设有电流、电压、功率因数等的指示仪表，以显示其所并入系统的三相电压(或线电压)、电流及功率因数值等；智能电容器应具有相应的运行及保护参数显示或调显功能。

在国家标准《并联电容器装置设计规范》(GB 50227—2017)中对人机交互系统也做了相关规定：智能电容器的运行和停止状态均应有明确的信号显示以便于识别；智能电容器的智能控制器通常要包含电流、电压和功率因数显示功能，否则应装设电流表、电压表、功率因数表。智能电容器人机界面也可采用大屏幕液晶显示器，它可以实时显示电网电压、电流、有功功率、无功功率、功率因数、电压总谐波畸变率、电流总谐波畸变率及智能电容器投切状态等信息，可不再装设电流表、电压表及功率因数表等。

常用的人机交互系统包含指示灯、键盘或按键、显示模块等。

1. 指示灯

指示灯显示直观，易引起人们的注意，智能电容器可设计指示灯来显示一些重要的信息。但指示灯不宜过多，过多不易引起人们的注意。例如，可以安装电源指示、自动控制指示、装置故障指示等的指示灯。

2. 键盘或按键

在智能电容器人机交互系统中，输入量是由键盘或按键来完成的。由于单台智能电容器结构简单，所以应用几个按键就可以完成信息输入，无须过于复杂的键盘或按键。如图4-18所示为简单的按键操作系统，按键与微处理器的I/O口相连，微处理器可以读取I/O口电平或者用I/O口中断的形式读取按键操作信息。

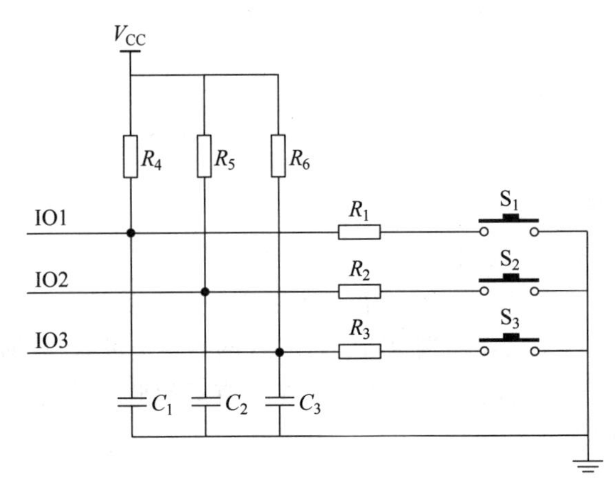

图4-18 按键电路

3. 显示模块

智能电容器显示模块既可以由LED显示器实现，也可以通过LCD显示器实现。

1) LED显示器

LED显示器通常用来向用户显示状态或其他信息，其接口简单，工作可靠。常用的LED有8段LED显示，其结构连同小数点在内一共是8段LED，点亮合适的字段，就能显示0～9的数字和某些字符、符号。用多个LED可以显示更多的状态信息。下面给出两个具体的例子来说明LED显示功能。如图4-19所示[21]，显示驱动器MAX7219用来驱动8个共阴极LED显示器，MAX7219连接到智能电容器控制器的微处理器芯片上，与微处理器共同控制和驱动共阴极8位LED显示器。它与智能电容器控制器的主控芯片只需3根导线连接，采用16位数据串行移位接收方式。

图4-20为另外一个应用LED显示的例子[22]，数据的传递主要使用74HC164芯片，它是一款具有8位边沿触发式移位寄存器的器件，数据串行输入、并行输出。微处理器通过输入端DSA或者DSB将数据传入，在74HC164芯片的$Q0$到$Q8$引脚依次输出；CP为时钟口，每次由低变高，数据右移一位，用来控制数码管的显示。

2) LCD显示器(液晶显示器)

LCD显示器同LED显示器相比，其显示的信息要多得多；还可以配合软件实现菜单提示操作，方便人员的操作；同时可以减少指示灯和按键的数量，使面板变得更加简单和美观。液晶显示模块的种类很多，例如常用的点阵式12864液晶显示模块，控制芯片可以用KS0108、T6963、ST7920等。广泛应用的液晶显示器产品是将液晶屏和控制芯片集成在一起，只要给液晶显示屏发送数据和控制信号就可以实现显示。液晶显示器既可以接收串行数据，也可以接收并行数据，在控制芯片的说明文档中给出了相关电路。

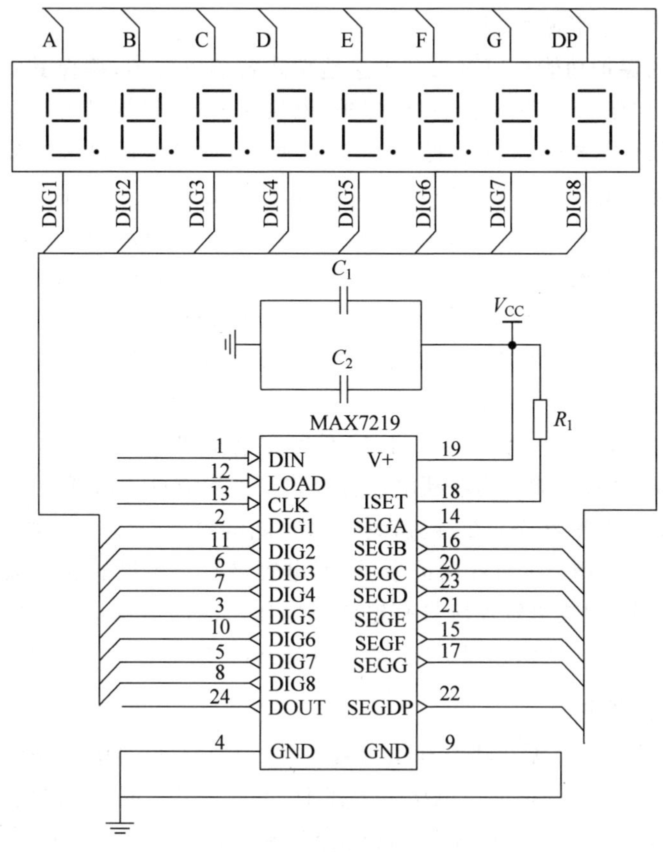

图 4-19 LED 显示电路实例一

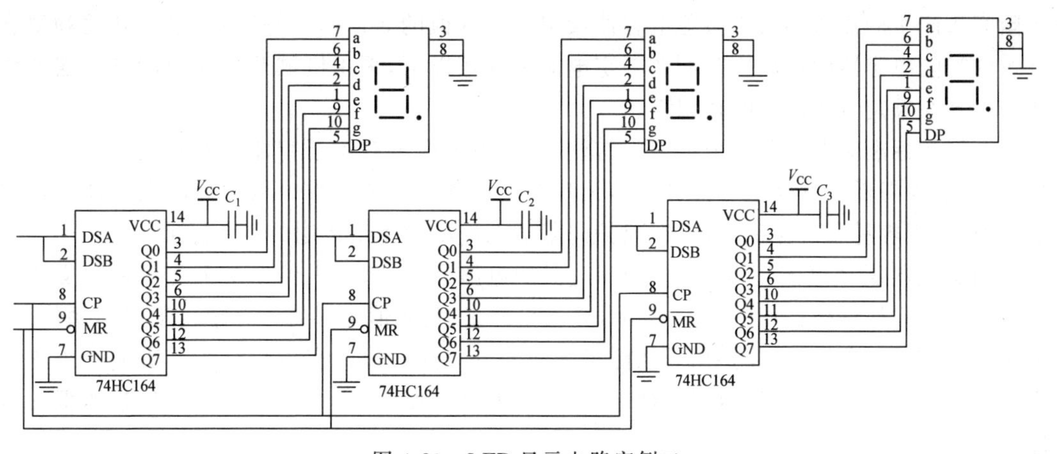

图 4-20 LED 显示电路实例二

4.6 保护与故障报警模块

智能电容器与其他大多数电器不同，通常在满功率下运行，如果运行中电压、电流和温度超过了规定值，就会缩短电容器的使用寿命，甚至造成电容器故障和损坏，所以应设有适当的保护及符合规定的通断控制。

智能电容器的保护功能可以可靠和迅速地切除智能电容器，确保其安全运行。保护类型有过压保护、缺相保护、欠压保护、过流保护、谐波保护、过热保护等。保护功能可由软件或硬件来实现。软件保护通过程序实现，非常方便，而且可以通过人机接口修改保护的限值；而硬件保护通常情况下不受程序运行的影响，保护更灵敏、更可靠。

在国家标准《并联电容器装置设计规范》(GB 50227—2017)中对并联电容器装置的保护做了相关规定：智能电容器有短路保护、过电流保护、过电压保护和失压保护，并包含谐波超值保护。在电力行业标准 DL/T 842—2015《低压并联电容器装置使用技术条件》中给出了低压并联电容器装置保护功能的相关规定：智能电容器过压动作门限值应在 1.05～1.15 倍额定电压之间可调，在第一级过压门限(1.05～1.10 倍额定电压)时，智能电容器不发出投入指令，在第二级保护门限(1.10～1.15 倍额定电压)时，在 1min 内逐个切除全部智能电容器；在失压保护中，智能电容器断电后各投切开关均应自动断开，以保证智能电容器再通电时投切开关处在分断状态；在过流保护中，智能电容器过流保护动作门限应在 1.3～1.6 倍额定电流之间可调；在温度保护中，智能电容器装设温度感应开关元件来实现过温保护；在谐波保护中，智能电容器应具有电流或电压谐波超值保护，电流、电压谐波含量可用谐波总畸变率来表示；在缺相保护中，缺相情况下，智能电容器应能及时切除。

1. 过压和过流保护

在国家标准《低压成套无功功率补偿装置》(GB/T 15576—2020)中给出了过压和过流的保护规定：智能电容器保护动作电压至少在 1.1～1.2 倍额定电压之间可调，当运行电压达到过电压设定值时，应在 1min 内将智能电容器组全部切除；智能电容器设有瞬态过电压保护，且这种过电压限制在 $2\sqrt{2}$ 倍额定电压以下。对电流也有相应的规定：智能电容器投入瞬间所产生的涌流不大于智能电容器额定电流峰值的 3 倍，采用晶闸管电子开关和复合开关的智能电容器的涌流应限制在额定电流的 5 倍以下，采用机械开关的智能电容器的涌流应限制在额定电流的 100 倍以下。

不同的标准对保护限定值的规定有些不同，由于尚未有关于智能电容器设计和使用的标准，只能参考低压并联电容器和低压无功补偿设备的相关标准。因为智能电容器采用智能化设计，很容易实现保护功能，在保护门限值上应尽量满足常用的几个标准。

当交流电压和电流超过了限定值时，保护电路会动作，下面给出两个例子说明交流电压或电流的硬件保护。如图 4-21 所示，交流量的正、负幅值中如有一个超过了保护阈值，就输出保护信号，然后通过保护信号切除智能电容器。还可以将交流量转化为直流量来进行保护，需要对交流量进行绝对值变换，绝对值变换电路如图 4-22 所示，直流电压过压保护电路如图 4-23 所示。

2. 温度保护

针对装置运行的环境空气温度，在国家推荐性标准《电力电容器 低压功率因数校正装置》(GB/T 22582—2023)中有所规定：智能电容器需根据安装地点的实际环境空气温度设置上限温度和下限温度，并分成若干温度类别。在机械行业标准《低压无功功率动态补偿装置》(JB/T 10695—2007)中对装置周围的空气温度也有相关规定：智能电容器运行环境需在温度为＋40℃时空气相对湿度不超过 50%，在周围空气温度较低时允许有较高的相对空气湿度。

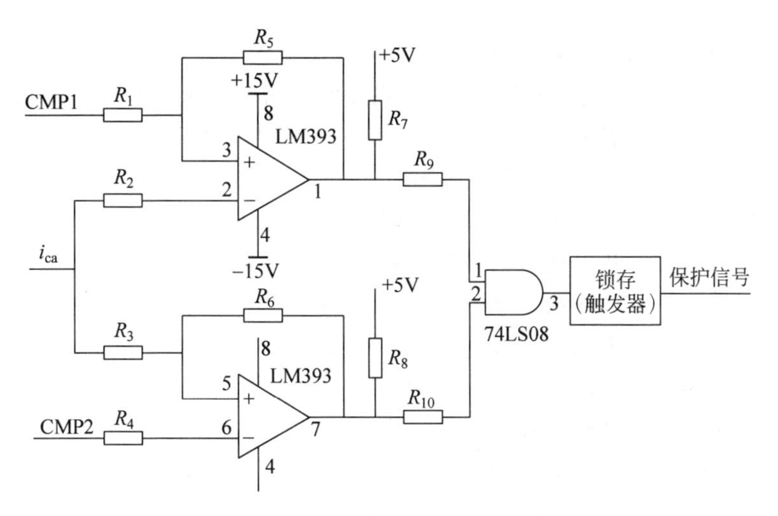

图 4-21　交流量超限保护电路图

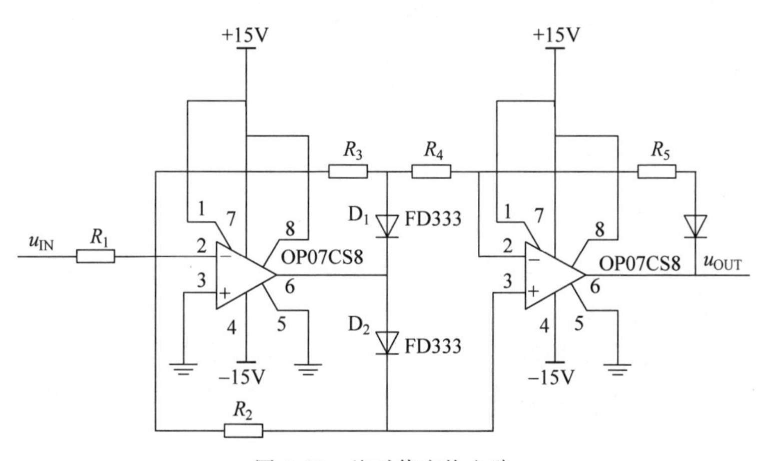

图 4-22　绝对值变换电路

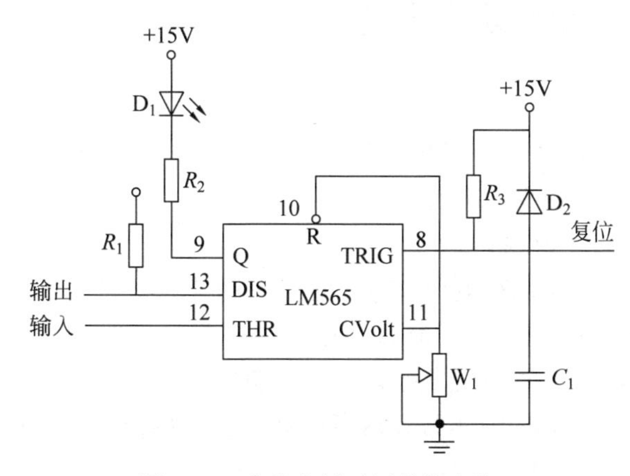

图 4-23　直流电压过压保护电路

为防止智能电容器内部工作温度过高，控制器有检测智能电容器内部温度的功能，并根据温度保护阈值判断是否进行温度保护。目前广泛使用的温度传感器有 4 类：热电阻、热电偶、热敏电阻及集成电路温度传感器[23]。下面举例说明温度保护的原理。

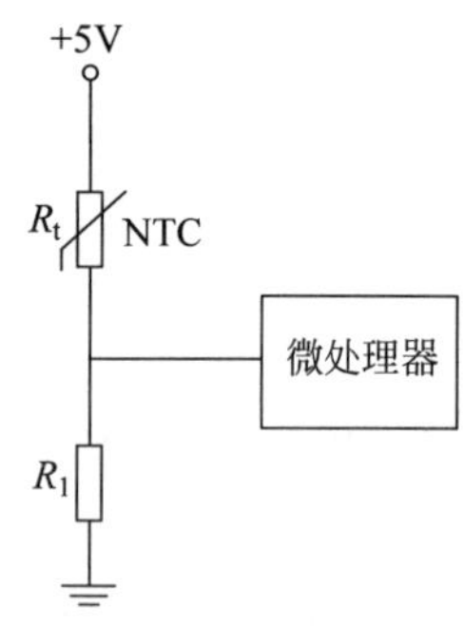

图 4-24 应用热敏电阻测量温度

可以应用热敏电阻作测温的温度传感器。热敏电阻测温线路简单,性价比高。如图 4-24 所示,应用热敏电阻 DHT0A104F 测量温度[23],该热敏电阻由一个探头与耐高温线构成,导热灵敏度高。它利用的是热敏元件材料的电阻随着环境温度变化而改变的特性。

温度测量还可以采用 K 型热电偶完成[18],如图 4-25 所示。热电偶是一种感温元件,两种不同成分的均质金属导体紧密相接,形成两个电极,在电极接触面之间就会存在大小与温度有关的热电动势,热电偶的工作原理就是应用该特性,测量热电偶电极之间的电动势大小得出环境温度。图 4-25 中的 MAX6675 是具有冷端温度补偿功能的热电偶数据转换器,其能将 K 型热电偶信号转换成数字信号。

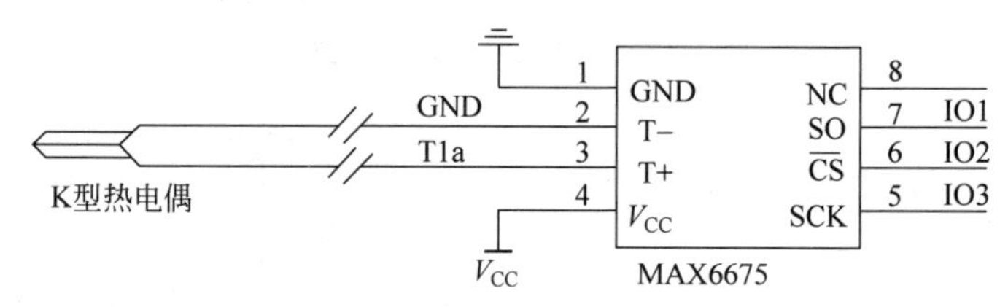

图 4-25 应用热电偶测量温度

3. 软件保护

缺相保护、欠压保护、谐波保护适用于软件保护,因为相关电压参数和电流参数都已经被测量,并且在微处理器中进行计算非常方便。当任意一相的相电压低于阈值时,可认为是缺相或者欠压,控制器发出控制命令,切除智能电容器。控制器可以计算得出电流谐波总畸变率(THD),当任意一相的谐波电流含量高于某一限值时,实行保护动作。

4.7 其他辅助配套功能模块

1. 数据存储

当智能电容器重启时,需要对设置参数进行读取工作,这就需要数据存储电路,且在掉电情况下保证存储的历史数据不消失。

1) 微处理器外部芯片数据存储

智能电容器运行时需要保存电压、电流、运行时间等一些重要的运行数据,在一段时间内存储数据可以方便查询和监控,同时智能电容器正常运行时的参数设置需要保存,在重新开机或者因故障掉电重启时调用参数设置数据进行初始化。图 4-26 所示为采用外部存储芯片 AT26DF321(串行 Flash)作为数据存储器,应用微处理器的 SPI 外设接口对数据存储器芯片进行操作。

2) 微处理器内部数据存储

微处理器内部存储器集成在处理器内部,它包括程序存储器 Flash 或 EEPROM 存储器等。内部存储器由于空间有限,通常存储一些参数设置数据,运行参数数据一般存储在外部存储器中。

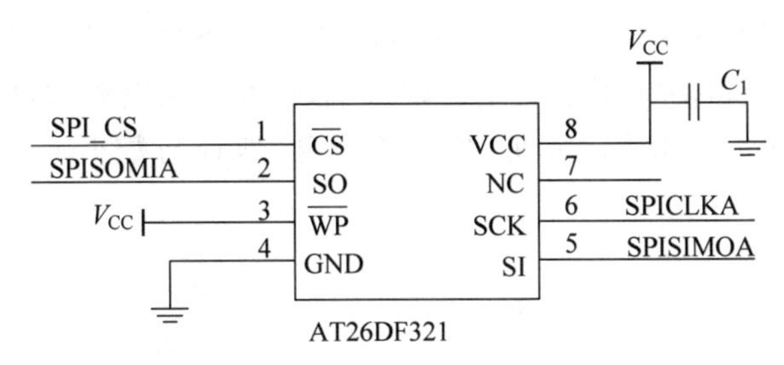

图 4-26 数据存储电路

2. 控制器电源监测电路

为了提高抗干扰能力,应对智能电容器的控制器电源进行监测,电源出现故障时进行保护。例如,可采用 IMP706 作为电源监控芯片,该监控芯片具有功能多、功耗低、使用简单、价格低等特点,能够提供上电、掉电复位功能,还可提供如后备电池管理、存储器保护、低电压报警(看门狗功能)等其他功能。如图 4-27 所示,其中 $\overline{\text{WDI}}$ 和 $\overline{\text{PFO}}$ 两个引脚连接到微处理器的数字 I/O 接口,电源故障时输出相关信息; $\overline{\text{RESET}}$ 与微处理的复位引脚相连,可以在微处理器故障或者外部电网电压低于设定电压时对微处理器进行复位。

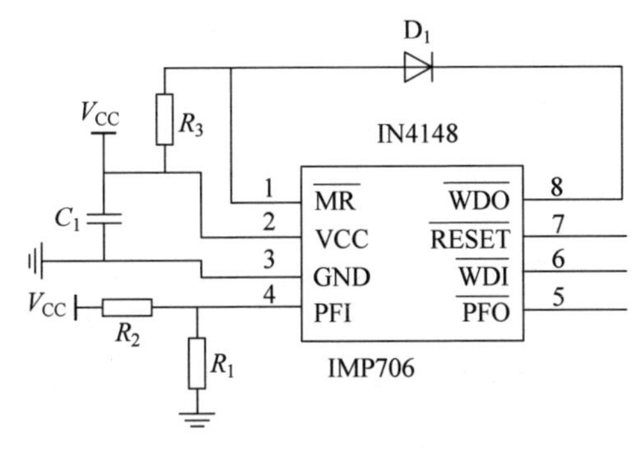

图 4-27 电源监测电路

3. 时钟日历

需要时间参考的场合通常会设计时钟日历电路,例如记录故障和系统掉电的时间等。下面举例说明时钟芯片的应用。

可以应用 PCF8583 时钟芯片实现运行时钟功能。PCF8583 可实现下面两个主要功能:①日历时钟功能,可实现自动计时、编程设定、编程起闹等;②事件计数器功能,可进行事件计数。如图 4-28 所示,在 PCF8583 接口电路中,晶振作为 PCF8583 的外部时间基准,SDA 和 SCL 管脚分别接串行数据线和串行时钟线,再接微处理器芯片的 I/O 引脚。

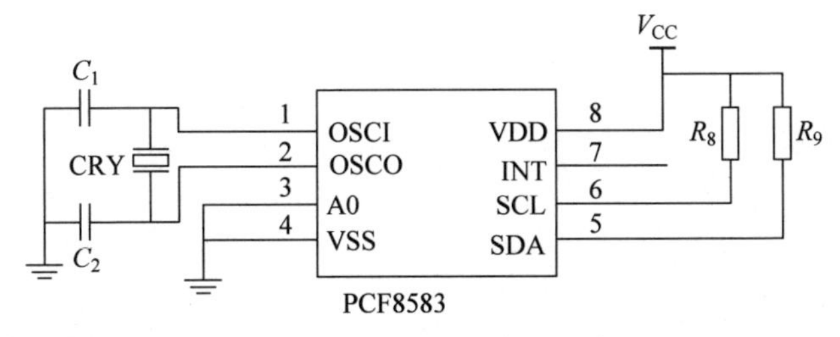

图 4-28 PCF8583 接口电路

也可以采用 DS3231 时钟芯片作为实时时钟器件。DS3231 芯片具有低成本、精度高等特点。在图 4-29 中，DS3231 芯片包含电源输入端，在断开主电源时仍可保持精确的计时。该芯片可以存储秒、分、时、日期、星期、月和年信息，地址与数据通过 I^2C 双向总线串行传输。

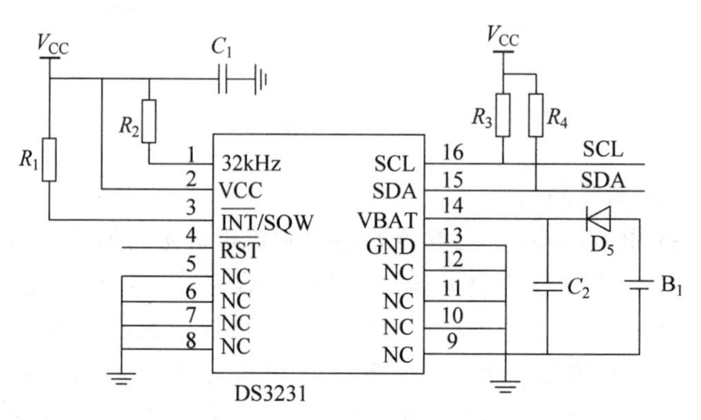

图 4-29 DS3231 时钟日历电路

第5章

智能电容器关键控制技术

5.1 无功补偿控制策略

5.1.1 无功补偿控制判据

智能电容器的投切需要选择合适的控制电气量作为参考，选择的控制电气量不同，智能电容器的控制判据不同，所采取的自动控制方法也不同。智能电容器采用模块化技术，工作较为独立，配电网对智能电容器的基本要求主要有以下3点：①无过补偿；②无投切振荡；③响应速度快。

按所控制的电气量不同把智能电容器分为4种类型，分别是补偿无功功率型、补偿无功电流型、补偿功率因数型和复合型（两个及以上电气量组合）[24]。产生下面5种控制判据，下面分别分析各种无功补偿判据。

1. 以功率因数为控制判据

以功率因数作为控制判据，是智能电容器广泛使用的一种方法。智能电容器测量或者计算出电网某时刻的功率因数，将其与事先设定的功率因数门限值（投入门限和切除门限）进行比较，当配电网的功率因数小于投入门限时，智能电容器投入配电网中进行无功功率补偿；当配电网的功率因数大于切除门限时，智能电容器从配电网中被切除；当功率因数在投入门限和切除门限之间时，智能电容器不动作。例如功率因数投入门限值为0.92，切除门限值为0.98，如果此时测得的电网功率因数低于0.92，那么智能电容器投入配电网中；如果此时测得的电网功率因数大于0.98，那么智能电容器从配电网中被切除；如果功率因数在0.92～0.98，智能电容器不动作。

如图5-1所示，功率因数等于有功功率 P 与视在功率 S 的比值，由于该比值具有相对性，所以以功率因数为投切判据在轻载和重载的时候会有缺点。在轻载时，也就是在负载有功和无功功率较小时，存在一些区域（如投切振荡区），此时功率因数较小且达到投入门限，需要投入智能电容器，当投入了智能电容器后，智能电容器的补偿容量超出了负载无功容量，补偿点由 A 点变为 B 点，形成了过补偿；功率因数达到了切除门限，此时需要切除智能电容器，当智能电容器被切除后，补偿点由 B 点返回到 A 点，以后重复此过程。通常称这种补偿点在 A 和 B 之间来回切换的现象为投切振荡。在投切振荡过程中，智能电容器在电网无功补偿呈欠（过）补偿时投入（切除）智能电容器后，检测到电网无功补偿呈过（欠）补

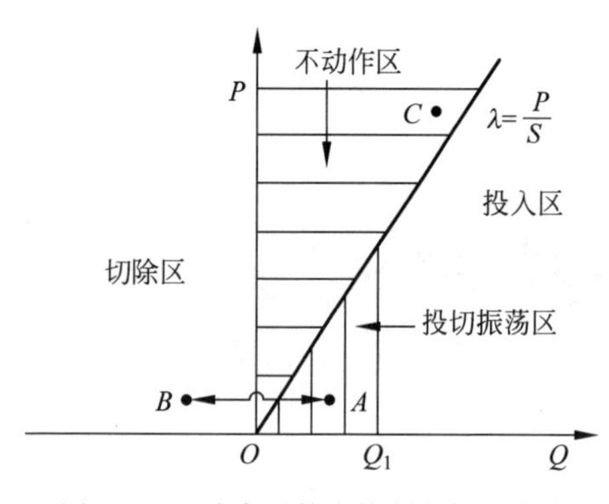

图 5-1 以功率因数为控制判据示意图

偿，于是切除（投入）智能电容器，此时又检测到呈欠（过）补偿，又投入（切除）智能电容器，如此反复和无效地进行投切动作。投切振荡区的边界与智能电容器的补偿容量 Q_1 和投切门限有关，通常情况下右边界就是 Q_1。投切振荡对于智能电容器和投切开关的寿命会产生巨大的影响，缩短了智能电容器的寿命。

在图 5-1 中，当重载时，也就是在负载有功和无功功率较大时，由于无功分量在负载中所占比例较小，此时功率因数值较大，高于投入门限值，不投入智能电容器，对电网不做任何无功补偿，也就是需要智能电容器进行补偿的时候却因为功率因数判据在投入门限之上而没有投入智能电容器。图 5-1 中的 C 点就在不动作区，负载无功功率大于智能电容器补偿容量 Q_1。

2. 以无功功率为控制判据

以无功功率为控制判据来控制智能电容器的投切，这是一种最直接的控制方案，计算出负载的无功功率值，然后投入或切除智能电容器，不会出现过补偿现象。以无功功率为控制判据对单台智能电容器运行来说非常方便且准确，但是对于多台智能电容器组成智能电容器组的情况，会出现投切振荡现象。如图 5-2(a)所示，电网实际无功缺额 ΔQ 在切除区 A 点，当切除一台智能电容器后，电网存在无功缺额而落在投入区 B 点，那么会投入一台智能电容器，但是电网实际无功缺额又落在了切除区 A 点，随即又切除一台智能电容器，这样无限循环，形成了投切振荡。当以无功功率为控制判据时，无功功率的投入门限和切除门限之间的范围大于单台智能电容器的容量，可避免投切振荡现象的发生。如图 5-2(b)所示，配电网无功缺额在切除区 A 点，切除一台智能电容器后落在了不动作区 B 点，解决了投切振荡的问题。以无功功率为判据的控制方法适合各智能电容器容量已知，且需要准确补偿无功功率而投入多台智能电容器的场合。

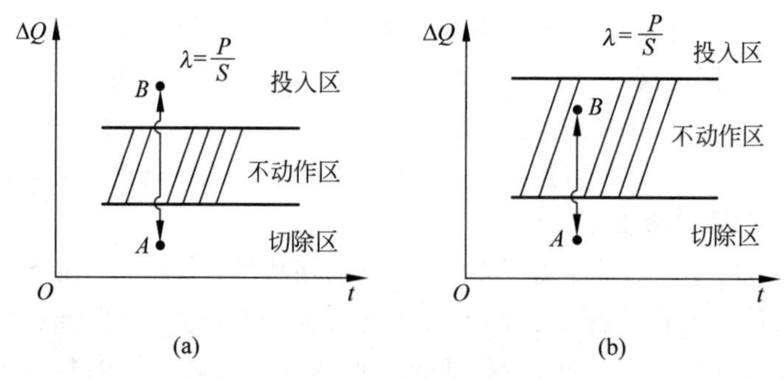

图 5-2 以无功功率为控制判据示意图

3. 以无功电流为控制判据

由于智能电容器应用在低压配电网中，所以在配电网电压不变的情况下，以无功电流为控制判据与以无功功率为控制判据并无很大的区别；在配电网电压畸变率不大的场合，以无功电流为控制判据无须精确测量电网电压，只需得到电网电压同步信号，即可通过对负载电流进行测量和计算而得出无功电流，进而控制智能电容器的投切。

4. 以时间为控制判据

以时间为控制判据，也就是将一天划分为多个时间段对智能电容器进行投切控制。首先统计出配电网的负荷24h所需无功功率的变化曲线，根据这条曲线，以时间作为控制判据，一天内按照不同时间段投入或切除一定容量的智能电容器。这种控制判据具有简单、适用的特点，但只适用于不同天内负荷稳定的情况或者负荷无功功率变化缓慢的场合，其要求无功变化规律一定，且功率因数变化不大。例如在某个配电网中，大部分负荷在上午8时开始运行，根据负荷无功功率曲线可以投入智能电容器；在下午5时负荷停运，根据无功功率曲线可以切除智能电容器；在上午8时至下午5时之间如果负荷变化，根据曲线可以多增加几组投切操作。无功功率曲线的精确度决定了投切智能电容器进行无功补偿的精确度。

5. 复合型控制方式

为了提高智能电容器投切的准确性和精确性，通常会将几种控制判据结合使用，形成复合型控制方式。在处理器作为控制元件时实现多变量控制较为容易。例如，以功率因数为控制判据的方法易产生投切振荡，可以用复合控制方式，以功率因数为主要判据，用无功功率来校正。当功率因数满足投切条件时判断无功功率是否满足投切门限要求，可以防止轻载投切振荡，如果功率因数满足投入门限，但是无功功率小于投入门限，表明系统处于轻载状态，此时即使功率因数满足投入条件，智能电容器也不动作。也可以功率因数为主判据，用无功电流或时间进行校正。

当然，除上述电气量判据以外，还可以增加其他约束条件，使智能电容器投切更准确和精确，如电压谐波和电流谐波含量阈值保护、智能电容器组投切次数最少等。

5.1.2 电网参数检测与计算

智能电容器控制器需要检测和计算的基本电网参数主要包括电流有效值、电压有效值、有功功率、无功功率、视在功率、功率因数等。电网参数检测与计算的准确与快速是智能电容器进行无功补偿的基础。本节对电网参数检测和计算的方法做介绍，在下面的检测算法中虽然讲述的是某一个电网参数的检测和计算方法，但是这些检测和计算方法可用于其他多个参数的检测与计算中。

1. 传统无功检测算法

传统无功检测算法也可以称为平均功率算法[25]，该方法适用于电压和电流不含谐波的情况，因此在谐波含量较小的场合才有较高的精度。以配电网a相为例，如果通过芯片进行A/D采样后获得相电压 u_a 和电流 i_a 的值，通过有效值计算公式可得电压有效值 U_a 和电流有效值 I_a，如式(5-1)和式(5-2)所示。

$$U_a = \sqrt{\frac{1}{N}\sum_{n=1}^{N} u_a^2(n)} \tag{5-1}$$

$$I_a = \sqrt{\frac{1}{N}\sum_{n=1}^{N} i_a^2(n)} \tag{5-2}$$

式中,N 为一个电源周期内的 A/D 采样点数;$u_a(n)$为第 n 个点的电压采样值;$i_a(n)$为第 n 个点的电流采样值。

功率因数可由公式法和移相法[26-27]得到。公式法中相角 φ 可由硬件实现,可以通过检测电压和电流的过零点来得到,使用比较器将电压和电流的交流信号转化成为同步方波信号,然后利用微处理器引脚的外部中断进行检测,通过微处理器定时器定时得到相角 φ。应用式(1-1)~式(1-3)可求出有功功率、无功功率和功率因数。

移相法是通过软件计算出无功功率的方法,主要是通过移相得出正、余弦之间的转换,进而得出无功功率,如式(5-3)所示。

$$Q = U_a I_a \sin\varphi = \frac{1}{T}\int_0^T 2U_a I_a \sin(\omega t)\sin\left(\omega t - \varphi + \frac{\pi}{2}\right)\mathrm{d}t = \frac{1}{T}\int_0^T u_a(\omega t) i_a\left(\omega t + \frac{\pi}{2}\right)\mathrm{d}t \tag{5-3}$$

将式(5-3)进行离散化处理后得到式(5-4),无功功率可由式(5-5)得出,其值为配电网电压与平移四分之一周期的电流乘积在一个周期的平均值。

$$P = \frac{1}{N}\sum_{n=1}^{N} u_a(n) i_a(n) \tag{5-4}$$

$$Q = \frac{1}{N}\sum_{n=1}^{N} u_a(n) i_a\left(n + \frac{N}{4}\right) \tag{5-5}$$

也可以应用积分法[28]得出无功功率。积分法与移相法的基本思路相似,理论基础是正弦函数与余弦函数的关系,即 $\sin\varphi = \int \cos\varphi \mathrm{d}\varphi$,通过积分实现余弦和正弦之间的转换。无功功率的计算式如式(5-6)所示,离散化后的计算式如式(5-7)所示。

$$Q = U_a I_a \sin\varphi = \frac{\omega}{T}\int_0^T i_a(t)\left[\int_0^t u_a(\tau)\mathrm{d}\tau\right]\mathrm{d}t \tag{5-6}$$

$$Q = \frac{2\pi}{T^2}\sum_{n=1}^{N}\left[i_a(n)\sum_{i=1}^{n} u_a(n)\right] \tag{5-7}$$

2. 基于瞬时无功功率理论的检测算法

1) 基本原理[1]

三相电路的瞬时无功功率理论突破了传统的以平均值为基础的功率的定义,其定义了瞬时无功功率和瞬时有功功率。设三相电路电压和电流瞬时值分别为 u_a、u_b、u_c 和 i_a、i_b、i_c,将三相电路中的电压和电流分别变换到 α-β 两相正交的坐标系上,两相电压和电流分别为 u_α、u_β 和 i_α、i_β。变换如式(5-8)和式(5-9)所示。

$$\begin{bmatrix} u_\alpha \\ u_\beta \end{bmatrix} = \boldsymbol{C}_{32}\begin{bmatrix} u_a \\ u_b \\ u_c \end{bmatrix} \tag{5-8}$$

$$\begin{bmatrix} i_\alpha \\ i_\beta \end{bmatrix} = \boldsymbol{C}_{32} \begin{bmatrix} i_a \\ i_b \\ i_c \end{bmatrix} \tag{5-9}$$

其中，变换矩阵为：$\boldsymbol{C}_{32} = \sqrt{2/3}\begin{bmatrix} 1 & -1/2 & -1/2 \\ 0 & \sqrt{3}/2 & -\sqrt{3}/2 \end{bmatrix}$。

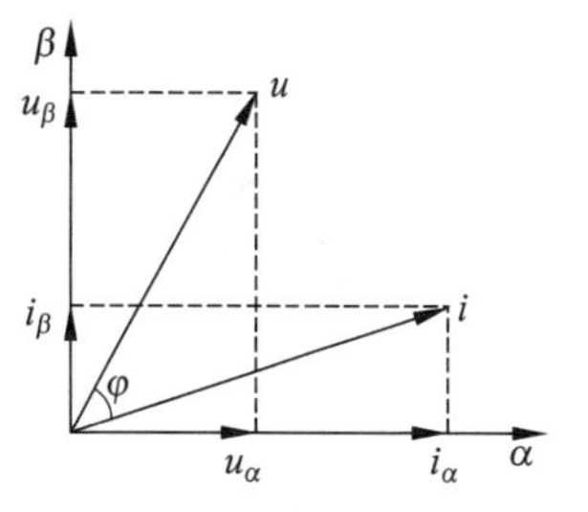

图 5-3　α-β 两相正交坐标系上的电压、电流相量图

在 α-β 两相正交的坐标系上的电压、电流相量图如图 5-3 所示。

三相电路瞬时有功功率 p 和瞬时无功功率 q 定义为式(5-10)。

$$\begin{bmatrix} p \\ q \end{bmatrix} = \begin{bmatrix} u_\alpha & u_\beta \\ u_\beta & -u_\alpha \end{bmatrix} \begin{bmatrix} i_\alpha \\ i_\beta \end{bmatrix} \tag{5-10}$$

用三相坐标系下的电压和电流表示，瞬时有功功率和瞬时无功功率的表达式分别如式(5-11)和式(5-12)所示。

$$p = u_a i_a + u_b i_b + u_c i_c \tag{5-11}$$

$$q = 1/\sqrt{3}\left[(u_b - u_c)i_a + (u_c - u_a)i_b + (u_a - u_b)i_c\right] \tag{5-12}$$

假设三相电压和电流都为正弦波，三相电压和电流分别为

$$\begin{cases} u_a = \sqrt{2}U_1 \sin\omega t \\ u_b = \sqrt{2}U_1 \sin(\omega t - 2\pi/3) \\ u_c = \sqrt{2}U_1 \sin(\omega t + 2\pi/3) \end{cases} \tag{5-13}$$

$$\begin{cases} i_a = \sqrt{2}I_1 \sin(\omega t - \varphi) \\ i_b = \sqrt{2}I_1 \sin(\omega t - \varphi - 2\pi/3) \\ i_c = \sqrt{2}I_1 \sin(\omega t - \varphi + 2\pi/3) \end{cases} \tag{5-14}$$

式中，U_1 和 I_1 分别为电压和电流的有效值。

代入式(5-12)可得

$$q = 3U_1 I_1 \sin\varphi \tag{5-15}$$

由式(5-15)可知，在三相电压和电流为正弦波时，瞬时无功功率 q 为常数，且其值和按照传统无功理论算出的无功功率值完全相同。也就是在三相平衡且无谐波的情况下，瞬时无功功率理论可以无延时地检测出负载无功功率的变化。

以瞬时无功功率理论为基础，得出了无功功率的实时检测方法，如图 5-4 所示。该方法根据瞬时有功功率和瞬时无功功率的定义算出 p 和 q，分别经低通滤波器(low pass filter，LPF)得出 p 和 q 的直流分量 $\bar{p}$ 和 $\bar{q}$，由 $\bar{p}$ 和 $\bar{q}$ 即可计算出被检测电流 i_a、i_b、i_c 的基波分量 i_{a1}、i_{b1}、i_{c1}，当电压和电流为正弦波时，可以不需要低通滤波器，这样就不存在由低通滤波器引起的延时了。

图 5-5 给出了电压和电流三相平衡且无谐波时的无功计算图，电流在 0.1s 时有效值变化，电流相位滞后电压 90°。由图 5-5 可知，当负载电流突然变化时，无功功率也随之立即变化。

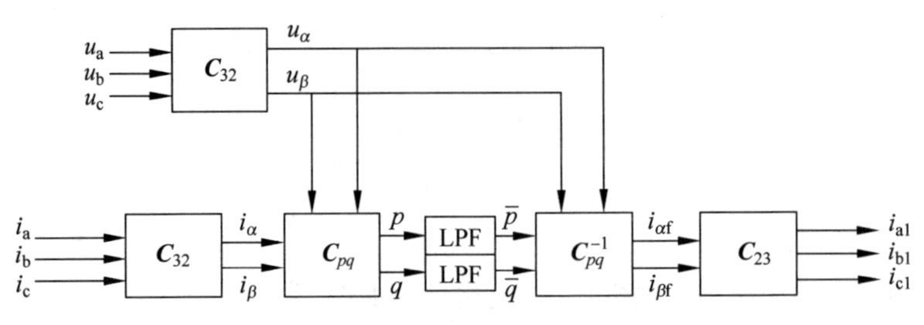

图 5-4　瞬时无功功率的实时检测方法

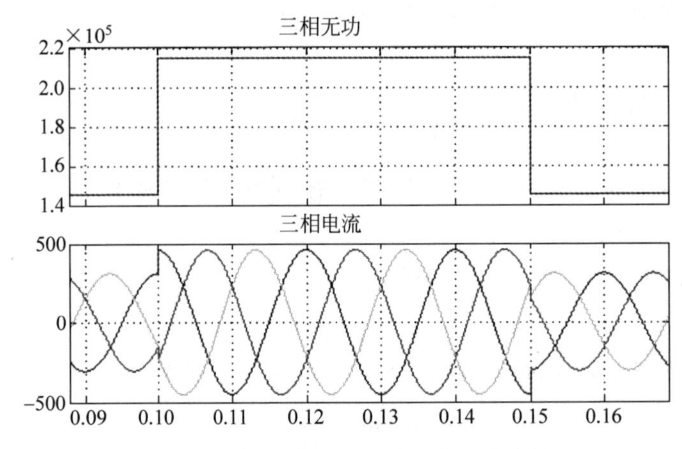

图 5-5　三相平衡且无谐波时的无功计算

当三相系统含不平衡负载时，式(5-15)表示为

$$q = 3U_1 I_{11} \sin\varphi_{11} + 3U_1 I_{12} \sin(2\omega t - \varphi_{12}) \tag{5-16}$$

式中，I_{11} 表示基波正序电流有效值；I_{12} 表示基波负序电流有效值；φ_{11} 表示基波正序电流初相角；φ_{12} 表示基波负序电流初相角；ω 为电网电压角频率。

由式(5-16)可以看出，当负载电流不平衡时，瞬时无功功率由一个直流量(基波正序无功)和一个二倍频的交流量(基波负序无功)组成，如图 5-6 所示。从图 5-6 可以看出，在三相负载不平衡的情况下，由瞬时无功计算出的无功波动很大，需要进行滤波才能得出基波正序无功功率。

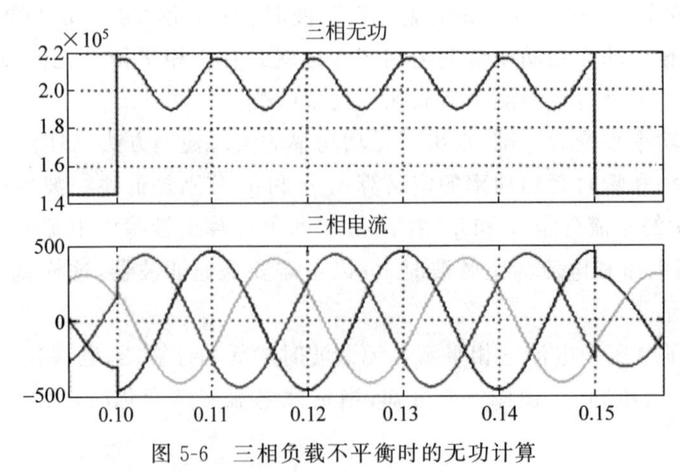

图 5-6　三相负载不平衡时的无功计算

瞬时无功功率理论也可以应用于谐波电流的检测，如图5-7所示，增加了坐标旋转变换(Park变换)，变换矩阵如式(5-17)所示，将含有谐波的三相电流经过旋转变换再滤波后得到了旋转坐标系中的基波电流值，其值为直流，再经过反变换后，得到三相基波电流，总的谐波电流由总电流减去基波电流得到。如果需要检测某次谐波电流，可将旋转矩阵的旋转角速度设定为欲检测的谐波次数的角频率。例如，欲检测7次谐波电流，需要把坐标旋转速度变为7ω，将7次谐波电流转变为旋转坐标系下的直流量，将其他交流量滤除后，再经过反变换就得到了7次谐波电流。

$$\boldsymbol{C}=\boldsymbol{C}^{-1}=\begin{bmatrix}\sin\omega t & -\cos\omega t\\ -\cos\omega t & -\sin\omega t\end{bmatrix} \tag{5-17}$$

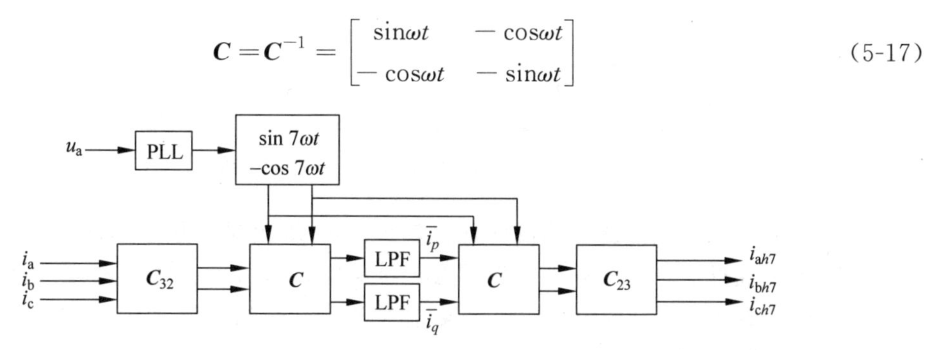

图5-7　7次谐波电流的检测算法

2）低通滤波器设计

在基于瞬时无功功率理论的检测方法中，直流分量检测是用低通滤波器(LPF)来实现的，低通滤波器的快速性和精度直接决定了整个检测方法的性能。低通滤波器的精度越高和对基波的影响越小，检测出的基波无功电流越准确；低通滤波器的响应速度越快，检测出基波无功电流的速度越快。所以，低通滤波器的设计成为影响基于瞬时无功功率理论的检测方法稳态和动态性能的重要环节。滤波器的总体特点是存在检测精度和动态响应速度之间的矛盾。低通滤波器的截止频率越小，无功电流检测精度越高，但在无功电流动态变化的情况下低通滤波器的动态响应慢；低通滤波器的截止频率越大，动态响应速度越快，但是会降低无功电流的检测精度。选取哪种滤波器由实际情况决定。下面介绍常用的3种低通滤波器。

(1) IIR数字低通滤波器[29]

IIR数字低通滤波器采用递归的结构，能以较低的阶数实现预期的滤波效果。IIR数字低通滤波器差分方程如式(5-18)所示。

$$y(n)=\sum_{k=0}^{M}b_k x(n-k)-\sum_{k=1}^{N}a_k y(n-k) \tag{5-18}$$

IIR数字低通滤波器的结构如图5-8所示。

常用的IIR数字低通滤波器有Butterworth、Chebyshev Ⅰ、Chebyshev Ⅱ和Elliptic滤波器等。其中二阶Butterworth低通滤波器目前应用最为广泛。同一种类不同阶数的数字滤波器的滤波效果差异明显，在无功电流检测方法中的滤波效果也不相同。IIR数字低通滤波器利用输出反馈对输

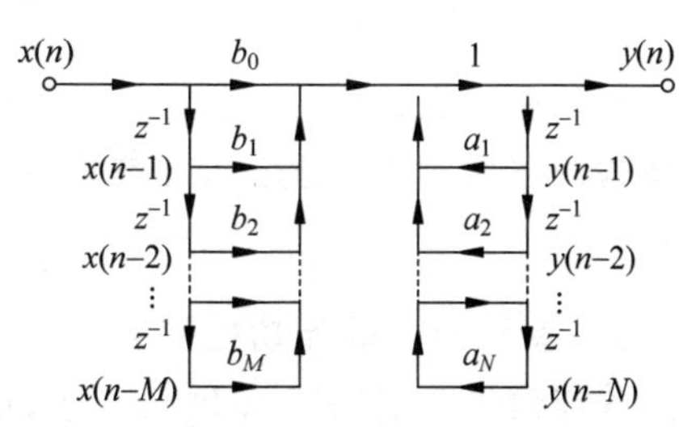

图5-8　IIR数字低通滤波器的结构

入进行运算的递归型运算方式，运算过程存在对数据的舍入处理，这导致了误差积累，影响检测精度。

(2) FIR 数字低通滤波器[29]

FIR 数字低通滤波器采用非递归的结构，使其具有严格的线性相移。FIR 数字低通滤波器差分方程如式(5-19)所示。

$$y(n)=\sum_{k=0}^{M} b_k x(n-k) \tag{5-19}$$

FIR 数字低通滤波器的结构如图 5-9 所示。

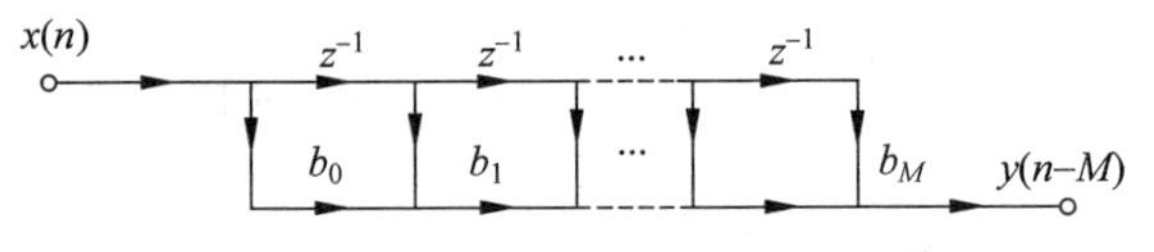

图 5-9　FIR 数字低通滤波器的结构

常用的 FIR 数字低通滤波器设计方法有 Fourier 级数展开方法、窗函数法、频域设计法和 Chebyshev 逼近法等。FIR 数字低通滤波器采用非递归型运算方式，截止频率特性差，要用较高的阶数才能达到预定的滤波效果，需要进行大量的卷积运算。

(3) 滑动窗式数字低通滤波器[30-31]

在基于瞬时无功功率理论的检测方法中常采用矩形滑动窗方法设计低通滤波器，其对基波无功电流的检测误差非常小。滑动窗式数字低通滤波原理如图 5-10 所示，滑动时窗为 T，其对应的采样点数为 N。设置一个可存放 N 个数据的数组，如图 5-11 所示，并按计数值 $n(n=0,1,\cdots,N-1)$依次更新并存放当前采样数据 $x(n)$，每一次采样所得的新数据覆盖数组中同一个位置的旧数据(前一个采样周期数组同一个位置的值)，而其他 $N-1$ 个数据无变化，如图 5-11 所示，应用式(5-20)可以对数组内的数据进行滤波。

$$y(n)=y(n-1)+[x(n)-x_1(n)]/N \tag{5-20}$$

式中，$x_1(n)$为数组 n 位置的数据；$y(n)$代表平均值。

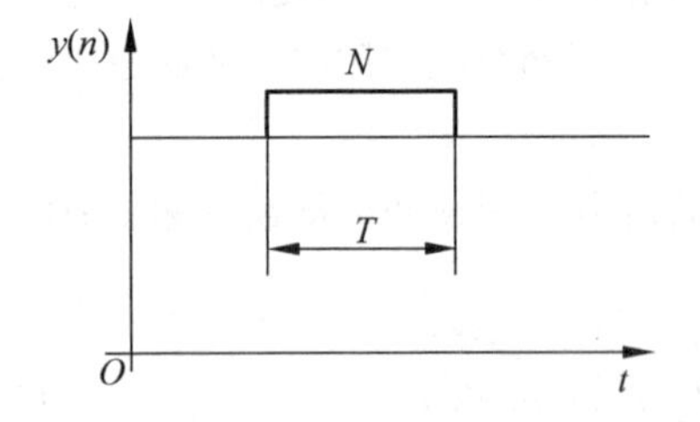

图 5-10　滑动窗式数字低通滤波原理

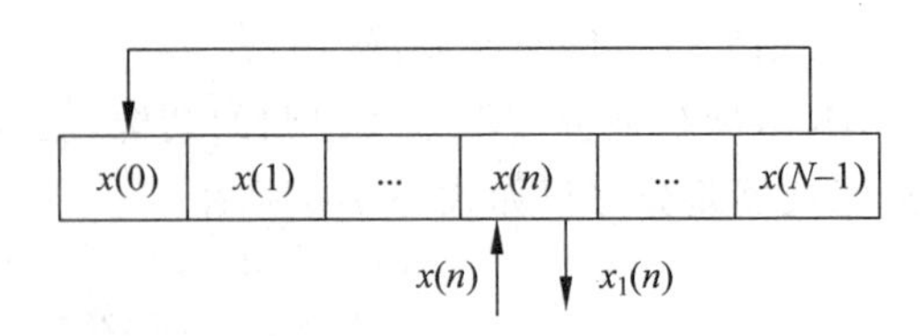

图 5-11　数组结构

滑动窗宽度越宽，电流的检测精度越高，但是动态响应速度越慢；滑动窗宽度越小，电流的检测精度越低，但是动态响应速度越快。滑动窗式数字低通滤波器实现起来非常简单。

3. 基于 FFT 的无功检测算法[29]

快速傅里叶变换(fast Fourier transform，FFT)可以实现无功或者谐波的检测算法，应用傅里叶变换不仅可以检测无功功率和有功功率，还可以检测各次谐波，方便在智能电容器需要谐波显示或者谐波保护的情况中应用。下面介绍快速傅里叶变换的基本原理。

设 $x(n)$是一个长度为 N 的有限长序列，则 $x(n)$的 N 点离散傅里叶变换(discrete Fourier transform，DFT)及其逆变换 IDFT 表示为式(5-21)和式(5-22)。

$$X(k)=\sum_{n=0}^{N-1}x(n)W_N^{kn},\quad k=0,1,\cdots,N-1 \tag{5-21}$$

$$x(n)=\frac{1}{N}\sum_{k=0}^{N-1}X(k)W_N^{-kn},\quad k=0,1,\cdots,N-1 \tag{5-22}$$

式中，$W_N=\mathrm{e}^{-\mathrm{j}(2\pi/N)}$。

由 DFT 的公式可见，要完成一次 DFT 运算需要 N^2 次复数相乘和 $N(N-1)$次复数相加，在 N 较大的时候，运算量非常大。快速傅里叶变换算法可以减小运算量。式(5-21)和式(5-22)中的 W_N^{kn} 具有以下性质：

(1) $W_N^{kn}=\mathrm{e}^{-\mathrm{j}(2\pi/N)kn}$ 是一个周期为 N 的周期函数，即

$$W_N^{(n+mN)(k+lN)}=W_N^{kn},\quad m,l=0,\pm1,\pm2,\cdots \tag{5-23}$$

(2) $W_N^{kn}=\mathrm{e}^{-\mathrm{j}(2\pi/N)kn}$ 具有对称性，即

$$W_N^{n(N-k)}=W_N^{k(N-n)}=W_N^{-kn} \tag{5-24}$$

又因 $W_N^{N/2}=1$，因此可得式(5-25)。

$$W_N^{(k+N/2)}=-W_N^k \tag{5-25}$$

利用周期性和对称性，可以对 DFT 运算中的一些项进行合并，使 DFT 运算点数减少，实现 FFT 的运算。将输入序列分成奇数项和偶数项，假设 $N=2^M$，其中 M 为正整数，这样就可以将序列 $x(n)$分为偶数项组和奇数项组，如式(5-26)和式(5-27)所示。

$$x(2r)=x_1(r),\quad r=0,1,\cdots,\frac{N}{2}-1 \tag{5-26}$$

$$x(2r+1)=x_2(r),\quad r=0,1,\cdots,\frac{N}{2}-1 \tag{5-27}$$

将 DFT 运算也相应分为两组，如式(5-28)所示。

$$\begin{aligned}X(k)=\mathrm{DFT}[x(n)]&=\sum_{n=0}^{N-1}x(n)W_N^{kn}\\&=\sum_{\substack{n=0\\n\text{为偶数}}}^{N-1}x(n)W_N^{kn}+\sum_{\substack{n=0\\n\text{为奇数}}}^{N-1}x(n)W_N^{kn}\\&=\sum_{r=0}^{N/2-1}x(2r)W_N^{2rk}+\sum_{r=0}^{N/2-1}x(2r+1)W_N^{(2r+1)k}\\&=\sum_{r=0}^{N/2-1}x_1(r)W_N^{2rk}+W_N^k\sum_{r=0}^{N/2-1}x_2(r)W_N^{2rk}\end{aligned} \tag{5-28}$$

由于

$$W_N^{2n}=\mathrm{e}^{-\mathrm{j}\frac{2\pi}{N}2n}=\mathrm{e}^{-\mathrm{j}\frac{2\pi}{N/2}n}=W_{N/2}^n \tag{5-29}$$

因此

$$X(k)=\sum_{r=0}^{N/2-1}x_1(r)W_{N/2}^{rk}+W_N^k\sum_{r=0}^{N/2-1}x_2(r)W_{N/2}^{rk}$$

$$=X_1(k)+W_N^kX_2(k),\quad k=0,1,\cdots,\frac{N}{2}-1 \tag{5-30}$$

其中，$X_1(k)$与$X_2(k)$分别是$x_1(r)$及$x_2(r)$的$N/2$点的DFT，可以表示为式(5-31)和式(5-32)。

$$X_1(k)=\sum_{r=0}^{N/2-1}x_1(r)W_{N/2}^{rk}=\sum_{r=0}^{N/2-1}x(2r)W_{N/2}^{rk} \tag{5-31}$$

$$X_2(k)=\sum_{r=0}^{N/2-1}x_2(r)W_{N/2}^{rk}=\sum_{r=0}^{N/2-1}x(2r+1)W_{N/2}^{rk} \tag{5-32}$$

经过这样的处理，一个N点的DFT被分解为两个$N/2$点的DFT，这两个$N/2$点的DFT再合并成一个N点的DFT。利用W系数的周期性和对称性，可以用$X_1(k)$、$X_2(k)$来表示$X(k)$的后半项结果，如式(5-33)所示。

$$X\left(k+\frac{N}{2}\right)=X_1(k)-W_N^kX_2(k),\quad k=0,1,\cdots,\frac{N}{2}-1 \tag{5-33}$$

通过逐级分解实现FFT，N点的DFT先被分解为2个$N/2$点的DFT，然后每个$N/2$点的DFT再被分解为$N/4$点的DFT，最后剩下的项是2点的DFT。

电压或电流信号经过FFT后，分解为直流分量、基波分量和各次谐波分量的实部和虚部。例如电压$u(t)$和电流$i(t)$经FFT后的结果如式(5-34)所示。

$$\begin{cases}u(t)=a_0+(a_1+i\cdot b_1)+(a_2+i\cdot b_2)+(a_3+i\cdot b_3)+\cdots\\ i(t)=d_0+(c_1+i\cdot d_1)+(c_2+i\cdot d_2)+(c_3+i\cdot d_3)+\cdots\end{cases} \tag{5-34}$$

式中，$i=\sqrt{-1}$。

当基波分量表示为式(5-35)时，

$$\begin{cases}u_1=a_1+i\cdot b_1\\ i_1=c_1+i\cdot d_1\end{cases} \tag{5-35}$$

由于

$$\frac{u_1}{i_1}=\frac{a_1+i\cdot b_1}{c_1+i\cdot d_1}=\frac{(a_1c_1+b_1d_1)+i\cdot(b_1c_1-a_1d_1)}{c_1^2+d_1^2} \tag{5-36}$$

因此，可得电压和电流基波分量的相位差φ的余弦值和正弦值，如式(5-37)和式(5-38)所示。

$$\cos\varphi_1=\frac{a_1c_1+b_1d_1}{\sqrt{a_1^2+b_1^2}\sqrt{c_1^2+d_1^2}}=\frac{a_1c_1+b_1d_1}{|u_1||i_1|} \tag{5-37}$$

$$\sin\varphi_1=\frac{b_1c_1-a_1d_1}{\sqrt{a_1^2+b_1^2}\sqrt{c_1^2+d_1^2}}=\frac{b_1c_1-a_1d_1}{|u_1||i_1|} \tag{5-38}$$

式中，基波电压的幅值$|u_1|=\sqrt{a_1^2+b_1^2}$；基波电流的幅值$|i_1|=\sqrt{c_1^2+d_1^2}$。

根据式(5-37)和式(5-38)可得基波电压有效值和基波电流有效值，如式(5-39)和式(5-40)所示。

$$U_{a1}=\sqrt{\frac{a_1^2+b_1^2}{2}} \tag{5-39}$$

$$I_{a1}=\sqrt{\frac{c_1^2+d_1^2}{2}} \tag{5-40}$$

由式(5-39)和式(5-40)可求出基波有功功率和基波无功功率，如式(5-41)和式(5-42)所示。

$$P_1=U_{a1}I_{a1}\cos\varphi_1 \tag{5-41}$$

$$Q_1=U_{a1}I_{a1}\sin\varphi_1 \tag{5-42}$$

电流谐波总畸变率可表示为式(5-43)。

$$\mathrm{THD}_i=\frac{\sqrt{I_2^2+I_3^2+\cdots+I_n^2}}{I_1} \tag{5-43}$$

4. 基于测量芯片的电气参数检测

电压有效值、电流有效值、无功功率、有功功率、功率因数等电气参数还可以用专用芯片进行测量，这些专用芯片在电气测量领域应用较为普遍，常用在电能表设计中。它们能够精确地测量电流、电压、功率、温度等参数。例如测量芯片CS5460A、CS5463、ATT7022等。

由互感器电路将配电网的电压和电流信号转换为适用于测量芯片输入的电压信号，测量芯片对输入的电压和电流信号进行采样，计算出电能参数，然后把电压、电流和功率等电气参数存入存储器中，再由串行通信传送给智能电容器控制器中的微处理器芯片。其测量精度取决于采样电路的设计及电能测量芯片的性能。从配电网接入的电压和电流并不能直接接入测量芯片的输入端，必须经过变换电路转换为测量芯片允许的电压信号范围，可通过电压或电流互感器来实现转换，电压和电流互感器的精度会影响计量的精度。测量芯片的使用减轻了微处理器的负担，且与微处理器的接口也非常简单。

5.1.3 软件锁相

智能电容器控制系统中常需要检测电压和电流的相位，例如在应用瞬时无功功率理论时的旋转变换、过零投切控制等都需要相位信息，这种检测技术称为锁相技术。目前锁相的方法主要分为硬件锁相和软件锁相两种。硬件锁相就是利用专用芯片或电子器件(例如CD4046)来检测电压和电流的相位；软件锁相是基于数字信号处理，在处理器中对采样得到的电压和电流信号进行计算，得到电压和电流的相位信息。在第4章中同步信号的生成就属于硬件锁相技术，可以称为过零锁相。该方法简单、易实现，但在谐波或噪声较大的场合受谐波或噪声的影响较大，锁相得到的值往往不是基波相位。软件锁相就是应用软件实现锁相，得到电压和电流的相位信息，在谐波和噪声较大的场合也适用，因为采用了闭环控制，所以常称为锁相环。

锁相环如图5-12所示，它由鉴相器(phase detector，PD)、环路滤波器(loop filter，LF)和压控振荡器(voltage controlled oscillator，VCO)三部分组成，是一种反馈控制系统，通过闭环控制使其输出信号的频率跟踪输入信号的频率，当输出信号频率与输入信号频率相等时，输出电压 $u_o(t)$ 与输入电压 $u_I(t)$ 能够保持固定的相位差值[29]。

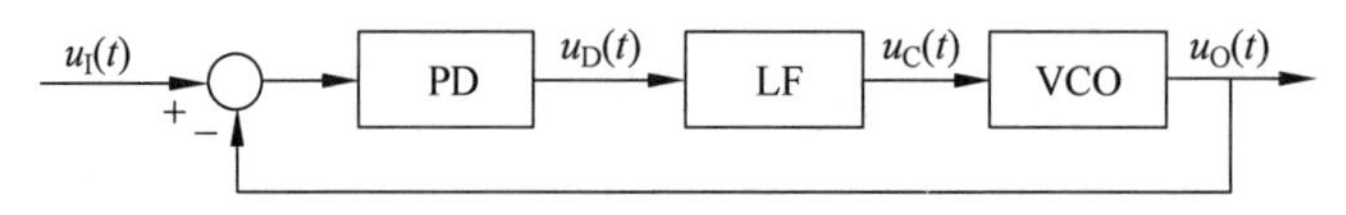

图 5-12 锁相环原理框图

图 5-13 给出了基于同步旋转坐标系的软件锁相环结构框图。图中 u_a、u_b、u_c 为三相电网电压信号，u_d、u_q 为三相电网电压在同步旋转坐标系中 d 轴和 q 轴上的值，ω_0 为锁相环输出的电网电压角频率，f 为锁相环输出的电网电压频率，θ 为锁相环输出的旋转坐标系的旋转起始角度。

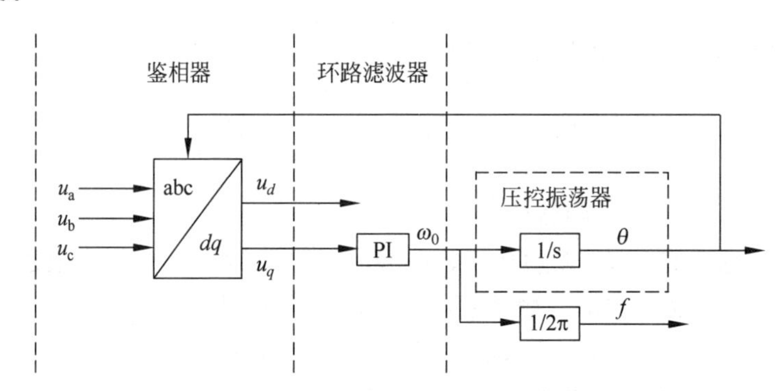

图 5-13 基于同步旋转坐标系的软件锁相环结构框图

假设 $u_a = U_m\cos\theta_a$，$u_b = U_m\cos(\theta_a - 120°)$，$u_c = U_m\cos(\theta_a + 120°)$，则有

$$\begin{bmatrix} u_d \\ u_q \end{bmatrix} = \frac{2}{3}\begin{bmatrix} \cos\theta & \cos(\theta-120°) & \cos(\theta+120°) \\ \sin\theta & \sin(\theta-120°) & \sin(\theta+120°) \end{bmatrix}\begin{bmatrix} U_m\cos\theta_a \\ U_m\cos(\theta_a-120°) \\ U_m\cos(\theta_a+120°) \end{bmatrix}$$

$$= \frac{3}{2}U_m\begin{bmatrix} \cos(\theta_a-\theta) \\ \sin(\theta_a-\theta) \end{bmatrix} \tag{5-44}$$

由式(5-44)可知，当 $\theta=\theta_a$ 时，$u_d = \frac{3}{2}U_m$，$u_q = 0$。锁相环就是应用闭环 PI 调节器的作用使得闭环输出与输入的误差为 0，即使得 $u_q = 0$，最终输出的角度为电网 a 相电压的相位角。

当电网电压三相平衡时，u_d、u_q 均为直流量，通过 PI 控制器能实现无差调节，最终使得 $u_q = 0$，从而能准确地实现对电网电压相位的检测。当电网电压不平衡或含有谐波时，增加上一节中介绍的数字低通滤波器，可以消除谐波，最终得到基波正序电压的相位信息。

5.2 过零投切控制技术

5.2.1 过零投切控制策略

在行业标准 DL/T 842—2015《低压并联电容器装置使用技术条件》中对过零投入和过零切除做了相关定义：过零投入是投切开关两端电压小于规定值时投切开关闭合，投入智能电容器；过零切除是投切开关电流接近于零时投切开关断开，切除智能电容器。电容器剩余电压定义为电容器被切除后其端子间残存的电压。

智能电容器投切的暂态过程可能会伴随过电流（涌流）或过电压现象，在第3章中做了详细分析。涌流和过电压与开关闭合时的相角 φ、电容器的剩余电压 U_{C0} 和电路自然频率 ω_0 有关。在切除过程中往往容易控制在电流过零处切除，而在投入过程中实现电压过零投入有3种主要方法，下面分别讲述和分析。

1. 在电网电压峰值处投入电容器

在投入电容器的过程中会产生涌流和过电压，如果希望投入智能电容器时完全没有过渡过程，即在第3章中式(3-15)的后边两个振荡分量均为零，必须同时满足以下条件[32]：

$$\begin{cases}\cos\varphi = 0 \\ U_{C0} = \dfrac{\omega_0^2}{\omega_0^2 - \omega^2} U_{\mathrm{m}} \sin\varphi\end{cases} \tag{5-45}$$

式中，U_{m} 为电网电压峰值。

根据 ω_0 与 ω 的关系，分为下面两种情况：

(1) 电网阻抗为零或电网阻抗不为零(但 $\omega_0 \gg \omega$)。电网阻抗为零被称为理想条件，也就是电网电感为零，电容器电压等于电网电压，此时 $\omega_0 \gg \omega$，且近似为无穷大，再根据式(5-45)可知必须满足式(5-46)才能实现电网电压峰值处无涌流过零投入，电流可表示为式(5-47)。

$$\begin{cases}\cos\varphi = 0 \\ U_{C0} = U_{\mathrm{m}}\end{cases} \tag{5-46}$$

$$i(t) = C\frac{\mathrm{d}u_{\mathrm{s}}(t)}{\mathrm{d}t} = \omega C U_{\mathrm{m}} \cos(\omega t + \varphi) \tag{5-47}$$

通过以上分析可知，理想条件下，即电网阻抗为零和智能电容器为纯电容条件下，当电容器预充电为电网电压峰值时，在电网电压峰值处投入电容器可完全实现无涌流投入，该方法也称为无暂态过程投入电容器。

电网阻抗不为零，但 $\omega_0 \gg \omega$ 时，情况与电网阻抗为零时类似，由于 $\omega_0 \gg \omega$，也可以实现无暂态过程投入电容器。

实际上，式(5-46)中第一个式子是自然换相条件，因为流过电容器的电流超前电容器两端电压(即电网电压)，所以在电网电压峰值时流经电容器的电流为零，也就是智能电容器电流由零开始增加。原因是电容器的电流值与电压变化率成正比，无暂态过程投入电容器的投入时刻正是电容器电压变化率为零的时刻，投切开关导通过程将不会存在由于电容器电压突变导致的过渡过程涌流，无暂态过程投入电容器的电压和电流波形如图5-14所示。

(2) 含串联电抗器的智能电容器投入过程。当智能电容器串联电抗器后，由于智能电容器应用于低压配网，单台容量较低，不能保证 $\omega_0 \gg \omega$，此时如果将电容器电压预充到电网电压峰值，那么必然不能实现完全无涌流投入电容器，只有当电容器预充电压满足式(5-48)时才能保障无涌流投入电容器，此时电容器预充电压要大于电网电压峰值，这在工程中较难实现。过电压和涌流的大小可由式(3-14)和式(3-15)求得，其中用串联电抗的值代替电网电感值即可，且过电压和涌流的大小由串联电抗值和电容值决定。如图5-15所示，串联电抗器的智能电容器预充电网电压峰值后投入电容器，投入电容器后的电流波形包含了

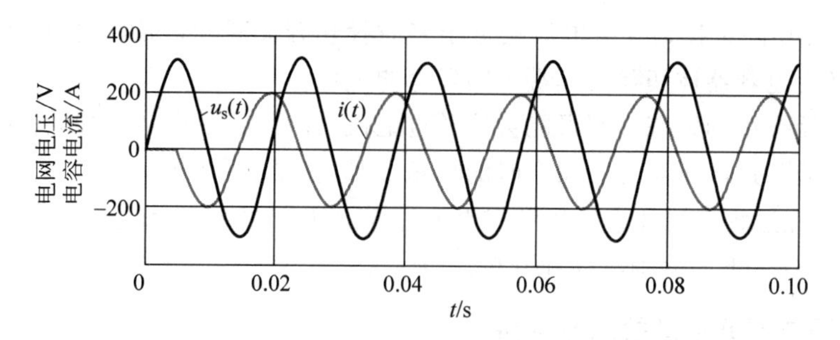

图 5-14　无暂态过程投入电容器的电压和电流波形

式(3-15)的振荡部分的第一项，如果考虑电阻 R_f 的影响，那么振荡部分将逐渐衰减为零。如果对电容值和电感值做一些改变，会得到更大的涌流，过电压和涌流是否在投切开关和电容器允许范围内需要将参数代入式(3-15)求得。

$$\begin{cases}\cos\varphi = 0 \\ U_{C0} = \dfrac{\omega_0^2}{\omega_0^2 - \omega^2} U_m\end{cases} \tag{5-48}$$

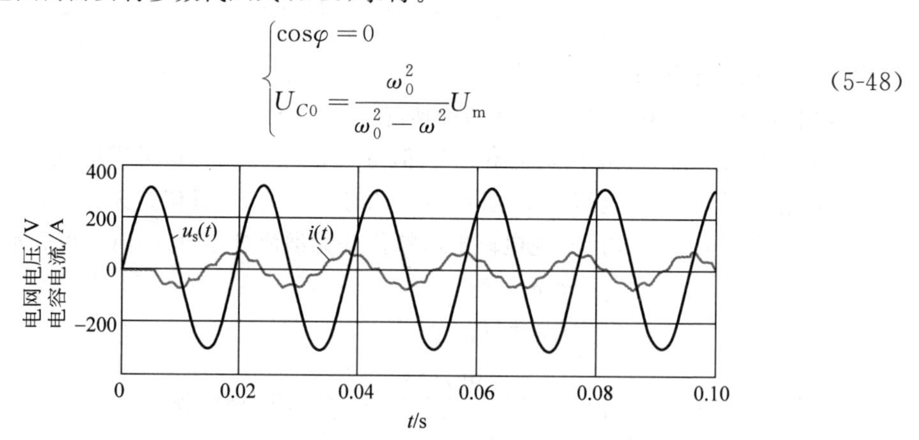

图 5-15　串联电抗器的智能电容器预充电网电压峰值后投入电容器的电压和电流波形

综上所述，智能电容器主要应用于低压配电网，容量有限，在不串联电抗器型智能电容器中，适合应用电网电压峰值处投入智能电容器的方法，智能电容器预充电网电压峰值的电压；而串联电抗器型智能电容器应用电网电压峰值处投入电容器的方法时，电容器预充电压大于电网电压峰值。但是在智能电容器运行过程中存在下述两个问题：一是需要额外的预充电装置，如果没有预充电装置，则第一次投入或切除时间较长后再次投入时，由于电容器自身放电的原因，电容电压通常为零，故存在涌流；二是由于电容器自身放电的原因，即便投切时间较短，电容电压也会下降，下次投入时会出现涌流。

同样的原理，需要在电网电压峰值处切除电容器，因为电容器电流超前于电网电压90°，电网电压峰值处恰好是电容器电流过零处，此时切除电容器没有过电压，且电容器的残压为电网电压峰值，为下一次投切做好了预充电的准备。

2. 在电网电压过零处投入电容器和电网电压峰值处切除电容器

如果智能电容器投切时间间隔较长，方法 1 中投切电容器的方法就不再适合了。当电容器残压为零时，常在电网电压过零处投入电容器，在电网电压峰值处切除电容器。如式(5-49)所示，在电网电压过零(即 $\varphi=0°$)处投切开关两端电压为零，电压无突变，此时投入电容器。

$$\begin{cases}\cos\varphi = 1 \\ U_{C0} = 0\end{cases} \tag{5-49}$$

由于 $U_{C0}=0$，故式(5-49)代表的零电压切换条件可以得到满足；但自然换相条件不能得到满足，其中振荡分量的第一项为零，只有第二项可能引起振荡，振荡电流幅值的倍数主要由 ω_0 决定，电容器电流表示为式(5-50)。电网电压过零处投入电容器的电压和电流波形如图 5-16 所示。

$$i(t)=\omega CU_{\mathrm{m}}[\cos(\omega t+\varphi)-\cos(\omega_0 t)] \tag{5-50}$$

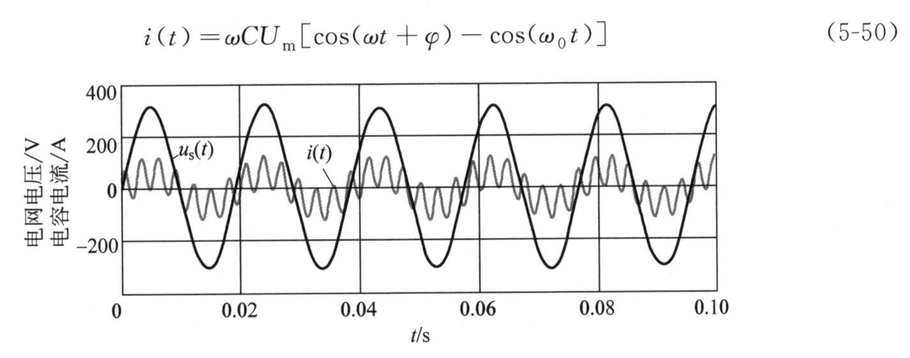

图 5-16 电网电压过零处投入电容器的电压和电流波形

根据国家标准《标称电压 1000V 及以下交流电力系统用自愈式并联电容器 第 1 部分：总则 性能、试验和定额 安全要求 安装和运行导则》(GB/T 12747.1—2017)和《标称电压 1000V 及以下交流电力系统用自愈式并联电容器 第 2 部分：老化试验、自愈性试验和破坏试验》(GB/T 12747.2—2017)的规定，要求电容器在 3min 内从最初的$\sqrt{2}$倍额定电压放电到 75V 或更低。如果电容器投切时间间隔过短，也就是投切频率过快，不能保证投切开关两端电压过零投入。为了提高投切频率，有些场合可以在设备中增加放电电阻来减小电容器切除后的放电时间。

由于流过电容器的电流超前于电网电压，所以在电网电压峰值时流过电容器的电流为零，此时切除电容器，无过电压现象。

3. 在投切开关两端电压过零处投入电容器和电流过零处切除电容器

可以将判断投切开关两端电压是否为零作为智能电容器投入的条件。此方法结合并平衡了方法 1 和方法 2 的优点，不考虑 φ 的大小，只判断投切开关两端电压是否为零。如果投切开关两端电压为零，则投入智能电容器。这种方法的冲击电流最大值介于方法 1 中的冲击电流和方法 2 中的冲击电流，并且方法 1 和方法 2 是方法 3 的两种特例，其中方法 1 是在 $\varphi=90°$时投入电容器，方法 2 是在 $\varphi=0°$时投入电容器，方法 3 可能是在 $0\leqslant\varphi\leqslant 90°$时投入电容器，显然冲击电流大于或等于方法 2 中的冲击电流，而小于或等于方法 1 中的冲击电流。该方法不需要给电容器预充电网电压峰值的电压，也不需要电容器完全放电，随时可以投入电容器，过渡过程很短。图 5-17 给出了在投切开关两端电压过零处投入电容器的电压和电流波形。

在投切开关电流过零时切除电容器，由于投入电容器的时刻不固定，所以不能像方法 1 和方法 2 中那样以投入时刻作为参考，只能通过检测投切开关的电流，在电流过零处切除电容器。表 5-1 给出了 3 种投切方法特点和性能的比较。

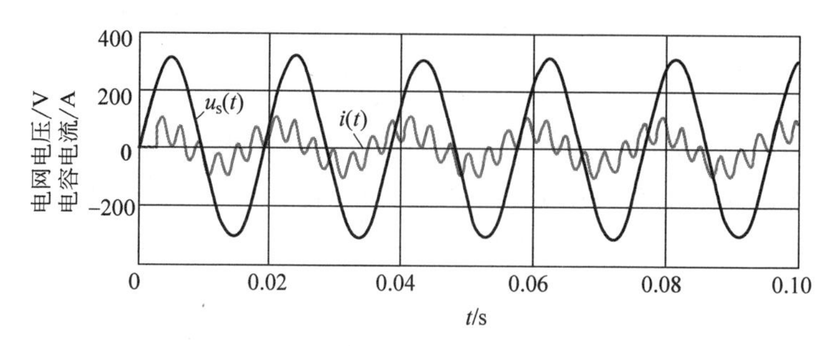

图 5-17 在投切开关两端电压过零处投入电容器的电压和电流波形

表 5-1 3 种投切方法特点和性能的比较

方法	种类				
	电容器预充电	涌流	暂态过程	投入时刻	切除时刻
方法 1	需要	非常小	无	电网电压峰值处	电网电压峰值处
方法 2	不需要	小	短	电网电压过零处	电网电压峰值处
方法 3	不需要	很小	很短	开关两端电压过零处	开关电流过零处

5.2.2 过零投切驱动

在常用的几种投切方法中，在投切智能电容器时都需要进行过零投切控制，其中电子式投切开关中的固态继电器已经将晶闸管及其触发电路和逻辑控制电路封装成一体，同时具有投切开关两端电压过零时开通、流过投切开关的电流过零时关断的特性，在应用过程中无须再设计过零投切驱动电路。下面介绍晶闸管和同步开关的过零投切驱动问题。

1. 晶闸管过零触发模块的设计

在应用晶闸管作为投切开关时，为了实现在智能电容器快速响应的同时保证投切无冲击电流和过电压，常用方法是在晶闸管触发电路中增加过零触发模块。过零触发模块通过检测晶闸管两端电压来生成过零同步信号，将过零同步信号与投入指令经过逻辑“与”运算后生成驱动指令。例如，在过零同步信号上升沿(或下降沿)判断原投入指令的状态，只有在晶闸管两端电压过零时刻且有投入指令的时候才生成晶闸管的驱动脉冲，使得晶闸管导通来投入智能电容器。图 5-18 给出了过零触发模块与投入指令的示意图，将晶闸管两端的电压通过光耦输入电压过零检测功能模块，该模块生成过零同步信号。当检测到晶闸管两端的电压为零时，即确定了此时电网电压与电容器残压相等，如果需要投入电容器进行无功补偿，则触发晶闸管，便实现了晶闸管两端电压过零触发，减小了涌流[33]。而控制器中增加了过零触发模块后，不再需要确定电容器中的残压大小。

2. 同步开关控制

在智能电容器产品中，对机械式投切开关进行过零投切控制后可实现同步开关。磁保持继电器是常用的机械式投切开关，通过控制可使磁保持继电器准确地在所需时刻闭合或断开，来投切智能电容器进行无功补偿。

现有的基于磁保持继电器的智能电容器在出厂前进行了过零投切测试，实现了过零投

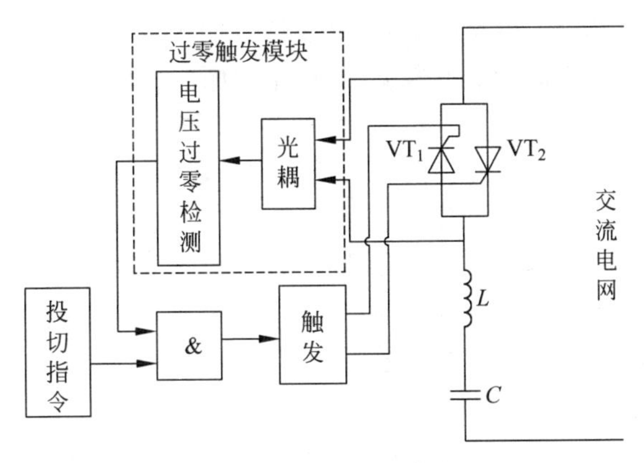

图 5-18 过零触发模块

切功能,保证了投切过程无高频涌流和过电压。磁保持继电器在环境变化不大时,投入和切除所需时间变化很小,可根据出厂前的运行环境实现磁保持继电器闭合时刻与其电压过零点重合,关断时刻与其电流过零点重合。磁保持继电器闭合时间和关断时间与驱动电压、电网电压、电网频率、温度及磁保持继电器本身均有关系,在不同的运行环境中,磁保持继电器闭合时间和关断时间会有偏移,投切过程会出现高频涌流或过电压,影响磁保持继电器及智能电容器的使用寿命,需要增加校正环节来修正投切时间。

图 5-19 给出了磁保持继电器过零投切校正系统,可实现过零投切校正。它由电压互感器、同步信号检测电路、单片机、磁保持继电器驱动电路、闭合关断检测电路和包含磁保持继电器的主电路构成。在单片机程序中实现过零投切校正功能,该功能在每次投入电容器后记录磁保持继电器闭合时刻与第二个磁保持继电器两端电压同步信号上升沿时刻的时间差,在每次切除电容器后记录磁保持继电器关断时刻与第二个磁保持继电器两端电压同步信号上升沿延时 1/4 电压周期后时刻的时间差。在下次投切过程中修改磁保持继电器的闭合驱动延时或关断驱动延时。

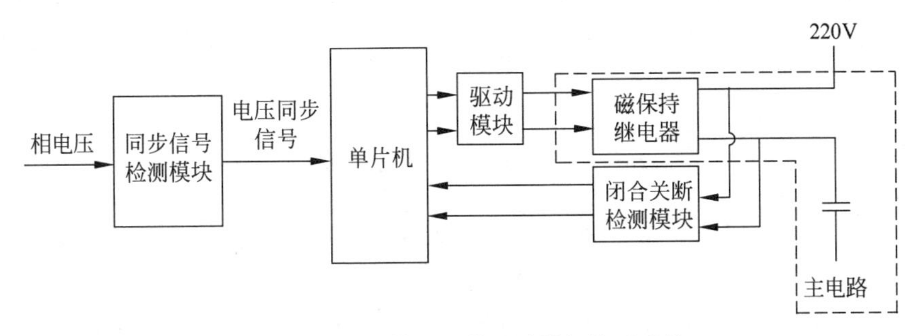

图 5-19 磁保持继电器过零投切校正系统

图 5-20 给出了磁保持继电器过零投切校正示意图。检测欲校正相的相电压,与电网电压信号进行过零比较后产生同步信号,当电网电压为正时同步信号为+5V 高电平,当电网电压为负时同步信号为 0V 低电平,将同步信号输入单片机 GPIO 口。在同步信号上升沿时刻单片机 GPIO 口产生上升沿中断,进入中断程序,在中断程序中启动定时器进行计时来实现 Δt_1、Δt_3 和 1/4 电压周期,经过出厂时预先设定的驱动延时后单片机 GPIO 口输出驱动电压信号,经过驱动电路放大后驱动磁保持继电器,一般驱动脉冲要持续 100ms。当磁

保持继电器闭合或者关断后产生反馈信号，反馈信号输入单片机 GPIO 口，上升沿（磁保持继电器闭合）或者下降沿（磁保持继电器关断）产生中断。比较由闭合反馈信号产生的中断时刻与第二个电网电压同步信号上升沿时刻，产生时间差 Δt_2。如果由闭合反馈信号产生的中断时刻大于第二个电网电压同步信号上升沿时刻，将磁保持继电器的闭合驱动延时减去两个时刻之间的差值作为新的闭合驱动延时（$\Delta t_1-\Delta t_2$）；如果由闭合反馈信号产生的中断时刻小于第二个电网电压同步信号上升沿时刻，将磁保持继电器的闭合驱动延时加上两个时刻之间的差值作为新的闭合驱动延时（$\Delta t_1+\Delta t_2$），记录该闭合驱动延时。比较由关断反馈信号产生的中断时刻与第二个电网电压同步信号上升沿延时 1/4 电压周期后的时刻，产生时间差 Δt_4。如果由关断反馈信号产生的中断时刻大于第二个电网电压同步信号上升沿延时 1/4 电压周期后的时刻，将磁保持继电器的关断驱动延时减去两个时刻之间的差值作为新的关断驱动延时（$\Delta t_3-\Delta t_4$）；如果由关断反馈信号产生的中断时刻小于第二个电网电压同步信号上升沿延时 1/4 电压周期后的时刻，将磁保持继电器的关断驱动延时加上两个时刻之间的差值作为新的关断驱动延时（$\Delta t_3+\Delta t_4$）。这就完成了一次在线过零投切校正过程，在下次驱动磁保持继电器时延迟时间已经被更新。

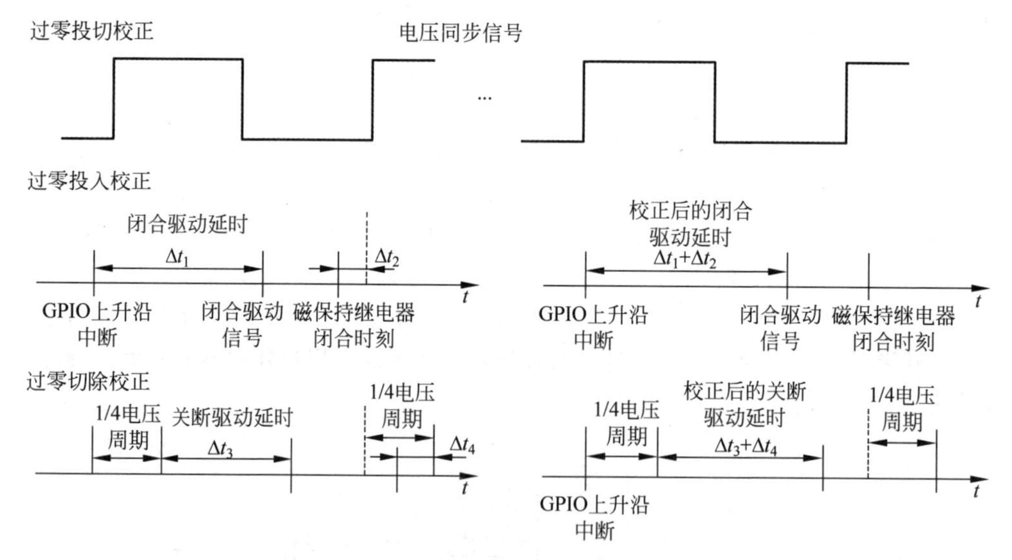

图 5-20　磁保持继电器过零投切校正示意图

图 5-21 为过零投切校正单片机子程序流程图，分为两个投切校正功能，分别是投入校正和切除校正。在子程序运行后判断是投入指令还是切除指令，然后开启单片机 GPIO 口上升沿中断，等待同步信号上升沿。如果同步信号上升沿到来，将进入中断程序，在中断程序中启动定时器。经过预设的磁保持继电器闭合驱动延时或者关断驱动延时后，单片机 GPIO 口输出驱动脉冲，经驱动电路后实现磁保持继电器的闭合或者关断。当检测到磁保持继电器闭合或者关断的反馈信号后，对驱动延时进行加减处理。按照校正后的驱动延时来控制磁保持继电器闭合与关断即可实现智能电容器过零投切，完成一次过零投切校正。在智能电容器现场长期运行过程中，如果过零投切时刻偏移，那么过零投切校正子程序会在线自动进行校正，以适应不同的运行环境，满足抑制高频涌流和过电压的需要。

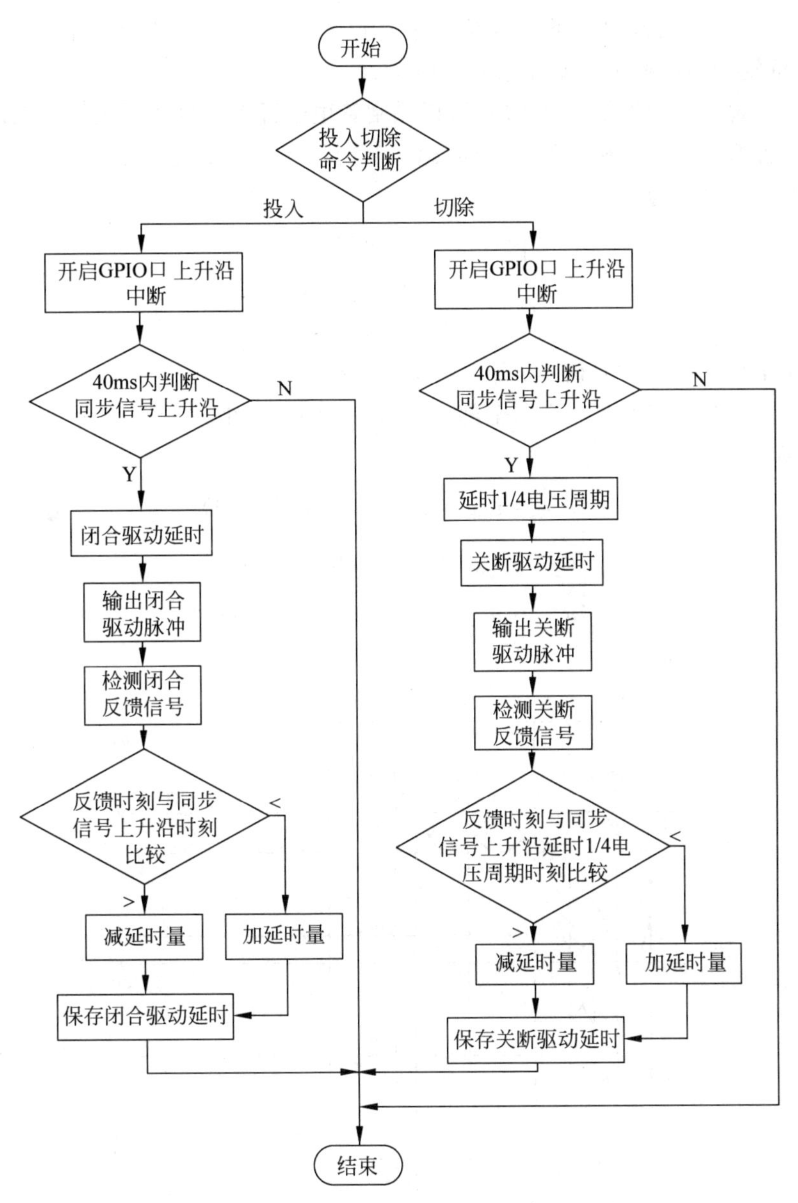

图 5-21 过零投切校正单片机子程序流程图

5.2.3 重复投切技术

智能电容器在某些应用场合投切的频率会增大,也就是投入到切除或者切除到投入的时间间隔缩短。智能电容器短时频繁投切,不仅需要智能电容器有很高的响应速度和过零投切的功能,而且要防止由于电容残压的存在引起的投切开关闭锁现象。所谓投切开关闭锁,是指在过零投切原则下,智能电容器出现某一相投切开关导通后使另一相投切开关两端的电压不能达到或接近于零,从而使该相投切开关无法快速正常导通的现象。开关闭锁现象主要存在于共补型智能电容器中,分补型智能电容器由于中线的存在,三相之间独立控制，不存在开关闭锁现象。下面分析一下二控三型共补型智能电容器投切开关闭锁现象，也是在重复投切过程中需要注意的事项。

二控三型智能电容器如图 2-4 所示，以晶闸管电子开关为例说明投切开关闭锁现象，共补型智能电容器 3 个大小相等的电容器，这里暂时不考虑串联电抗器和电容器放电电阻的作用。设配电网电压为

$$\begin{cases} u_a = U_m \sin(\omega t) \\ u_b = U_m \sin(\omega t - 2\pi/3) \\ u_c = U_m \sin(\omega t + 2\pi/3) \end{cases} \tag{5-51}$$

式中，U_m 是电网相电压的峰值；ω 是电网电压的频率。

二控三型智能电容器在电容器全部投入后，电容电压如式(5-52)所示，电压和电流波形如图 5-22 所示[34]。

$$\begin{cases} u_{C1} = u_{ab} = \sqrt{3} U_m \sin(\omega t + \pi/6) \\ u_{C2} = u_{bc} = \sqrt{3} U_m \sin(\omega t - \pi/2) \\ u_{C3} = u_{ca} = \sqrt{3} U_m \sin(\omega t + 5\pi/6) \end{cases} \tag{5-52}$$

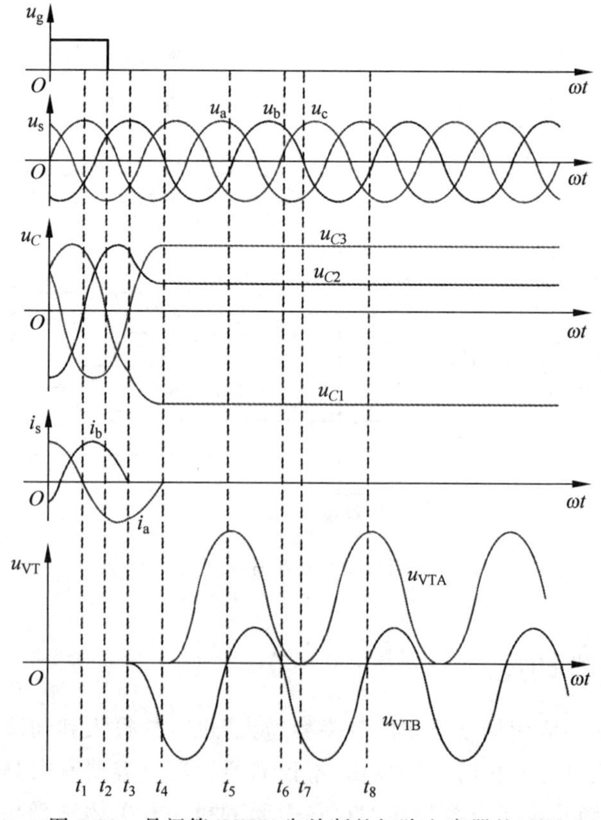

图 5-22 晶闸管(VTB)先关断的切除电容器的过程

如果 ωt_2 时刻移除驱动信号，在 $\omega t_3 = 7\pi/6$ 时刻，$i_b = 0$，VTB 关断，根据式(5-52)可得 ωt_3 时刻电容器上的电压表达式如式(5-53)所示。

$$\begin{cases}u_{C1}\big|_{t=t_3}=-(3/2)U_\mathrm{m}\\u_{C2}\big|_{t=t_3}=(3/2)U_\mathrm{m}\\u_{C3}\big|_{t=t_3}=0\end{cases}\tag{5-53}$$

ωt_3 时刻之后，只有 VTA 继续导通，图 5-23 给出了系统的等效模型，流过各电容器的电流和流过晶闸管的电流（智能电容器相电流）满足式(5-54)。

$$\begin{cases}i_{C1}=i_{C2}=-(1/2)i_{C3}\\i_{C3}=\sqrt{3}U_\mathrm{m}\omega C\cos(\omega t+5\pi/6)\\i_\mathrm{a}=i_{C1}-i_{C3}=-(3/2)i_{C3}\end{cases}\tag{5-54}$$

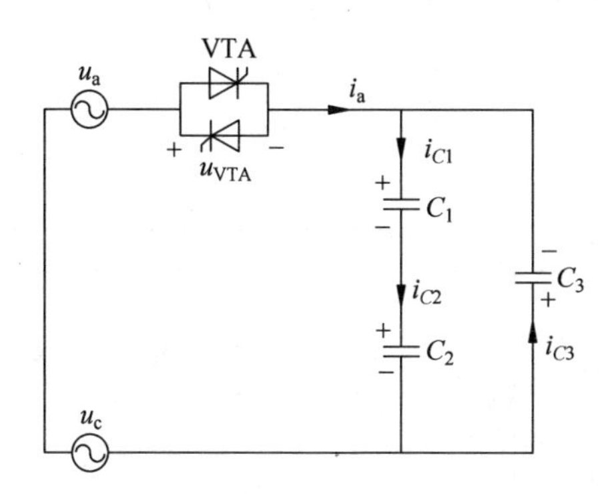

图 5-23 晶闸管 VTB 关断后系统的等效模型

VTB 关断之后各电容器上的电压为

$$\begin{cases}u_{C1}=u_{C1}\big|_{t=t_3}+\dfrac{1}{C}\displaystyle\int_{\omega t_3}^{\omega t}i_{C1}(\omega t)\mathrm{d}(\omega t)\\u_{C2}=u_{C2}\big|_{t=t_3}+\dfrac{1}{C}\displaystyle\int_{\omega t_3}^{\omega t}i_{C2}(\omega t)\mathrm{d}(\omega t)\\u_{C3}=u_{C3}\big|_{t=t_3}+\dfrac{1}{C}\displaystyle\int_{\omega t_3}^{\omega t}i_{C3}(\omega t)\mathrm{d}(\omega t)\end{cases}\tag{5-55}$$

可得 ωt_3 时刻之后各电容器上的电压为

$$\begin{cases}u_{C1}=-(3/2)U_\mathrm{m}-(\sqrt{3}/2)U_\mathrm{m}\sin(\omega t+5\pi/6)\\u_{C2}=(3/2)U_\mathrm{m}-(\sqrt{3}/2)U_\mathrm{m}\sin(\omega t+5\pi/6)\\u_{C3}=\sqrt{3}U_\mathrm{m}\sin(\omega t+5\pi/6)\end{cases}\tag{5-56}$$

在 $\omega t_4=5\pi/3$ 时刻，$i_\mathrm{b}=0$，VTA 关断，电容器全部被切除，各电容器上的残压表示为式(5-57)。

$$\begin{cases}u_{C1}=-(3/2)U_\mathrm{m}-(\sqrt{3}/2)U_\mathrm{m}=-2.366U_\mathrm{m}\\u_{C2}=(3/2)U_\mathrm{m}-(\sqrt{3}/2)U_\mathrm{m}=0.634U_\mathrm{m}\\u_{C3}=\sqrt{3}U_\mathrm{m}=1.732U_\mathrm{m}\end{cases}\tag{5-57}$$

在 ωt_4 时刻两对晶闸管承受的电压表示为式(5-58)。

$$\begin{cases}u_\mathrm{VTA}=u_{C3}-u_\mathrm{ca}=1.732U_\mathrm{m}-1.732U_\mathrm{m}\sin(\omega t+5\pi/6)\\u_\mathrm{VTB}=u_\mathrm{bc}-u_{C2}=-0.634U_\mathrm{m}+1.732U_\mathrm{m}\sin(\omega t-\pi/2)\end{cases}\tag{5-58}$$

由式(5-58)可知，u_{VTA} 在 $0\sim2\times1.732U_{\mathrm{m}}$ 之间变化，u_{VTB} 在 $-2.366U_{\mathrm{m}}\sim1.098U_{\mathrm{m}}$ 之间变化。

下面分析一下晶闸管 VTB 再投入的响应过程。如图 5-24 所示，电容器完全切除后，在 ωt_6 时刻发出投入命令，在 ωt_7 时刻，$u_{\mathrm{VTB}}=0$，VTB 导通，由式(5-57)可知 $\omega t_7=3.381\pi$，系统的等效模型仍然如图 5-23 所示，流过各电容器的电流表示为式(5-54)，各电容器上的电压表示为式(5-59)。

$$\begin{cases}u_{C1}=u_{C1}|_{t=t_7}+\dfrac{1}{C}\displaystyle\int_{\omega t_7}^{\omega t}i_{C1}(\omega t)\mathrm{d}(\omega t)\\u_{C2}=u_{C2}|_{t=t_7}+\dfrac{1}{C}\displaystyle\int_{\omega t_7}^{\omega t}i_{C2}(\omega t)\mathrm{d}(\omega t)\\u_{C3}=u_{C3}|_{t=t_7}+\dfrac{1}{C}\displaystyle\int_{\omega t_7}^{\omega t}i_{C3}(\omega t)\mathrm{d}(\omega t)\end{cases}\tag{5-59}$$

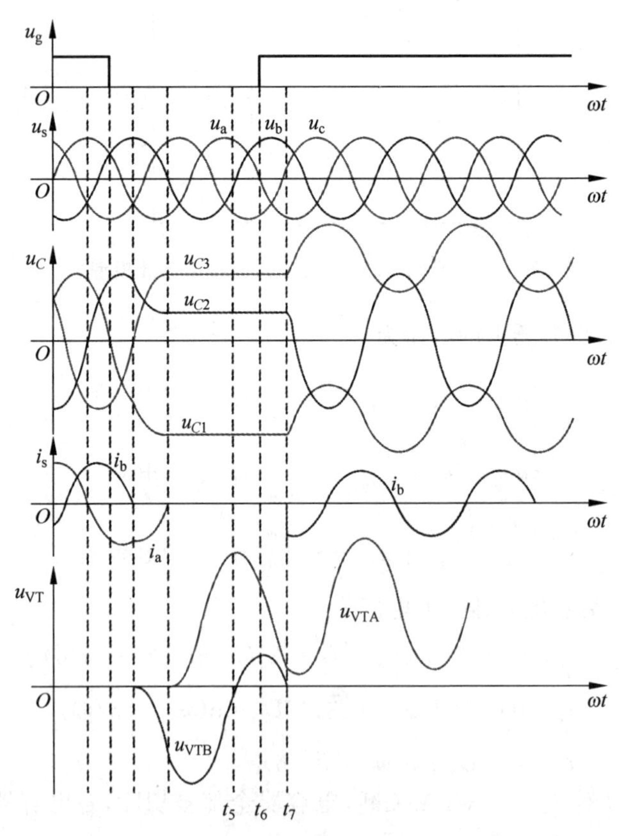

图 5-24 晶闸管 VTB 再投入的响应过程

在 ωt_7 时刻，各电容器上的电压还是关断时的残压，因此联立式(5-53)、式(5-56)和式(5-59)可得

$$\begin{cases}u_{C1}=-(3/4+3\sqrt{3}/4)U_{\mathrm{m}}-\sqrt{3}/2U_{\mathrm{m}}\sin(\omega t-\pi/2)\\u_{C2}=\sqrt{3}U_{\mathrm{m}}\sin(\omega t-\pi/2)\\u_{C3}=(3/4+3\sqrt{3}/4)U_{\mathrm{m}}-\sqrt{3}/2U_{\mathrm{m}}\sin(\omega t-\pi/2)\end{cases}\tag{5-60}$$

晶闸管 VTA 两端的电压为

$$u_{\mathrm{VTA}}=2.049U_{\mathrm{m}}+1.5U_{\mathrm{m}}\sin(\omega t) \tag{5-61}$$

由式(5-61)可知，u_{VTA} 在 $0.549U_{\mathrm{m}}\sim3.549U_{\mathrm{m}}$ 之间变化，因此 u_{VTA} 没有过零点，根据晶闸管两端电压过零投入的原则，晶闸管将无法被触发，也就是说 ωt_7 时刻之后，将只有 VTB 导通，VTA 不能再导通，三相电路变为一个单相电路运行，这就是智能电容器中的投切开关闭锁现象。发生投切开关闭锁后，三相无功补偿功率严重不平衡，运行状态出现错误。投切开关 VTA 闭锁后，VTB 相的电流为

$$i_{\mathrm{b}}=\frac{3\sqrt{3}}{2}U_{\mathrm{m}}\omega C\sin(\omega t+\pi/2)\approx 2.6U_{\mathrm{m}}\omega C\sin(\omega t+\pi/2) \tag{5-62}$$

在实际应用中，当智能电容器切除后再投入时，可能会出现投切开关闭锁的现象，随着电容器的自放电或含有放电电阻，其残余直流电压分量不断降低，经过一段时间放电后，闭锁的投切开关两端电压就会出现过零点，再有触发指令时晶闸管就会被触发而导通，但是这个过程与电容器切除后的放电情况有关，放电时间长会影响智能电容器的响应速度。

投切开关闭锁现象的防止方法[34]：

(1) 在投切开关切除后再次投入时，让后关断的投切开关先导通，则两个投切开关都能够正常导通，即“后关断先导通”。

(2) 在切除电容器时，固定让 a 相投切开关先关断，则再投入时不会出现投切开关闭锁现象，即“a 相先关断”。

(3) 增加投切间隔或者增加放电电阻，让电容器充分放电。

在三控三型智能电容器中也存在投切开关闭锁现象，分析方法与二控三型智能电容器的分析方法相同，根据文献[34]，可以得出一些结论：如果 a 相投切开关先关断，那么再投入时如果是 b 相投切开关先导通的话，c 相投切开关将出现闭锁现象。同理，如果是 b 相投切开关先关断，再投入时如果是 c 相投切开关先导通的话，a 相投切开关将出现闭锁现象；如果是 c 相投切开关先关断，再投入时如果是 a 相投切开关先导通的话，b 相投切开关将出现闭锁现象，而且它们出现的概率是相等的。可以借鉴二控三型智能电容器的投切开关闭锁现象的防止方法来防止投切开关闭锁，明确投切开关导通和关断的逻辑。

5.3　投切模式

5.3.1　手动投切与自动投切

智能电容器包含手动投切和自动投切两种功能，通过人机交互系统进行操作。手动投切主要用于智能电容器出厂设置和调试，或系统出现故障时进行手动投切。正常运行时系统处于自动投切运行状态。手动投切与自动投切流程图如图 5-25 所示，以分补型智能电容器为例，首先要区分智能电容器是主机还是从机。主机在手动模式下投切主机的电容器；在自动模式下测量电网参数，计算无功功率或者功率因数后，生成投切控制指令来控制主机投入还是从机投入，如果是投入从机，需要通过通信模块给从机发送投切指令。从机在

手动模式下投切从机的电容器；在自动模式下等待主机的通信指令，然后生成投切控制信号来投切从机的电容器。

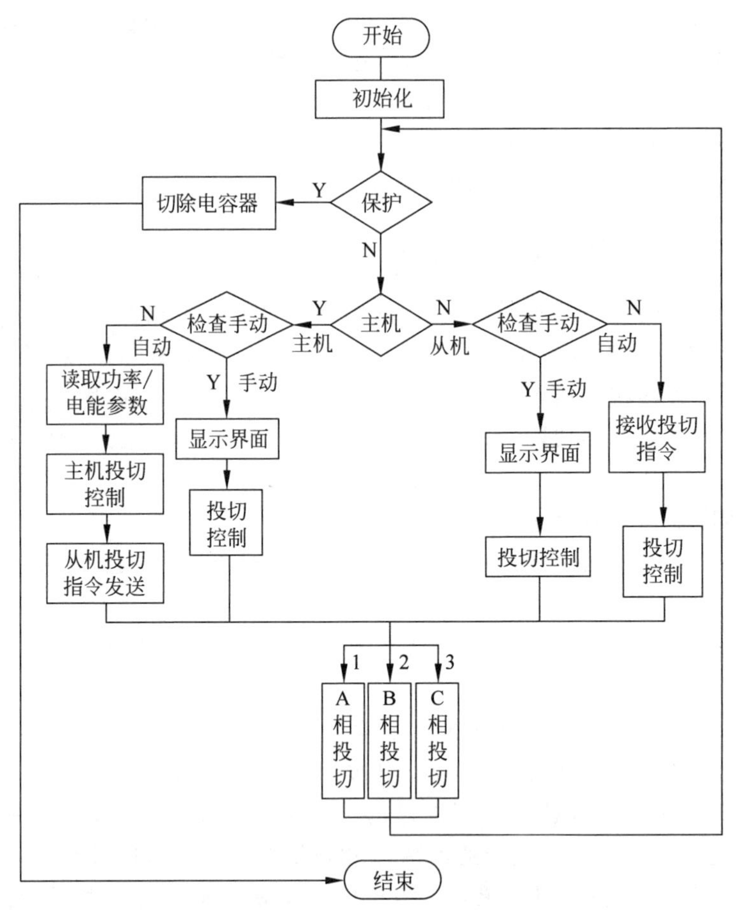

图 5-25 手动投切与自动投切流程图

5.3.2 投切逻辑

在多台智能电容器构成智能电容器组时，其中一台为主机，其余为从机。智能电容器组需要进行投切逻辑设计。智能电容器组投切方式分为两种：一种是循环投切方式，另一种是优化投切方式。其中，循环投切方式是针对等容量智能电容器组合，而优化投切方式是针对不同容量的智能电容器组合。投切方式不同，则自动投切逻辑也不同。下面对两种投切方式进行介绍。

1. 循环投切方式

针对等容量的多台智能电容器，循环投切方式是将各台智能电容器按序号排成一个环形列队，并编排了地址，然后按地址顺序依次投入智能电容器；在切除智能电容器时，则从已投入的智能电容器队列的尾部切除，即遵循“先投先切，后投后切”的原则。随着负荷无功功率或者功率因数的变化，已投入的智能电容器队列在环形队列中逆时针移动，即投入的智能电容器地址在变化，各台智能电容器的使用概率均等，可有效降低智能电容器组的故障率[35]。

循环投切逻辑判断主要由主机完成。循环投切方式是对顺序投切方式的改进。在顺序投切方式下，地址排序在前的智能电容器先投后切，地址排序在后的智能电容器则后投先切。顺序投切方式使得低地址的智能电容器常处在运行模式，长期工作积累热量，可能影响其寿命，而且使低地址的智能电容器处于经常投切状态，也容易损坏智能电容器。循环投切方式是让智能电容器循环工作，可以减少某一台智能电容器的投切次数，从而降低了智能电容器的平均温度，延长了智能电容器的使用寿命。在智能电容器组的主机中，由当前计算得到的功率因数与设定的功率因数的欠补门限和过补门限进行比较，当实时功率因数小于欠补门限时投入一台智能电容器，当功率因数大于过补门限时切除一台智能电容器，重复对功率因数进行检测和比较，直到通过投入或者切除智能电容器使得功率因数在欠补门限和过补门限之间。循环投切方式流程图如图5-26所示，需要判断切除地址变量是否小于或等于投入地址变量，也就是将已投入的智能电容器先切除。为了减小智能电容器组投切逻辑的复杂度，实际产品多用循环投切方式。

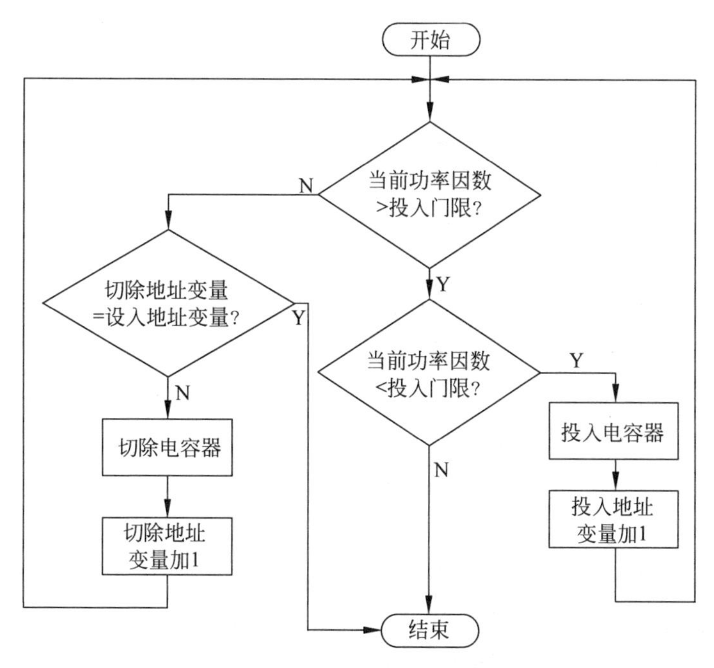

图5-26　循环投切流程图

下面以包含12组智能电容器的无功补偿为例，介绍循环投切队列的产生过程。定义两个12位的变量 p_0 和 p_1 用来存放各智能电容器的投切状态，其最低位表示第一台智能电容器，最高位表示第12台智能电容器，且1表示切除，0表示投入。

投入过程操作如下：根据“先投先切、后投后切”和“先切先投、后切后投”的原则，如果要投入 n 台智能电容器，则把变量 p_0 一位一位地依次循环左移 n 位，结果存入 p_1，并且 p_0 每移一位，将移动前的 p_0 和 p_1 进行逻辑“与”运算，结果存入 p_0，循环 n 次，最后 p_0 就是本次投切状态。

切除过程操作如下：如果要切除 n 台智能电容器，则把变量 p_0 直接循环左移 n 位，结果存入 p_1，再把 p_0 和 p_1 进行逻辑“或”运算，结果存入 p_0，最后 p_0 就是本次投切状态。

例如，在某个时刻已投入最低位的 2 台智能电容器，第一台最先投，然后第二台投入，如果需要再投一台或切除一台智能电容器，下面给出循环队列产生过程。假设智能电容器组原来的投切状态 p_0 为：

1	1	1	1	1	1	1	1	1	1	1	1	1	1	0	0

当需要投入一台时，将 p_0 左移一位，结果存入 p_1，此时 p_1 为：

1	1	1	1	1	1	1	1	1	1	1	1	1	0	0	1

p_0 和 p_1 进行逻辑“与”运算，结果存入 p_0，此时 p_0 为：

1	1	1	1	1	1	1	1	1	1	1	1	1	0	0	0

此时 p_0 的状态即为投入一台智能电容器后的智能电容器组的投切状态，实现了循环投入功能。

当需要切除一台智能电容器时，智能电容器组原来的投切状态 p_0 为：

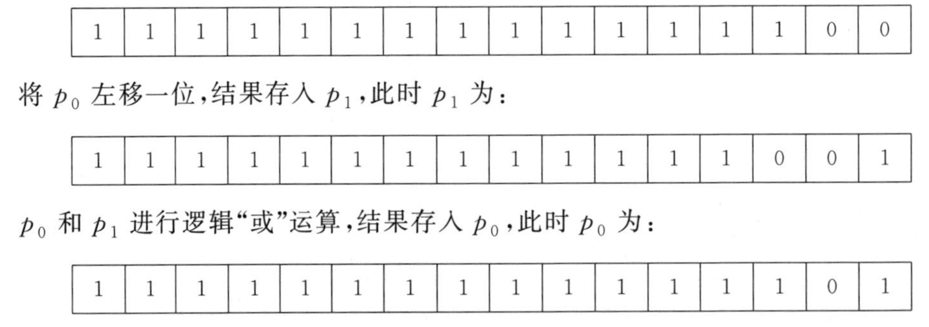

1	1	1	1	1	1	1	1	1	1	1	1	1	1	0	0

将 p_0 左移一位，结果存入 p_1，此时 p_1 为：

1	1	1	1	1	1	1	1	1	1	1	1	1	0	0	1

p_0 和 p_1 进行逻辑“或”运算，结果存入 p_0，此时 p_0 为：

1	1	1	1	1	1	1	1	1	1	1	1	1	1	0	1

此时 p_0 的状态即为切除一台智能电容器后的智能电容器组的投切状态，实现了循环切除功能。

2. 编码投切方式

为了提高无功补偿精度，智能电容器组可以采用编码投切方式。编码投切方式产生的无功补偿级数较多，补偿效果好，但其控制方法相对比较复杂。编码投切方式在总无功补偿容量确定的情况下，以最小补偿智能电容器的容量值为基值，用其他智能电容器的容量值与基值的比值来表示各个智能电容器的编码值。下面介绍常用的二进制编码投切方式：智能电容器的补偿容量按照 1、2、4、8…的 2^{n-1} 原则进行设计，智能电容器的组合方式有 2^n 种。例如 $n=3$，智能电容器台数为 3，选择最小无功补偿容量为 10kvar，第二级补偿容量为 20kvar，第三级补偿容量为 40kvar，根据二进制编码投切方式，如表 5-2 所示，此时能产生 8 个等级的补偿容量，即 $Q=\{$0kvar，10kvar，20kvar，30kvar，40kvar，50kvar，60kvar，70kvar$\}$。用编码方式投切智能电容器可以提高无功补偿精度，但存在最小容量的智能电容器频繁投切的缺点，降低其使用寿命，且控制策略复杂，可靠性相对较低。

表 5-2　二进制编码投切方式的投切规则

Q/kvar	应投切的智能电容器		
	10kvar	20kvar	40kvar
$Q<10$	切除	切除	切除
$10\leqslant Q<20$	投入	切除	切除
$20\leqslant Q<30$	切除	投入	切除
$30\leqslant Q<40$	投入	投入	切除
$40\leqslant Q<50$	切除	切除	投入
$50\leqslant Q<60$	投入	切除	投入
$60\leqslant Q<70$	切除	投入	投入
$70\leqslant Q$	投入	投入	投入

智能电容器通常采用模块化技术，单个智能电容器就是一个独立个体，如果组成智能电容器组，应用二进制编码投切方式时必须在主机中输入智能电容器组的总容量、智能电容器台数、每一台智能电容器的容量，此操作不易由用户实现，也不易扩容。相比二进制编码投切方式，循环投切方式只要将增加的智能电容器地址提供给主机就可以完成扩容。表 5-3 是两种投切方式的对比。

表 5-3　两种投切方式的对比

内　　容	精　　度	延长装置寿命	控制复杂度	扩　　容
循环投切方式	较高	可以	简单	容易
编码投切方式	高	可以	复杂	不易

5.3.3　防投切振荡技术

智能电容器组投切智能电容器时经常会遇到投切振荡的问题，当投入一台智能电容器后，实时功率因数大于功率因数切除门限，于是系统切除一台智能电容器，此时实时功率因数又小于功率因数投入门限，于是又投入一台智能电容器，如此反复投切称为投切振荡。投切振荡严重影响了智能电容器和投切开关的使用寿命，必须避免其发生。

在 5.1.1 节中介绍的复合控制方式可以在一定程度上避免投切振荡，下面介绍 5 种常用的防止投切振荡的方法。

（1）当以无功功率为控制判据时，把补偿目标的上、下限范围设置为大于单台智能电容器的容量，即可避免投切振荡现象。如图 5-2 所示，根据配电网实际无功缺额，从切除区切除一台智能电容器后，落在了稳定区，不再振荡。

（2）当以功率因数为控制判据时，为避免投切振荡，可以选取合适的最小补偿容量，同时设置合理的功率因数上下限，例如增加无功电流或无功功率判断，防止轻载投切，转化为复合控制方式。

（3）在循环投切方式中，增加投入智能电容器后功率因数预判断变量。当需要投入一台智能电容器时，先进行预判断，求出投入一台智能电容器后所达到的功率因数值，若此值大于功率因数切除门限，则此次不投入智能电容器；若此值小于功率因数切除门限，则将智能电容器投入，来避免智能电容器组的投切振荡。

(4) 设置投入死区。

为了防止智能电容器组的投切振荡，在某一些指定区域内维持原来的投切状态，不进行任何的投切动作，该区域称为投入死区。如图 5-27 所示，在没有设置投切死区之前，无功功率 Q 值在 b 值之上时投入智能电容器，在 b 值之下时切除智能电容器，但是如果无功波动，而且频繁在 b 值上下波动，那么智能电容器组会出现投切振荡。设置投切死区（在 a 值和 c 值之间的区域称为投切死区）后，判断无功功率 Q 是否落在投切死区内，如果落在投切死区内，则视为投切振荡，不进行任何投切动作；如果 Q 落在投切区域外，则进行投切动作。投切死区的幅值 ΔQ 可根据实际情况灵活设定，但必须大于无功波动的幅值。投切死区的设置可以抑制投切振荡，但是也降低了智能电容器的无功补偿精度。

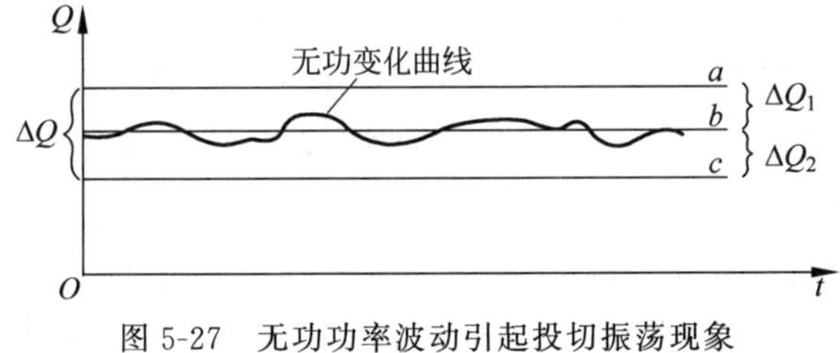

图 5-27　无功功率波动引起投切振荡现象

无论是在循环投切方式下，还是在编码投切方式下，智能电容器组控制系统都可以设置投切死区来防止投切振荡。在等容量智能电容器的循环投切方式中，无功功率门限可设为 $-0.5Q_C \sim +Q_C$（Q_C 为单台智能电容器的容量），当检测的无功缺额在这个范围内时，智能电容器投切状态保持不变。在编码投切方式中，以二进制分组为例，如图 5-28 所示，为了简化分析，以 $n=2$ 为例[36]，智能电容器容量分别为 5kvar 和 10kvar，所设置的投切死区大小为其相应投切台阶值的 10%，在投切死区内智能电容器的投切动作必须根据上一次的状态来判断。

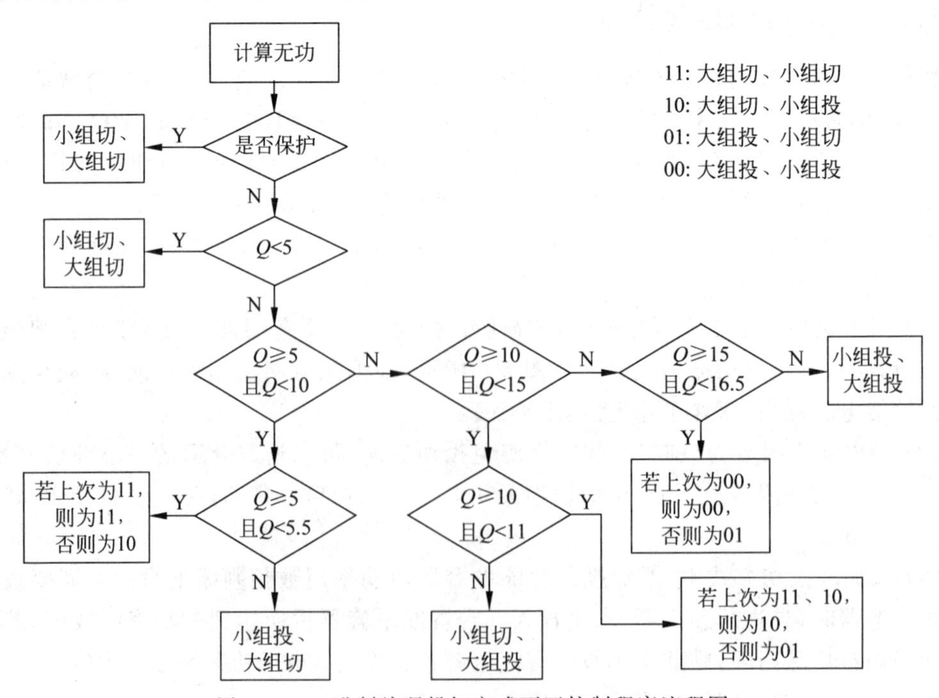

图 5-28　二进制编码投切方式死区控制程序流程图

(5) 设置投切次数计数器。

可以对每台智能电容器设置计数器,在一定时间内计数器超过一定限值可认为智能电容器产生了投切振荡,不再投入该智能电容器。该方法是投切振荡出现后才起作用,不能有效预防智能电容器的投切振荡。为了有效预防投切振荡,可以增加无功功率参数状态判断功能,如果补偿的无功功率在一定时间内没有超出规定的上限或低于规定的下限,才确定投切智能电容器。由于需要对无功功率进行多次判断,所以这种方法适用于对无功补偿响应速度要求不高的场合。

5.4 优化补偿

5.4.1 三相不平衡系统无功补偿

三相不平衡系统有两类,分别是三相电压不平衡和三相电流不平衡。在配电网中三相电压不平衡很少见,所以当智能电容器应用于三相不平衡系统时,主要是指三相电流不平衡的情况,也就是在三相电压基本平衡而由于负载不平衡导致的三相电流不平衡的情况。

三相电流或者负载不平衡系统分为两种情况,分别是三相三线制不平衡和三相四线制不平衡。在三相四线制系统中有中线存在,三相之间没有耦合,可独立控制,应用星形有中线接线方式的智能电容器进行三相独立补偿,相当于3个独立的单相智能电容器并联运行。在三相三线制系统中常用三角形接线方式和二控三型接线方式来进行不平衡系统无功补偿。这一节主要介绍三相三线制不平衡系统中智能电容器的无功补偿。

1. 基于对称分量法的无功不平衡补偿技术

对称分量法在三相不对称电路的分析中广泛应用。任意一个三相不对称的电气量可以分解为一个正序分量、一个负序分量和一个零序分量,且分解具有唯一性,如图5-29所示,对3组对称分量使用线性叠加原理,按照对称线性电路来分析。

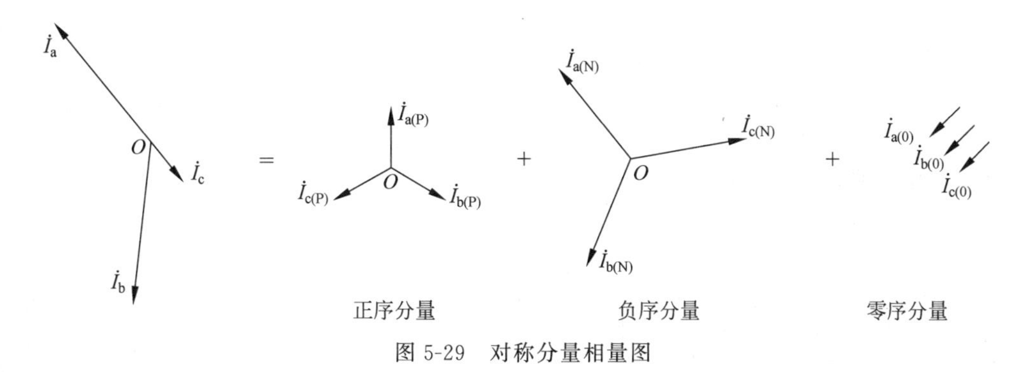

图5-29 对称分量相量图

在图5-29中,3组对称的三相相量为正序分量、负序分量和零序分量。正序分量$\dot{I}_{a(P)}$、$\dot{I}_{b(P)}$、$\dot{I}_{c(P)}$幅值相等,a相超前b相120°,b相超前c相120°;负序分量$\dot{I}_{a(N)}$、$\dot{I}_{b(N)}$、$\dot{I}_{c(N)}$幅值相等,但相序与正序相反;零序分量$\dot{I}_{a(0)}$、$\dot{I}_{b(0)}$、$\dot{I}_{c(0)}$幅值和相位均相同。将任意三相

电流按对称分量法分解为正序分量、负序分量和零序分量，在图 5-30 中表示分解和合成的相量关系，将 $\dot{I}_a$、$\dot{I}_b$、$\dot{I}_c$ 三相电流分别分解为 a、b、c 三相的正序、负序和零序电流。

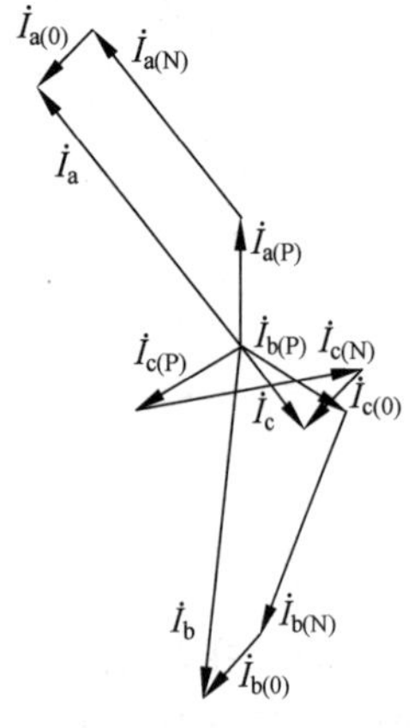

图 5-30 对称分量分解法相量图

由 3 组对称的相量合成得 3 个不对称的相量，其合成关系如式(5-63)所示。

$$\begin{cases}\dot{I}_a=\dot{I}_{a(P)}+\dot{I}_{a(N)}+\dot{I}_{a(0)}\\ \dot{I}_b=\dot{I}_{b(P)}+\dot{I}_{b(N)}+\dot{I}_{b(0)}\\ \dot{I}_c=\dot{I}_{c(P)}+\dot{I}_{c(N)}+\dot{I}_{c(0)}\end{cases}\tag{5-63}$$

将式(5-63)表示为式(5-64)～式(5-66)。

$$\begin{cases}\dot{I}_{b(P)}=e^{j240^\circ}\dot{I}_{a(P)}=\alpha^2\dot{I}_{a(P)}\\ \dot{I}_{c(P)}=e^{j120^\circ}\dot{I}_{a(P)}=\alpha\dot{I}_{a(P)}\end{cases}\tag{5-64}$$

$$\begin{cases}\dot{I}_{b(N)}=e^{j120^\circ}\dot{I}_{a(N)}=\alpha\dot{I}_{a(N)}\\ \dot{I}_{c(N)}=e^{j240^\circ}\dot{I}_{a(N)}=\alpha^2\dot{I}_{a(N)}\end{cases}\tag{5-65}$$

$$\dot{I}_{a(0)}=\dot{I}_{b(0)}=\dot{I}_{c(0)}\tag{5-66}$$

式中，$\alpha=e^{j120^\circ}=-\frac{1}{2}+j\frac{\sqrt{3}}{2}$；$\alpha^2=e^{j240^\circ}=-\frac{1}{2}-j\frac{\sqrt{3}}{2}$。由式(5-63)～式(5-66)可得

$$\begin{cases}\dot{I}_a=\dot{I}_{a(P)}+\dot{I}_{a(N)}+\dot{I}_{a(0)}\\ \dot{I}_b=\alpha^2\dot{I}_{a(P)}+\alpha\dot{I}_{a(N)}+\dot{I}_{a(0)}\\ \dot{I}_c=\alpha\dot{I}_{a(P)}+\alpha^2\dot{I}_{a(N)}+\dot{I}_{a(0)}\end{cases}\tag{5-67}$$

3 个不对称相量与 3 组对称相量中 a 相相量的关系矩阵如式(5-68)所示。

$$\begin{bmatrix}\dot{I}_a\\ \dot{I}_b\\ \dot{I}_c\end{bmatrix}=\begin{pmatrix}1&1&1\\ \alpha^2&\alpha&1\\ \alpha&\alpha^2&1\end{pmatrix}\begin{bmatrix}\dot{I}_{a(P)}\\ \dot{I}_{a(N)}\\ \dot{I}_{a(0)}\end{bmatrix}\tag{5-68}$$

由式(5-68)可以看出，3 组对称相量的正序分量、负序分量和零序分量可以合成 3 个不对称相量，其逆关系矩阵如式(5-69)所示。

$$\begin{bmatrix}\dot{I}_{a(P)}\\ \dot{I}_{a(N)}\\ \dot{I}_{a(0)}\end{bmatrix}=\frac{1}{3}\begin{pmatrix}1&\alpha&\alpha^2\\ 1&\alpha^2&\alpha\\ 1&1&1\end{pmatrix}\begin{bmatrix}\dot{I}_a\\ \dot{I}_b\\ \dot{I}_c\end{bmatrix}\tag{5-69}$$

由式(5-69)可以看出，由 3 个不对称相量可以唯一地分解成 3 组对称相量(正序分量、负序分量和零序分量)。

在三相三线制中不存在零序电流，所以无功补偿主要解决正序和负序无功电流。如图 5-31 所示，首先根据对称分量法得出正序电流，应用共补型智能电容器去补偿正序电流

中的无功电流；然后根据负序电流，求出任意两相之间的感纳或感性无功电流，应用分补型智能电容器在该两相之间投入电容器可以进行无功功率补偿，也就是实现了无功不平衡系统的无功功率补偿。

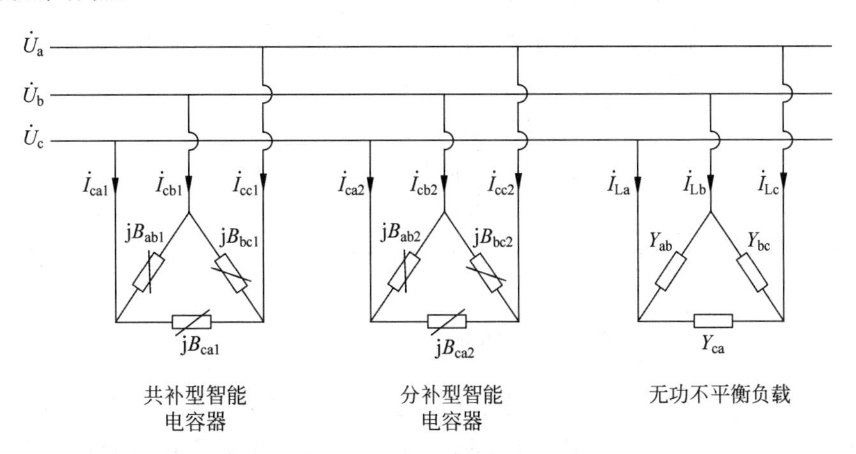

图 5-31 无功不平衡系统无功补偿示意图

2. 基于瞬时无功功率理论的不平衡补偿技术

1）检测负序电流的方法

应用瞬时无功功率理论也可以检测不平衡电流，基波负序电流的检测算法如图 5-32 所示，与 5.1.2 节讲解的无功和谐波检测算法类似，区别是将 $\boldsymbol{C}_{32}$ 第 2、3 列对调得到新的矩阵 $\boldsymbol{C}'_{23}$，$\boldsymbol{C}'_{23}$ 是 $\boldsymbol{C}'_{32}$ 的转置。在旋转坐标系基波正序无功检测算法中，将基波正序分量经逆时针旋转变换并滤波后变成直流分量，基波负序为二倍频的交流量，经滤波器后被滤除；在基波负序检测算法中，将基波负序分量经顺时针旋转变换并滤波后变成直流分量，基波正序为二倍频的交流量，经滤波器后被滤除。

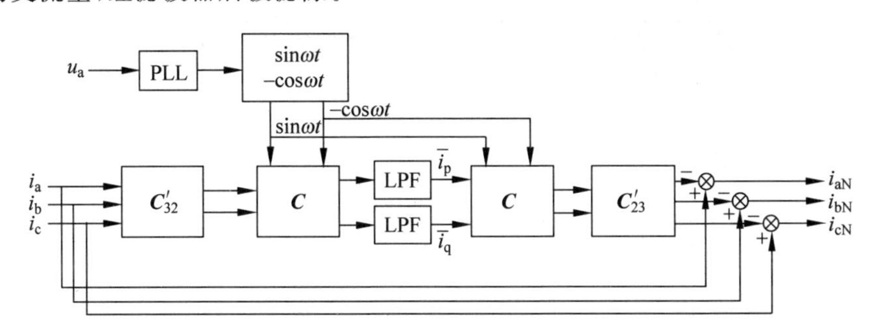

图 5-32 负序电流的检测算法

2）单相构造三相的方法

在单相无功补偿或三相三线制系统无功不平衡补偿的应用场合，应用以瞬时无功功率理论为基础的无功补偿时，需要用单相电路的电压、电流构造一个类似的三相系统的电压、电流，然后可使用三相电路瞬时无功功率理论，如图 5-33 所示。在对称的三相三线制电路中，各相的电压或电流的相位互差 120°，可用以下两种方法进行构造。

方法一，单相瞬时电压为 u_s，a 相瞬时电压 u_a 等于 u_s，u_a 延时 120°，即 a 相电压 u_a 延时120°构造出 u_b，延时240°构造出 u_c；同样，单相瞬时电流为 i_s，a相瞬时电流 i_a 等于 i_s，将 i_a 延时120°构造出 i_b，延时240°构造出 i_c。

方法二，直接由单相电压或者电流构造 α-β 两相坐标系的瞬时电压或电流，即令 $i_\alpha=\sqrt{3/2}i_a$，i_α 延时90°构造出 i_β。与方法一相比，方法二构造出两相的延时缩短到90°。

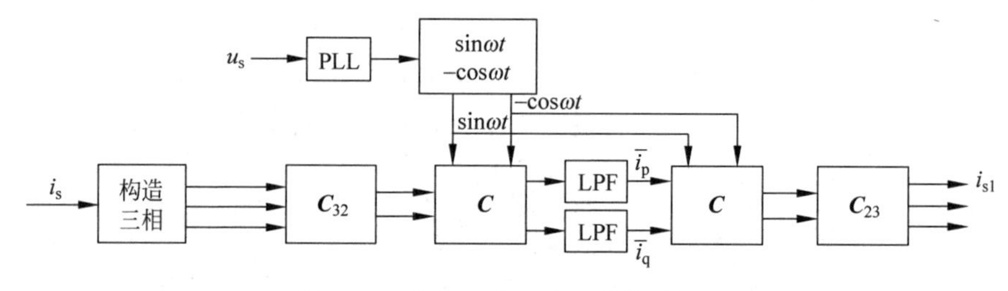

图5-33 单相电路无功电流检测框图

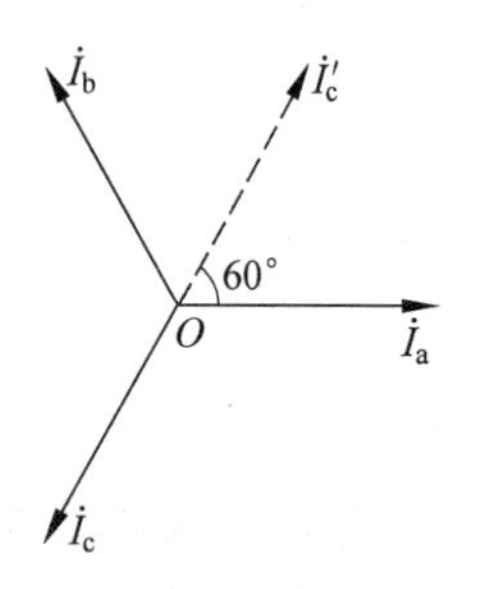

图5-34 延时60°的方法中单相电路构造三相示意图

对方法一进行改进以缩短延时，可以应用延时60°的方法，如图5-34所示。a相电压或者电流延时60°再取反就构造出了c相电压或者电流，因为构造出来的三相系统为平衡系统，所以三相电压或电流相加为0，得出b相电压或者电流，也就是经过1/6电源周期，即3.3ms的构造延时以后，可以准确地检测到单相的无功功率。延时60°的方法与方法一提到的延时120°方法相比，延时缩短到60°。

在三相平衡系统中，应用延时60°的方法进行单相无功检测的波形如图5-35所示。由图5-35可以看出，经过1/6电源周期以后，3个单相无功可以准确地被检测出来，图中各相的无功功率相等，相加之后可得三相无功功率。

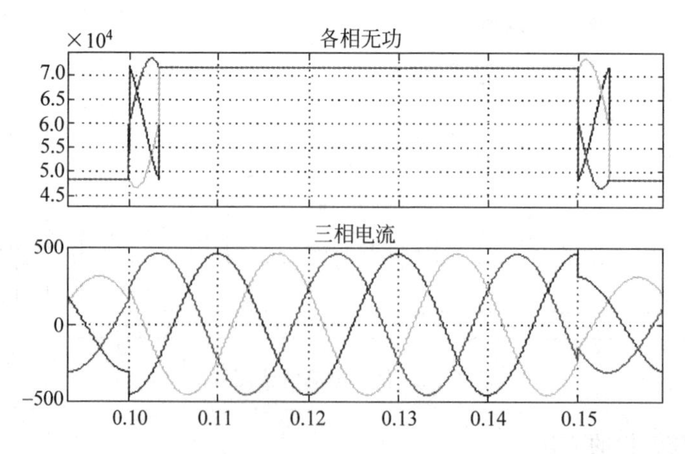

图5-35 三相平衡时延时60°的方法构造三相后无功检测波形

在三相不平衡系统中，应用延时60°的方法进行单相无功检测的波形如图5-36所示。由图5-36可以看出，经过1/6电源周期以后，3个单相无功可以准确地被检测出来，与图5-35不同，各相无功功率大小不一致，按照各相无功功率的大小进行分相补偿。

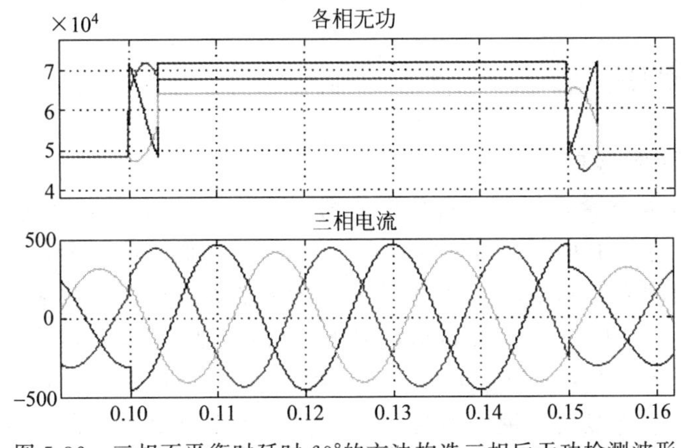

图 5-36　三相不平衡时延时 60°的方法构造三相后无功检测波形

5.4.2　混合补偿

1. 共补型智能电容器

共补型智能电容器常用 2.3.2 节中介绍的三相共补型和三相抗谐波共补型的拓扑结构，其具有结构简单、易控制的特点。在配电网中采用三相共补的方式居多，通常在用户侧安装共补型智能电容器。共补型智能电容器在测得采样相(一般为 a 相)的功率因数后，便可依据此功率因数值投切三相电容器来对三相负荷产生的无功功率进行无功补偿。共补型智能电容器适用于三相无功差异小的场合，在三相无功不相等或者三相负载无功不平衡的场合，以采样相的功率因数或者无功功率作为投切判据，采样相的无功补偿效果好，而另外两相则可能会经常出现欠补偿或者过补偿。

2. 分补型智能电容器

在三相负载无功不平衡或单相供配电系统中，采用三相分补型智能电容器对无功功率进行补偿，三相分补型智能电容器常用 2.3.2 节中介绍的三相分补型和三相抗谐波分补型的拓扑结构。分别检测三相中每一相的功率因数或无功功率，因为是三相四线制系统，三相之间可以独立进行控制，故不会产生欠补偿和过补偿的情况。

3. 混合补偿型智能电容器

综合考虑共补型智能电容器和分补型智能电容器的优缺点，混合补偿型智能电容器适合在三相负载无功不平衡但又不是很严重的场合中使用。混合补偿型智能电容器常用 2.3.2 节中介绍的三相无功混补型和三相抗谐波混补型的拓扑结构。在实际应用中往往先进行共补再进行分补，以免分补型智能电容器完成共补型智能电容器的功能。由于智能电容器应用模块化结构，工作相对独立，再应用通信模块组成智能电容器组后形成一个主机、多个从机的方式，一般需要检测 3 个单相的功率因数或无功功率，所以分补型智能电容器经常被配置成主机。

5.5 智能测控

1. 主机和从机的控制

多台智能电容器并联使用组成智能电容器组,可提高无功补偿的容量,同时可以灵活调节无功功率的大小。其中一台智能电容器作为主机,其他智能电容器作为从机。主机检测电网的功率因数或者无功功率,得出需要补偿的无功数值后去控制从机智能电容器的投切,进行无功补偿;从机不进行功率因数或者无功功率的测量,只接收来自主机的投切指令即可,如图5-37所示。智能电容器组通过通信模块实现多机互联,多台智能电容器互联进行无功功率补偿容量等级的拓展。多台智能电容器并联使用时一台为主机,其余为从机,构成无功功率自动控制系统,个别故障从机自动退出,不影响其他智能电容器的工作;故障主机自动退出,产生新的主机,组成新的无功补偿系统继续工作,提高了智能电容器组的可靠性。

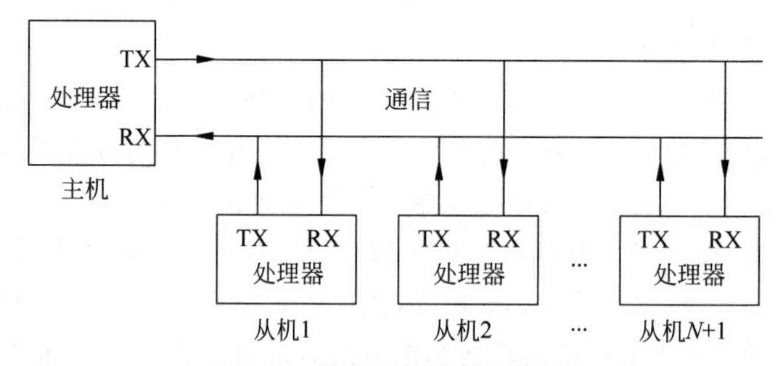

图5-37 智能电容器组系统结构

如图5-37所示,其中一台为主机智能电容器,其余 $N+1$ 台智能电容器为从机智能电容器,每台智能电容器都并联于电网上,并且每台智能电容器也互相并联。此结构的优点是智能电容器组易于扩容,只要将增加的智能电容器并联于网络,设置好地址,在主机中设置通信地址就可以了,不需要增加补偿电流或者无功功率检测器件,减少了成本。

2. 备用主机

为了提高智能电容器组的稳定性和可靠性,可以设置备用主机功能。在智能电容器组中将其中一台智能电容器设置为主机,对无功功率因数进行计算,其他几台智能电容器设为从机,主机通过通信的方式对从机进行控制,从而构成低压无功自动控制系统。如果主机故障,需要退出,在其余从机中产生一台新的主机,组成一个新的无功自动控制系统。有两种方法进行备用主机控制:一种方法是在从机中任意、随机、自动地生成一台主机,此主机如果出现了故障而退出,在剩下的从机中再生成一台主机,如此继续工作下去;另一种方法是规定好做备用主机的顺序,例如按照地址由低到高的顺序作为备用主机。第一种方法控制灵活,但是控制复杂,要求每一台智能电容器都具有功率因数和无功功率测量功能;第二种方法控制简单,可靠性高。在实际应用过程中可以应用第二种方法,即规定部分地址的智能电容器作为备用主机,如果这部分智能电容器全部出现了故障,可以认为该智能电容器组已经需要进行维护和维修了。例如,在运行过程中有16台智能电容器,其中规定低地址的5台智能电容器可以作为主机，如果这5台智能电容器都出现了故障，说明智能电容器组在这种故障率下已经需要进行维修了，这样就可以只要求这5台作为主机的智能电容器具备功率因数和无功测量功能，减少整个智能电容器组的测量器件。无论采用哪种方法，都需要避免出现两台主机同时工作的情形，防止投切逻辑混乱。

下面给出一个产生新主机的例子，控制流程图如图5-38所示。

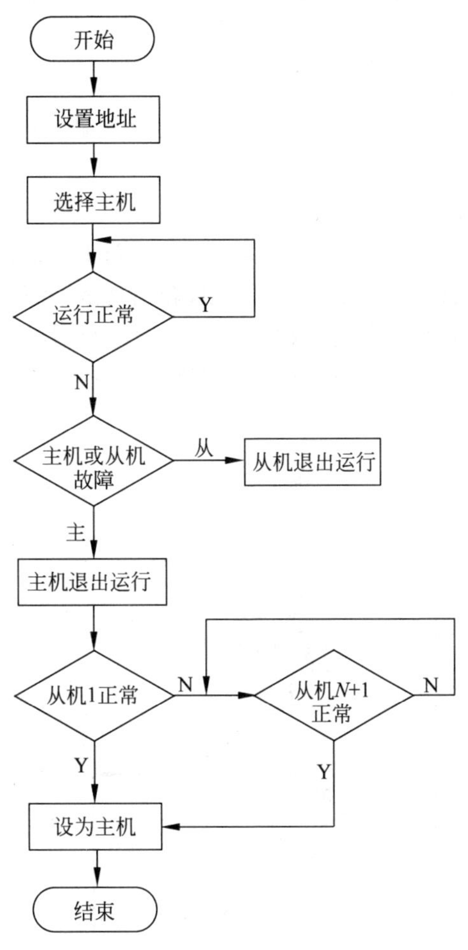

图5-38　产生新主机的程序流程图

3. 多台独立控制方法

多台智能电容器组成智能电容器组后，由于智能电容器具有模块化结构，各台智能电容器可以独立工作。在控制方法中存在多台独立控制的方法，各台智能电容器独立控制，独立进行功率因数或无功功率的测量，独立完成投切任务，多台智能电容器相对独立工作。这种方法需要考虑多台智能电容器的工作时间要错开，也就是多台顺序工作，如图5-39所示。在多台独立控制方法中，各台智能电容器相对独立工作，控制简单，不需要通信线进行控制，提高了智能电容器组的可靠性，但是每台智能电容器需要含有测量模块。为了防止某一台智能电容器一直工作，可以通过定时系统进行工作状态的更新。

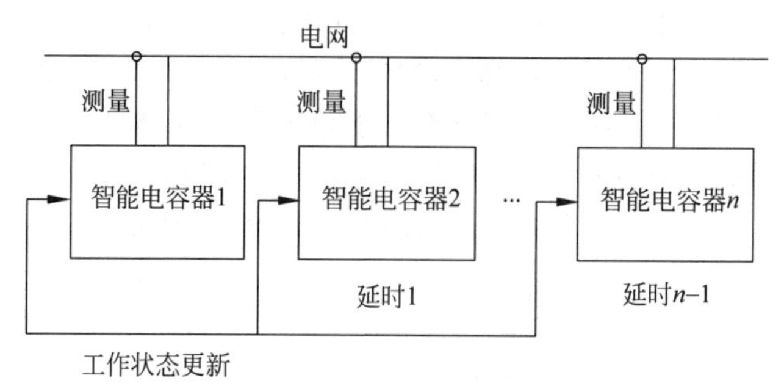

图 5-39　多台智能电容器独立控制方法

4. 故障自检与自诊断功能

智能电容器具有故障自检和自诊断功能。在主电路上电后或者在运行过程中对过压、欠压、缺相、失压、过电流、过温等故障进行检测，若出现故障，则投切开关驱动模块强制发出切除信号，使智能电容器进入自我保护状态。智能电容器处于保护状态后，存储所出现的故障类型，并在显示界面显示故障类型。下面给出了一个智能电容器自检故障的例子，流程图如图 4-40 所示。

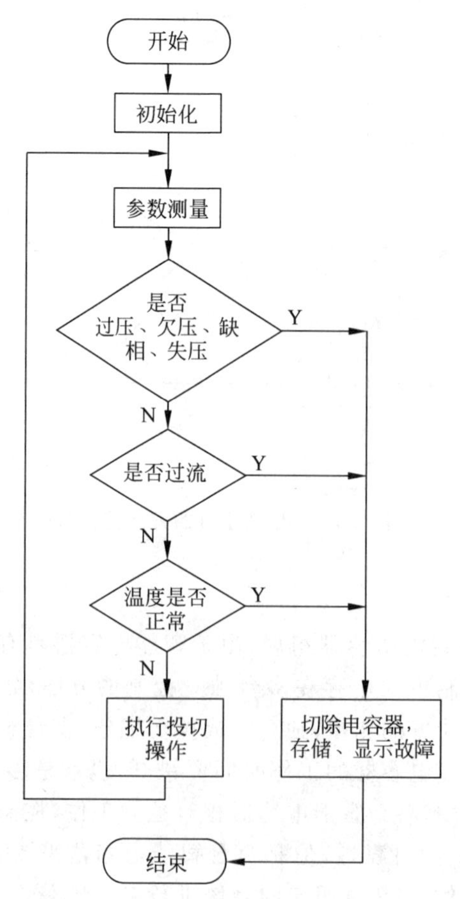

图 5-40　智能电容器自检故障流程图

5. 监测功能

在现有的智能电容器产品中，单台智能电容器可以监控自身的状态，主机还可以通过人机交互界面监测整个智能电容器组的状态。主机对智能电容器组的运行状态和参数进行监测，主要是通过通信模块来完成的，如图 5-41 所示，可以在主机手动模式下显示从机的运行状态和参数，例如显示主机和从机的三相投切状态、电压值、电流值、功率因数、无功功率以及工作温度等运行状态和参数。主机通过向从机发送查询命令来查询从机的运行状态和参数，从机接到命令后返回从机的运行状态和参数，显示界面可以显示主机和从机的运行状态和参数。从机接收命令的函数流程图如图 5-42 所示。

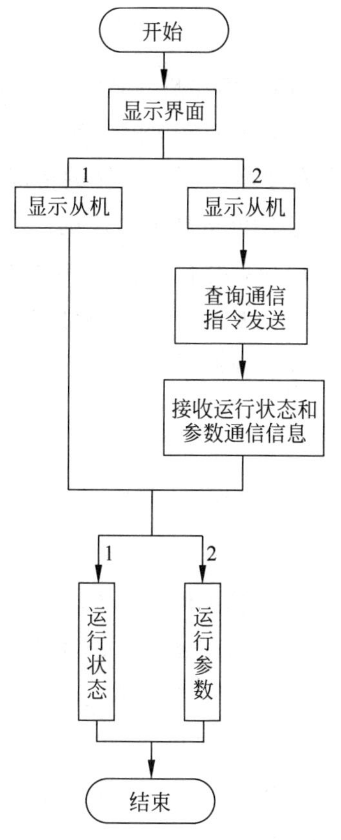

图 5-41　主机软件的主函数流程图

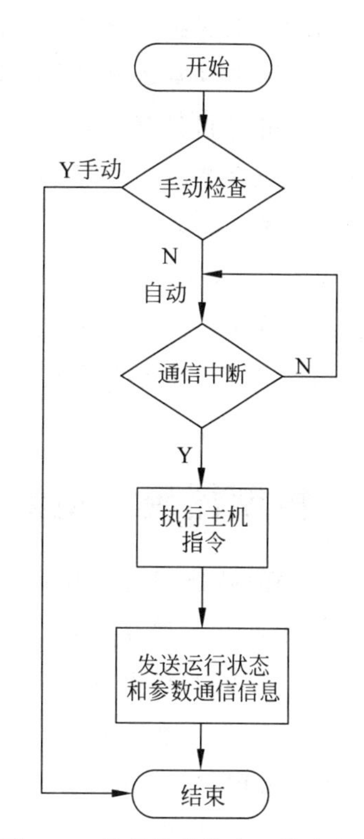

图 5-42　从机软件的主函数流程图

第6章

基于单片机的控制器设计

现有智能电容器产品的控制器常用两类处理器芯片，分别是单片机和数字信号处理器(DSP)。应用这两类处理器芯片均可实现智能电容器控制器的主要功能。通常情况下，DSP芯片比单片机具有更多引脚，功能更多，性能更好，在需要增加更多功能的情况下，例如更多的数据存储、数值计算等，可应用DSP芯片，但DSP芯片价格高于单片机，增加了智能电容器成本。在某些应用场合，也可以结合使用DSP芯片和单片机，使得控制器的功能更为强大，此时可应用DSP芯片完成主要的计算功能，单片机完成例如显示、数据存储等辅助功能。本章主要介绍以单片机作为处理器芯片的智能电容器控制器的设计，下一章介绍结合使用DSP与单片机的智能电容器控制器的设计。

6.1 控制器硬件电路的结构及功能

控制器的微处理器芯片可以应用单片机，常用的是STM8S系列单片机。意法半导体公司生产的STM8S系列产品是8位微控制器，其嵌入了130nm非易失性存储器，并提供EEPROM数据写入操作，可以达到30万次擦写极限；其包含10位模/数转换器，最多有16条通道的模/数转换，转换用时小于3μs；具有先进的16位控制定时器、捕获/比较和PWM功能；还包含了外设接口，例如一个CAN2.0B接口、两个U(S)ART接口、一个I^2C端口、一个SPI端口。STM8S系列单片机的主要特点：①含有速度达20MIPS的高性能内核；②抗干扰能力强，可靠性高；③性价比高，内嵌EEPROM和高精度RC振荡器；④拥有宽范围的产品系列，例如程序空间为4～128KB，芯片选择为20～80脚。

应用STM8单片机的智能电容器控制器可实现智能电容器的投切、控制、监视和保护功能，可实现基于液晶屏的人机接口功能，并显示电压、电流、有功功率、无功功率、谐波、投切状态等，还可以实现自动/手动投切功能。通过智能通信模块实现多机互联，多台智能电容器互联实现功率等级拓展及主从自动控制系统。

图6-1所示为应用STM8S207R8型单片机作为智能电容器控制器的整体结构图，包含电网电压同步检测模块、按键操作模块、液晶显示模块、单片机、磁保持继电器驱动模块、

RS485 通信模块、保护模块和功率/电能测量模块。电流检测模块和电压检测模块分别检测电流和电压,将电流信号和电压信号输入功率/电能测量模块中进行电气参数测量;单片机通过通信模块读取电气参数,再根据电气参数计算无功功率和功率因数,生成投切信号;投切信号经过驱动模块驱动磁保持继电器,完成智能电容器的投切;单片机可输出多路驱动信号,实现多个电容器的投切;液晶显示模块和按键操作模块与单片机相连,完成显示和操作功能,并通过 RS485 通信实现多机投切控制和状态监控。单片机 STM8S207R8 可实现智能电容器装置的无功算法和投切规则。

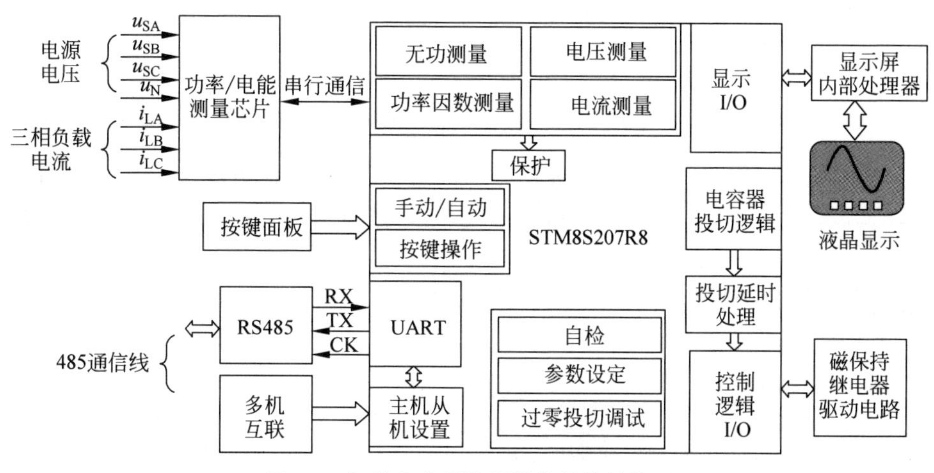

图 6-1 智能电容器控制器的整体结构图

6.2 主程序设计

主函数流程图如图 6-2 所示。首先通过初始化设置,使系统处于预备工作状态;随即调用保护模块判断是否处于高温状态,若温度过高,则系统直接退出运行,关闭所有磁保持继电器;若温度处于正常工作范围,则进行手动模式和自动模式判断,然后进入系统选择界面。

在主机自动模式下,智能电容器通过分别计算各相的运行参数,作出投切决策,并通过 RS485 通信实现多机投切控制。在主机手动模式下,液晶显示屏的界面主要包括参数显示界面、投切界面、设置界面及故障界面。参数显示界面主要包括主机和从机的三相电压值、电流值、功率因数、无功功率以及工作温度等。投切界面主要包括主机和从机的三相投切状态显示,还有选择和控制智能电容器投切的功能。设置界面主要包括主机三相的保护值设定、地址、主从、CT(电流互感器变比)、PF(投切功率因数门限)以及电容器投切的时间间隔等。故障界面主要显示系统运行过程中的故障类型。

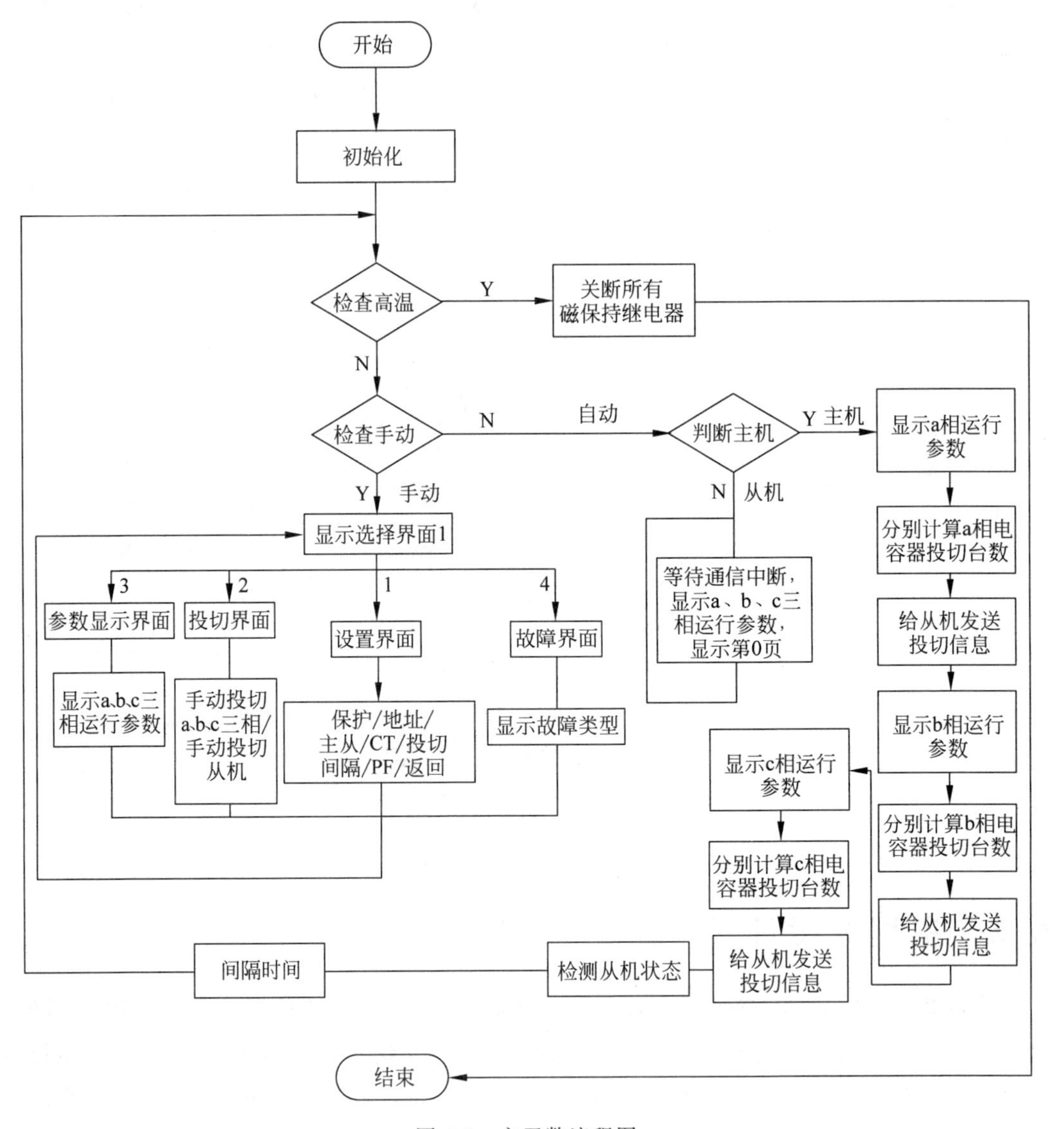

图 6-2 主函数流程图

6.3 初始化模块

在 STM8S 单片机程序中，首先对 STM8S 型单片机的外设接口和相应的外接电路进行初始化，主要包括单片机系统时钟、单片机定时器、GPIO 口、UART 模块、磁保持继电器驱动模块、CS5463 应用模块以及 LCD 显示屏等的初始化。其初始化流程如图 6-3 所示。

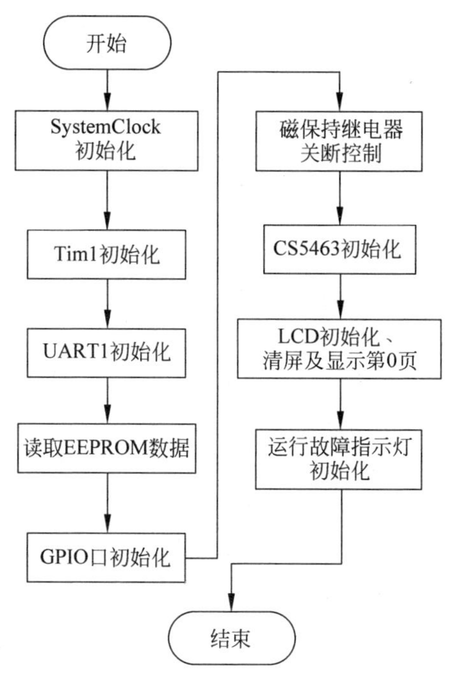

图 6-3　STM8S 单片机程序初始化流程图

6.4　检测与计算功能模块

6.4.1　功率/电能测量电路

功率/电能测量电路如图 6-4 所示，把电网中的电压和电流经过电压和电流互感器转换成电能测量芯片的输入信号，在 CS5463 芯片中进行采样与计算，把计算好的各相关数据存储到相应寄存器中，通过 STM8S 单片机进行读取和运算，得到电网的实时运行数据，并按照设计好的控制策略发出控制信号，控制磁保持继电器的导通或关断，从而实现智能电容器组的投切，完成无功补偿的功能。STM8S 单片机通过通信模块对 CS5463 芯片进行读写操作，图 6-5 为 CS5463 芯片读写单片机程序流程图。

6.4.2　电压同步电路

电压同步电路如图 6-6 所示，单片机通过 I/O 口测量同步信号的上升沿或者下降沿。

图 6-7 为共补型智能电容器控制系统的同步检测模块单片机程序流程图。开启 a 相所对应的单片机 GPIO 口上升沿中断来等待电压同步信号上升沿，a 相电压同步信号上升沿到来时，读取 a 相功率/电能测量芯片中的功率和电能信息，进行无功计算，得出投切指令，经过磁保持继电器预设的闭合驱动延时或关断驱动延时后单片机 GPIO 口输出 a 相投切信号。b 相和 c 相的工作原理与 a 相相同。如果 a 相、b 相或 c 相电压同步信号没有到来，那么输出 a 相、b 相和 c 相切除信号，表明智能电容器运行有故障。

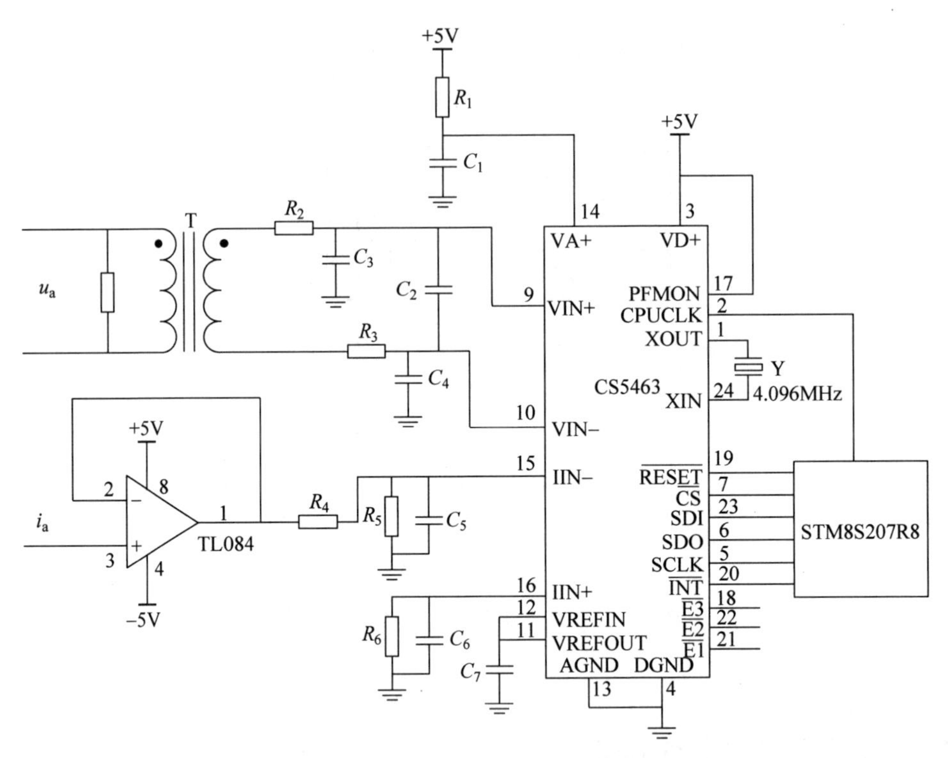

图 6-4 功率/电能测量电路

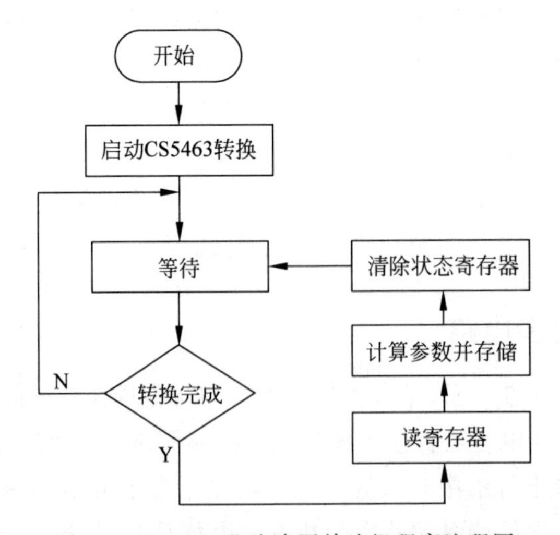

图 6-5 CS5463 芯片读写单片机程序流程图

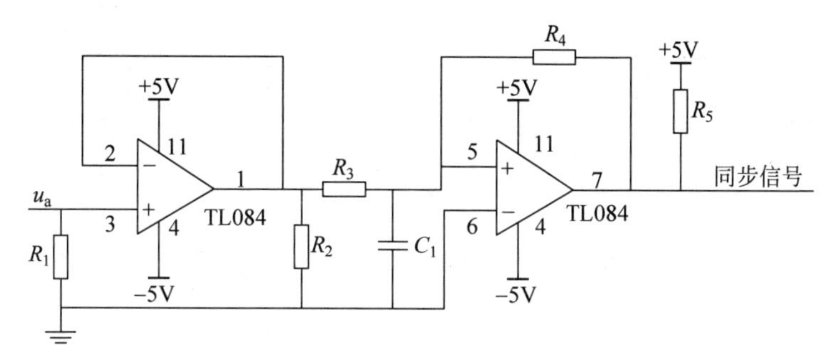

图 6-6 电压同步电路

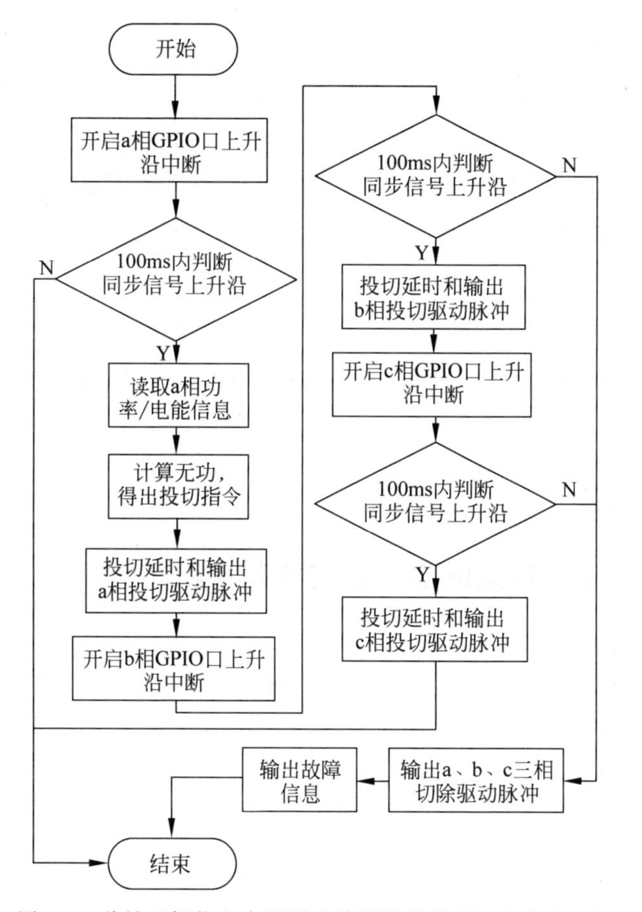

图 6-7 共补型智能电容器同步检测模块单片机程序流程图

图 6-8 为分补型智能电容器控制系统的同步检测模块单片机程序流程图。开启 a 相所对应的单片机 GPIO 口上升沿中断来等待电压同步信号上升沿，当 a 相电压同步信号上升沿到来时，读取 a 相功率/电能测量芯片中的功率和电能信息，然后进行无功计算，得出投切指令，经过磁保持继电器预设的闭合驱动延时或关断驱动延时后单片机 GPIO 口输出 a 相投切信号；如果 a 相电压同步信号上升沿没有到来，开启 b 相所对应的单片机 GPIO 口上升沿中断来进行 b 相的操作。b 相和 c 相重复上述类似的过程。

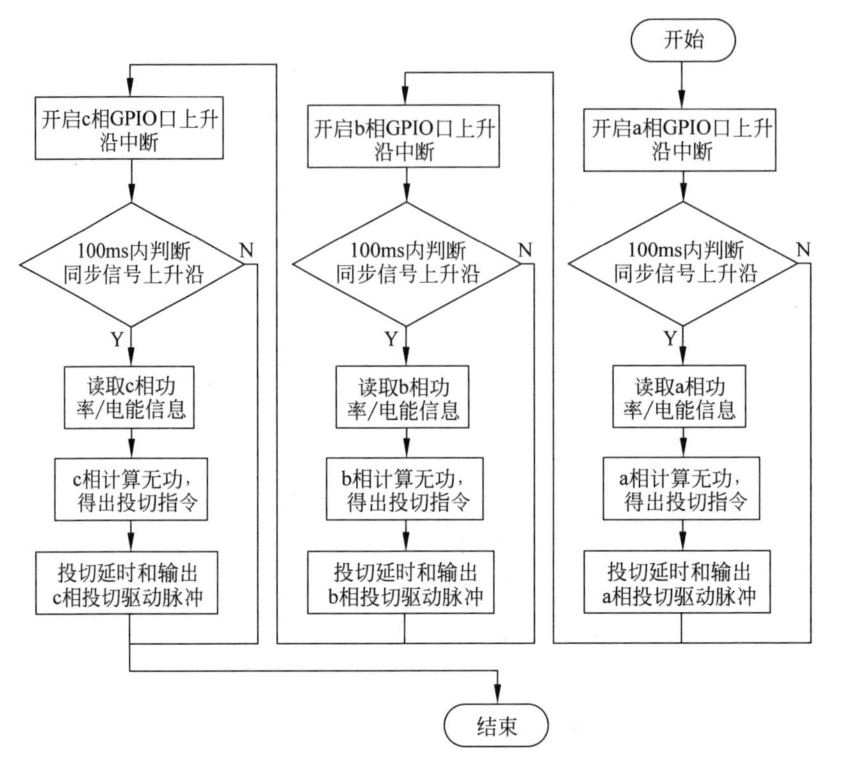

图 6-8　分补型智能电容器同步检测模块单片机程序流程图

6.5　输出模块

6.5.1　输出信号驱动电路及投切控制子程序

1. 输出信号驱动电路

输出信号驱动电路如图 6-9 所示，输出电平驱动磁保持继电器，该电路完成功率放大功能，放大后的电压和功率使得磁保持继电器投切。

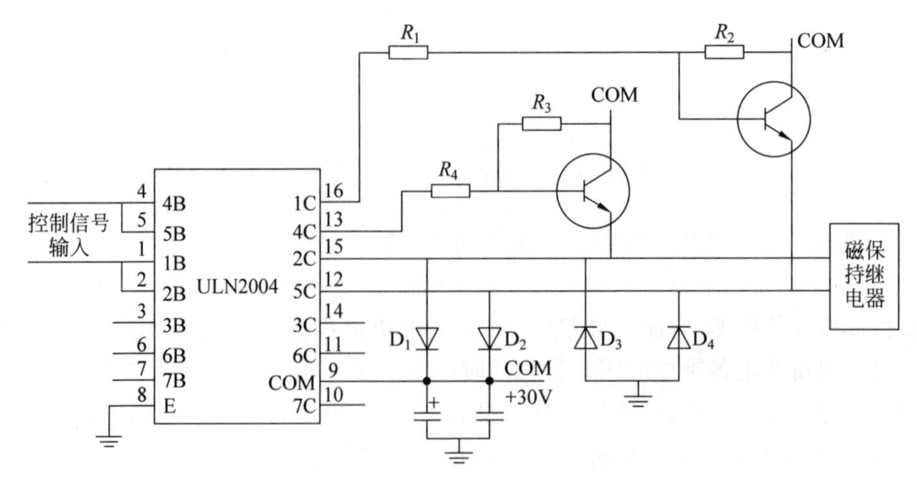

图 6-9　输出信号驱动电路

2. 投切控制子程序设计

磁保持继电器是继电器的一种，也是一种自动开关。它是依靠一定宽度的脉冲电信号来实现开关状态的转换，起闭合和关断作用，去除脉冲电信号后仍能保持状态。

磁保持继电器可简单地理解为在输入端施加规定的电信号使其输出端闭合或关断的一种开关。为了使磁保持继电器工作可靠，要保证工作线路能给磁保持继电器线圈供给额定电压。控制系统通过调用单片机程序中 I/O 引脚的写操作，输出高、低电平，来驱动磁保持继电器的闭合与关断。磁保持继电器的投切操作单片机程序流程图如图 6-10 所示。

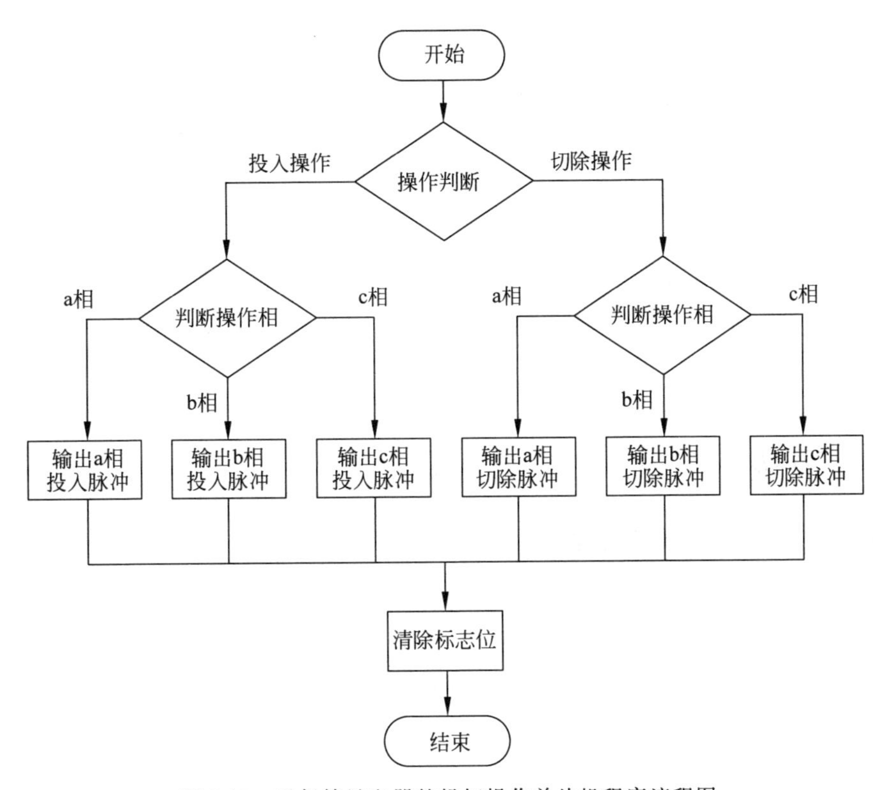

图 6-10　磁保持继电器的投切操作单片机程序流程图

6.5.2　磁保持继电器过零投切自动校正模块

磁保持继电器闭合关断反馈电路如图 6-11 所示。当磁保持继电器闭合时该电路输出高电平，并输入单片机；当磁保持继电器断开时该电路输出低电平，并输入单片机。通过磁保持继电器闭合关断反馈电路和单片机可以测量磁保持继电器闭合的动作时间。通过 5.2 节介绍的过零投切自动校正方法进行投切时间校正，图 6-12 为单片机定时器中断程序流程图，可用于计算磁保持继电器闭合和关断的动作时间。

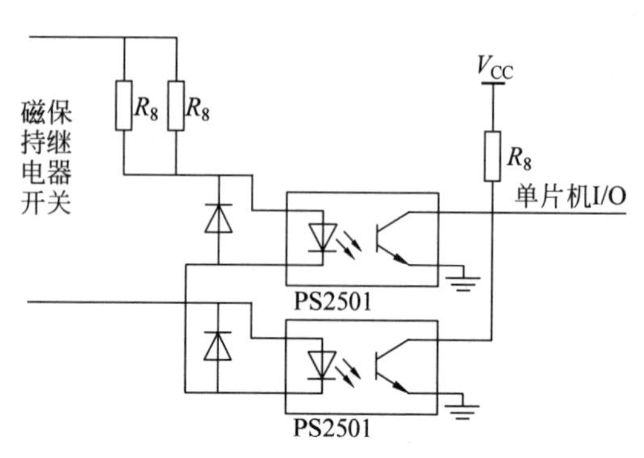

图 6-11　磁保持继电器闭合关断反馈电路

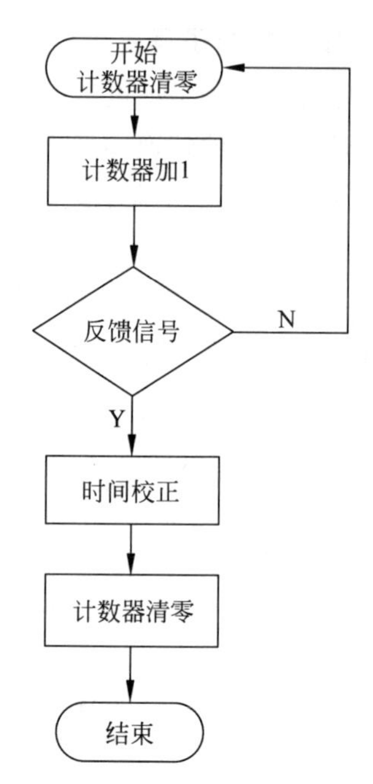

图 6-12　单片机定时器中断程序流程图

6.6　通信功能模块

6.6.1　RS-485 通信电路

RS-485 通信电路如图 6-13 所示，SP485E 芯片用于实现 RS-485 通信，单片机的输入和输出电平为 0V 或者 5V，经过光耦隔离后输入 SP485E 芯片中，其中单片机需要 I/O 接口来控制输入、输出状态。

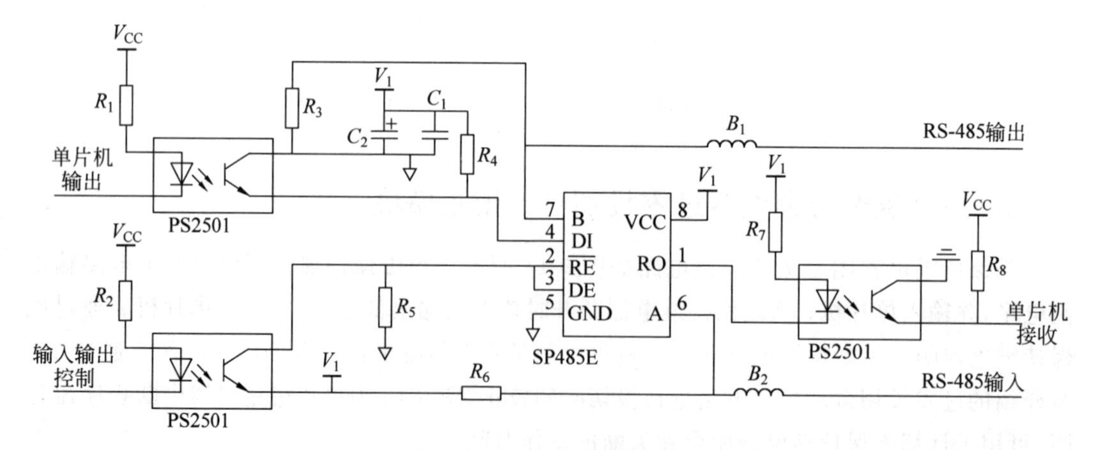

图 6-13　RS-485 通信电路

6.6.2 RS-485 通信程序设计

从机的单片机主函数程序流程图如图 6-14 所示，其中包含了 RS-485 通信。在通信过程中，从机等待主机发送过来的 RS-485 通信指令，当通信指令到来后，反馈运行状态信息。如果从机为手动模式，禁止从机接收通信信息。

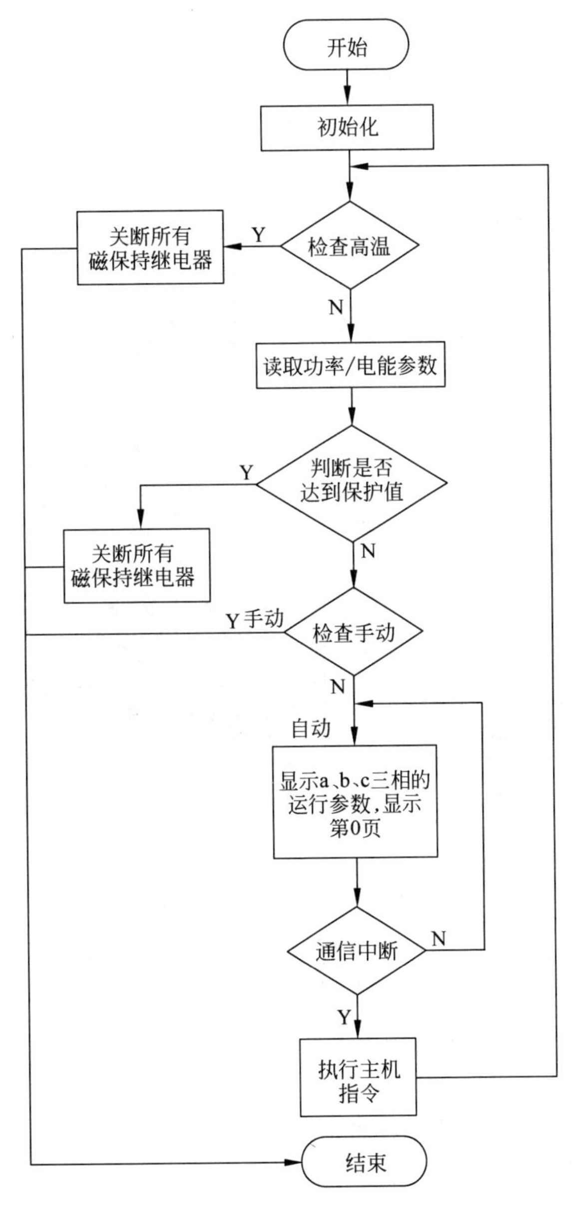

图 6-14 从机的单片机主函数程序流程图

RS-485 通信模块完成主机和从机之间的通信工作，下面分别从主机通信和从机通信两个方面详细介绍其相关软件设计。

主机通信流程如图 6-15(a)所示，主机先给从机发送状态查询指令，用地址唤醒所对应的从机，其他从机仍然处于静默状态，被选择的从机将运行状态信息通过通信功能模块反馈给主机，主机在液晶屏上显示。

从机通信流程如图 6-15(b)所示，从机等待主机查询指令，当指令到来后，根据指令通过通信功能模块把运行状态信息反馈给主机。

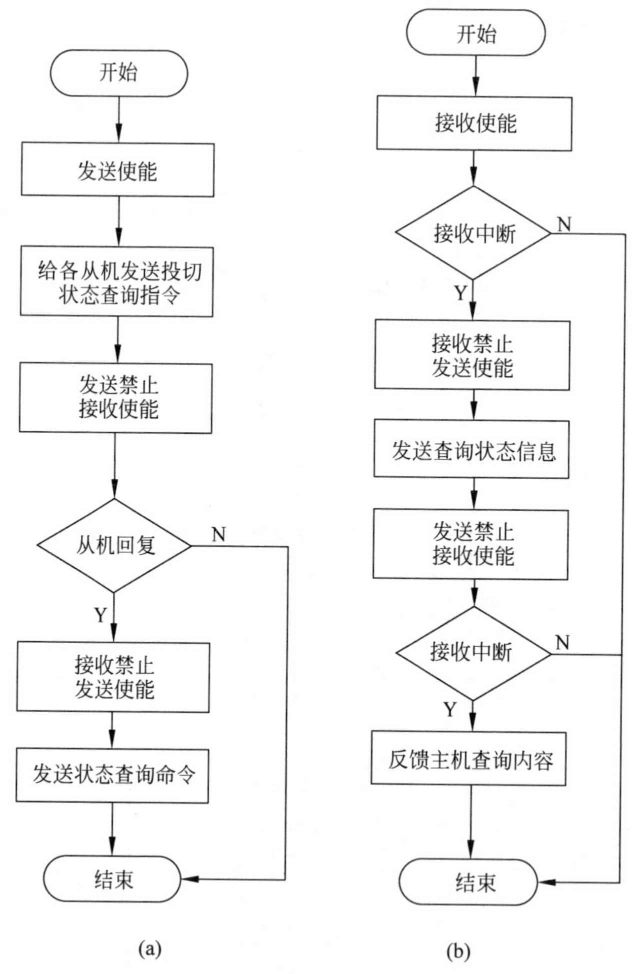

图 6-15 RS-485 通信模块单片机程序流程图
(a) 主机通信流程图；(b) 从机通信流程图

RS-485 通信可以按照下面的规则来设计通信模块：

(1) 每一帧字长 8bit，1 个停止位。

(2) 比特率为 4800bit/s，无奇偶校验。

(3) 电压显示报文。

(4) 功率因数显示报文。

(5) 从机投切状态。

(6) 在自动运行后，主机要判断各从机的通信情况。

(7) 从机切除指令：主机顺序发切除指令，其中第一帧为地址，第二帧为切指令，1 个地址作为 1 帧发送，然后 1 个指令作为 1 帧发送，中间有少许延时；当 1 个地址和 1 个指令发送完毕后，接着发第 2 个地址，然后是第 2 个切指令，与之前发送的两帧之间加延时环节，以防止从机的返回指令与主机发送的指令重叠。投入指令设置与此相同。

6.6.3　I/O 接口模拟通信

在功率/电能测量模块和液晶显示模块中的串行通信可以通过单片机 I/O 接口模拟出来，通过单片机 I/O 接口电平变化和延时来模拟时序，进而实现读/写数据功能。I/O 接口模拟通信读/写数据时序如图 6-16 所示，I/O 接口模拟通信示意图如图 6-17 所示。

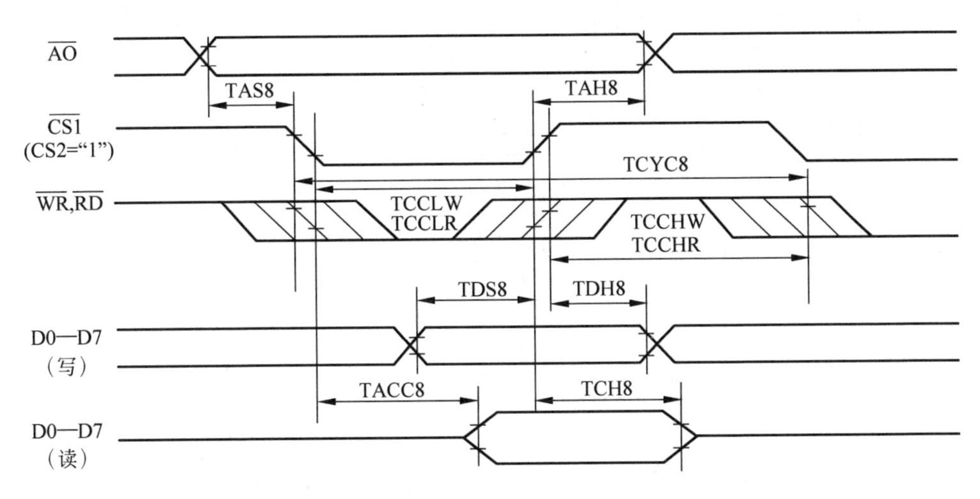

图 6-16　I/O 接口模拟通信读/写数据时序

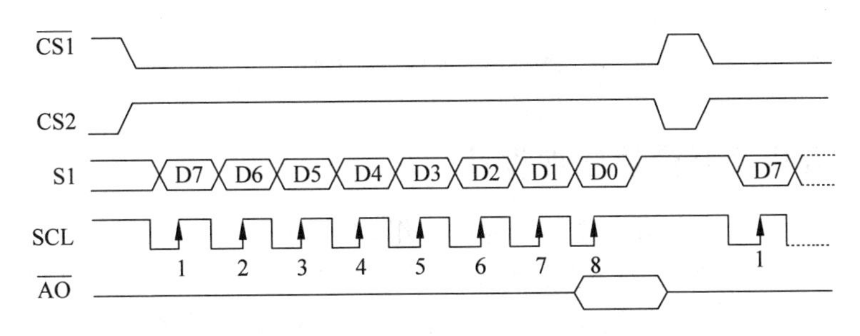

图 6-17　I/O 接口模拟通信示意图

6.7　人机交互系统

6.7.1　人机接口硬件电路

人机接口硬件电路如图 6-18 所示，包含了显示电路和按键输入电路。按键输入电路连接到单片机的 I/O 端口，设置“选择”和“确认”两个按键和“手动/自动”滑动开关，单片机通过查询 I/O 端口的电平变化来判断输入的按键状态。单片机串行输出数据，经过 74HC164 芯片后，生成并行通信数据，并传送给 LCD。

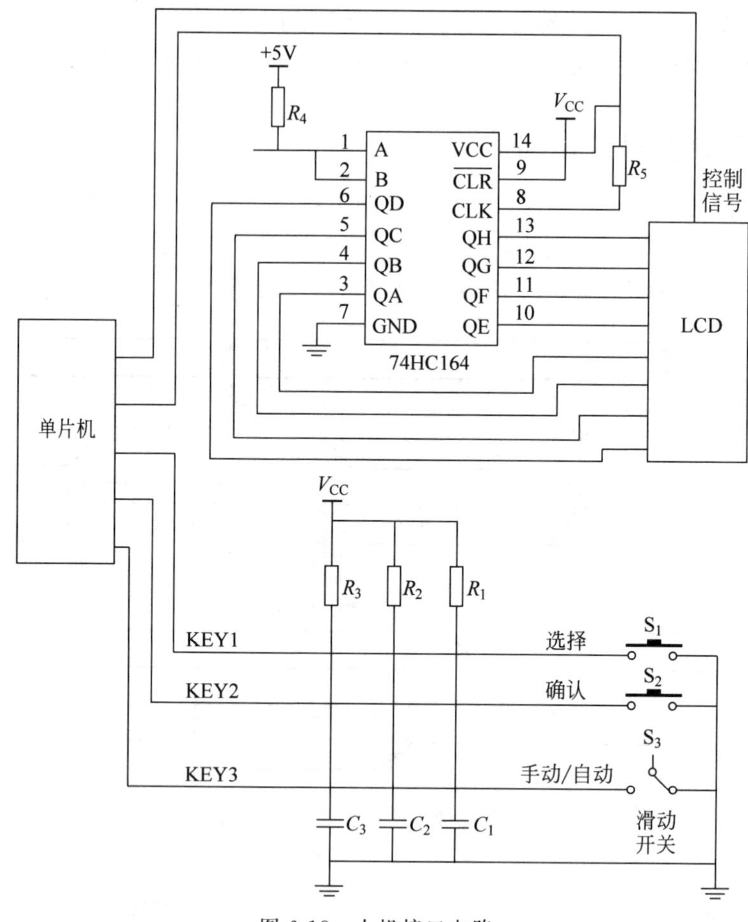

图 6-18 人机接口电路

6.7.2 人机交互模块软件设计

人机交互模块完成人与设备之间的通信工作，人机交互软件的质量对于实现控制系统的整体功能具有重要影响，下面主要介绍液晶显示、按键扫描等相关的软件设计。

选择分辨率为 128×64 的液晶屏来实现显示功能，单片机程序设计包含基本驱动函数的编写、液晶显示参数界面设计和按键扫描设计。

(1) 基本驱动函数的编写。根据控制器中对液晶屏的使用要求，主要编写了 5 个液晶屏使用的基本函数，分别是：液晶屏的初始化函数、清屏函数、液晶显示位置及数据函数、写命令字函数和写数据函数。其中向液晶屏传送的字符串是通过字模转换工具获取，将每一个汉字转换成 16×16 的 ASCII 字符，完成在屏幕指定位置上的显示。

(2) 液晶显示参数界面设计。参数界面的软件编写主要是在主程序的循环程序里分屏显示各个参数，显示界面主要包括参数显示界面、投切显示界面、设置及故障显示界面。

(3) 按键扫描设计。这部分软件设计是嵌套在液晶参数界面设计中的，主要包括两个按键开关（“选择”键和“确认”键）和一个滑动开关（手动和自动切换）。按键面板输入按键操作时向单片机发送电平信息，单片机通过 I/O 引脚读取操作信息，进行界面切换和功能选择。

人机交互模块的单片机程序流程图如图 6-19 所示。通过按键扫描，判断是否进行界面切换，并通过设置 100ms 的定时器中断，进行界面自动切换，即在 100ms 内没有扫描到按键信息，则自动返回上一层界面。

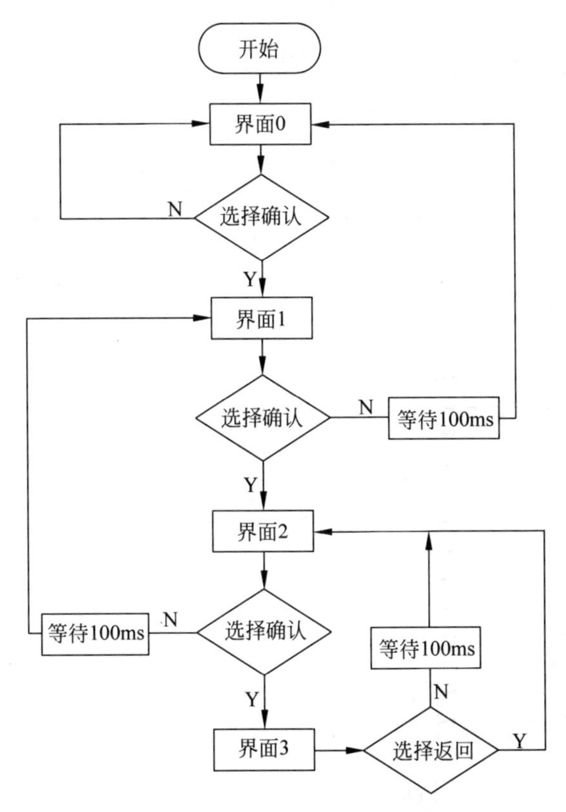

图 6-19　人机交互模块的单片机程序流程图

6.7.3　液晶显示

液晶显示屏原理框图如图 6-20 所示，引脚与单片机相连，并实现驱动和读写功能。其引脚连接如图 6-21 所示，读写时序采用 80 时序，相应的引脚功能说明如表 6-1 所示。

表 6-1　液晶显示屏引脚功能说明

<table>
<tr><th>引脚号</th><th>符　　号</th><th>电平(H—高；L—低)</th><th>功　　能</th></tr>
<tr><td>1</td><td>DB0</td><td>H/L</td><td rowspan="8">① 并行方式时，数据接口为 DB0—DB7；
② 串行方式时，DB0—DB5 没有使用，可以接上拉电阻；
③ DB6(CLK)是串行时钟端；
④ DB7(SID)是串行数据端</td></tr>
<tr><td>2</td><td>DB1</td><td>H/L</td></tr>
<tr><td>3</td><td>DB2</td><td>H/L</td></tr>
<tr><td>4</td><td>DB3</td><td>H/L</td></tr>
<tr><td>5</td><td>DB4</td><td>H/L</td></tr>
<tr><td>6</td><td>DB5</td><td>H/L</td></tr>
<tr><td>7</td><td>DB6(CLK)</td><td>H/L</td></tr>
<tr><td>8</td><td>DB7(SID)</td><td>H/L</td></tr>
<tr><td>9</td><td>VDD</td><td>H/L</td><td>逻辑电源输入端</td></tr>
</table>

续表

引脚号	符　　号	电平(H—高；L—低)	功　　能
10	VSS	2.8～5.5V	逻辑电源地
11	LED+	3.0～5.0V	背光输入端
12	$\overline{\text{CS}}$	L	芯片选通端,低电平有效
13	$\overline{\text{RES}}$	L	复位输入端,低电平有效
14	AO	H/L	命令与数据选择端：高电平选数据；低电平选命令
15	$\overline{\text{WR}}$(R/W)	L	80 时序时作为写信号,串行方式时不使用
16	$\overline{\text{RD}}$(E)	L	80 时序时作为读信号,串行方式时不使用

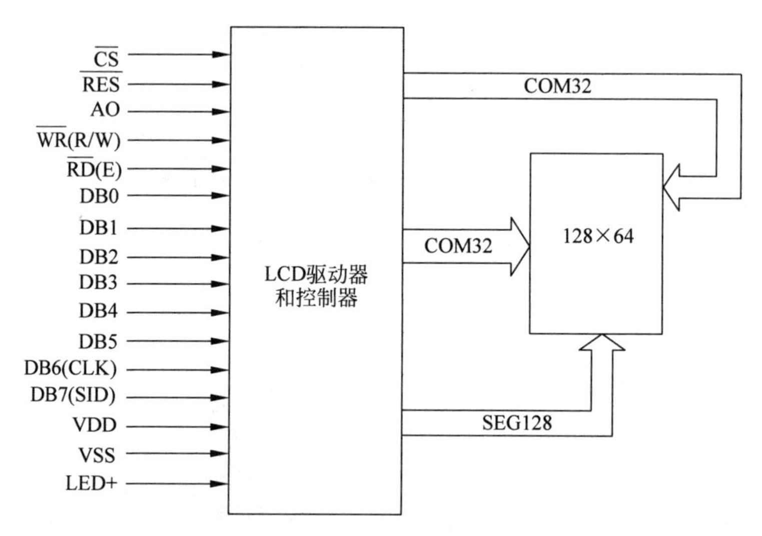

图 6-20　液晶显示屏原理框图

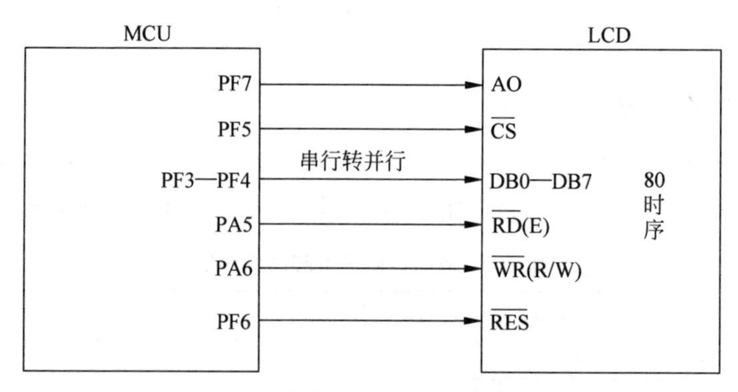

图 6-21　单片机与 LCD 硬件连接图

6.8　保护功能模块

6.8.1　温度保护电路

温度保护电路如图 6-22 所示。采用热敏电阻来实现温度保护,其电阻值随温度变化,产生变化的电压，并与门限电压进行比较，将该电压产生的电平变化输入单片机，单片机判断电平变化，进而实现温度保护。

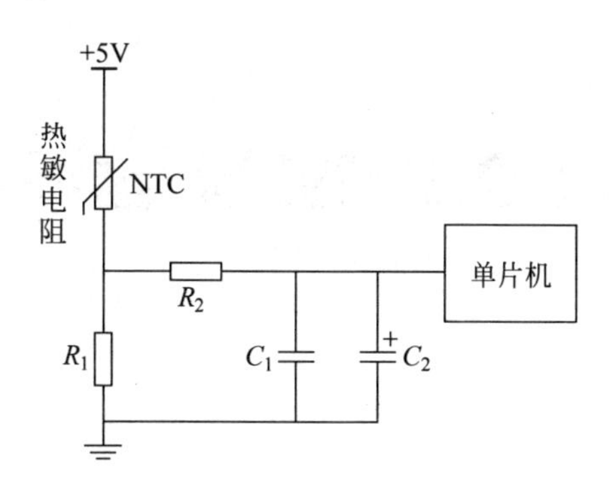

图 6-22 单片机读取温度保护信息电路图

6.8.2 保护模块程序设计

保护模块实现智能电容器控制系统的保护功能，主要包括过压、欠压、缺相、失压、主回路速断、过电流等保护功能，同时具备温升超限保护功能。设置相应的保护值，与 CS5463 芯片测量值进行比较和判断，若超过保护值，则磁保持继电器驱动模块强制发出切除信号，使控制系统进入自我保护状态。温度保护模块单片机程序流程如图 6-23 所示。

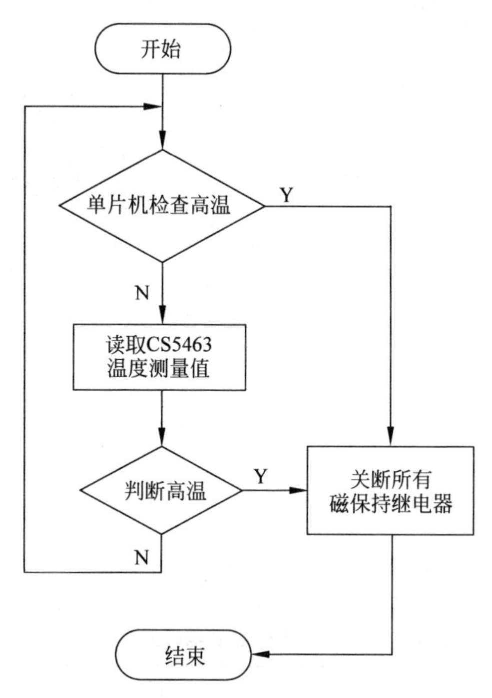

图 6-23 温度保护模块单片机程序流程图

第7章

基于DSP的控制器设计

7.1 主电路的结构及参数

7.1.1 主电路的结构

主电路的结构如图 7-1 所示，图中所示为共补型智能电容器，采用三角形接法，应用 3 个固态继电器作为投切开关，表 7-1 给出了主要电路元件明细表。

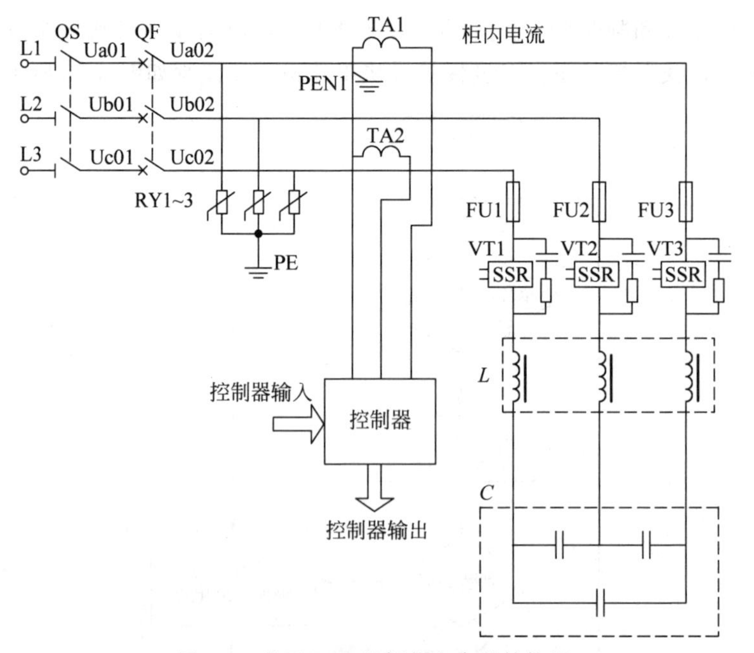

图 7-1 基于 DSP 的智能电容器结构图

表 7-1 智能电容器主要电路元件明细表

符　　号	元件名称	符　　号	元件名称
QS	隔离开关	QF	空气开关
RYx	压敏电阻	TAx	电流互感器
FUx	快速熔断器	VTx	固态继电器
L	串联电抗器	*C*	自愈式并联电容器

7.1.2 主电路的参数

智能电容器补偿容量为30kvar。在智能电容器中串联7%的电抗器，避免智能电容器与电网发生谐振而放大谐波，保护了电力设备；同时，串联电抗器对合闸涌流也起到一定的抑制作用。

1. 电容器的选取

在额定线电压为380V的低压配电网中，考虑串联电抗器的存在，智能电容器稳定运行时电容器的额定电压为

$$U=\frac{U_0}{1-K}=\frac{380}{1-0.07}\text{V}=408\text{V}$$

式中，U_0 为电网线电压有效值；K 为串联电抗器的电抗率。

因此，30kvar三相共补型智能电容器选用三相电容器时，额定电压可以选择460V，额定容量为30kvar。单个电容器的容量为10kvar，额定电容大小为

$$C_{\mathrm{n}}=\frac{Q_{\mathrm{n}}}{\omega U_{\mathrm{n}}^2}=\frac{10000}{314\times460^2}\ \mu\text{F}=151\mu\text{F}$$

2. 串联电抗器值的选取

智能电容器电路中需要串联电抗器，当串联电抗器的主要目的是抑制谐波放大时，其电抗值应根据实际存在的谐波情况进行选择，可以选择7%。

对30kvar三相共补型智能电容器来说，电容器为三角形接法，折算到单相电容器进行计算，每相电抗器的电抗值可按照式(7-1)来选取。

$$\begin{cases}X_L=K\times X_C\\X_L=\omega L\\X_C=\dfrac{1}{3\omega C_{\mathrm{n}}}\end{cases}\tag{7-1}$$

式中，X_L 为电抗器的感抗；X_C 为电容器的容抗；K 为电抗率。

由式(7-1)可得，串联电抗的电感值 $L=1.5672\text{mH}$。串联电抗器的额定电流应不小于连接的电容器的额定电流。电容器的稳态电流有效值为

$$I=3\omega C_N U=3\times314\times151\times10^{-6}\times237\text{A}=33.7\text{A}$$

所以30kvar的电抗器的额定电流可以选择50A。

3. 固态继电器的选取

由于固态继电器工作于线电压380V的配电网中，因此选择固态继电器的额定电压等级为450V。

固态继电器的额定电流等级可以选择大于5倍的负载额定电流。对于30kvar三相共补型智能电容器来说，固态继电器的额定电流应大于5×33.7A=168.5A，所以固态继电器的额定电流可选择200A。

4. 空气开关的选取

空气开关承担切除电容器和短路电流保护的任务。由于装置的补偿容量为30kvar，折

算到单相为每相10kvar，每相电流 $I=Q/U_0=10000\text{var}/220\text{A}=45.5\text{A}$，并留有一定的裕量，所以取隔离开关和空气开关的额定电流为60A或80A。

7.2 控制器模块化设计

7.2.1 控制器硬件电路结构

控制器整体结构框图如图7-2所示，主要分为3个部分：主控板、接口板和电源板。其中主控板是整个控制器的核心部分，微处理器芯片选用DSP。在本设计实例中，应用TI公司的TMS320F28x系列DSP作为控制器的核心芯片，这里应用了TMS320F28335芯片，其他系列的DSP同样适用。同时，控制器还应用C8051F124单片机提供外围人机界面及数据存储等辅助功能。二者分工明确，提高了系统的可靠性与稳定性[37]。

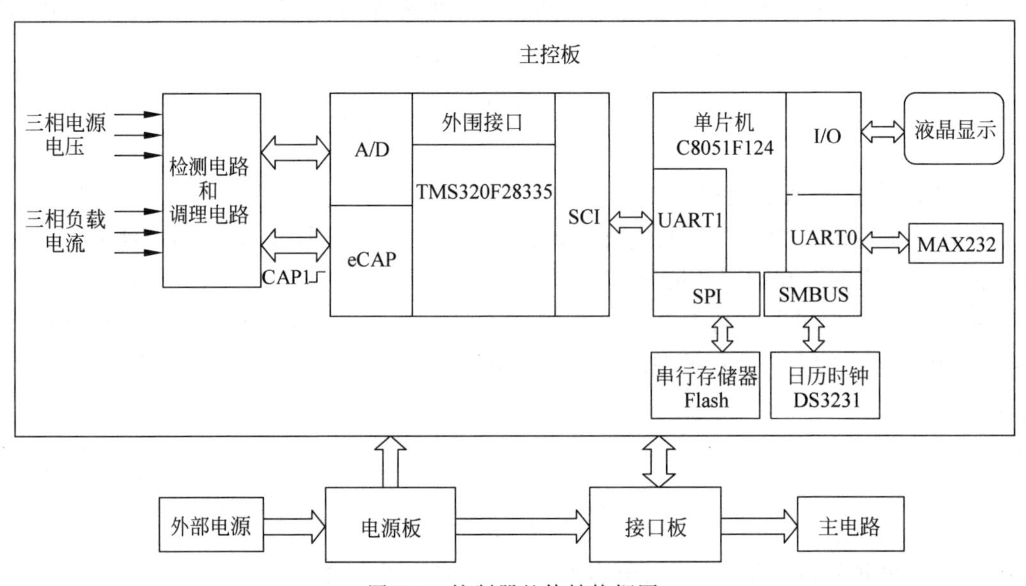

图7-2 控制器整体结构框图

控制器主要实现以下功能：

(1) 数据采集及参数计算。电压、电流等信号经过调理电路输入DSP芯片，DSP通过A/D采样将其转化为数字信号，然后进行无功功率、功率因数等的计算，根据计算结果和控制指标发出控制命令。

(2) 人机交互界面。采用液晶显示器作为人机交互界面，能够直观显示系统的运行参数和状态，同时用户能够对各个参数进行设置和修改。

(3) 时钟日历与数据存储功能。时钟日历芯片采用DS3231，可以生成系统时间，作为整个系统的时钟基准。控制器能读取时钟日历芯片中的数据，记录智能电容器重大事件的发生时间。系统能够自动存储运行时的主要电气量参数，同时能够存储用户设置的参数，方便系统开机或者掉电之后再运行时初始化。应用外部存储芯片AT26DF321，数据通过SCI串行通信口发送给单片机C8051F124进行处理，当系统掉电或者重启以后，单片机通过SPI口读取用户设置的参数数据，同时也可以存储其他重要数据，方便以后调用数据。

(4) 通信功能。能够方便地进行远程控制，同时能够读取存储芯片中的数据，以便用户能够在上位机上进行处理。通过液晶界面可以看到当前智能电容器的运行状态、保护报警信息等，用户可以进行参数设置和手动投切操作。

(5) 看门狗及电源监测。通过看门狗芯片对供电的 5V 电源进行监测，故障时复位处理器芯片。

7.2.2 主程序设计

控制器主程序包括 DSP 的主程序和单片机的主程序两部分，图 7-3 所示为主程序的流程图。

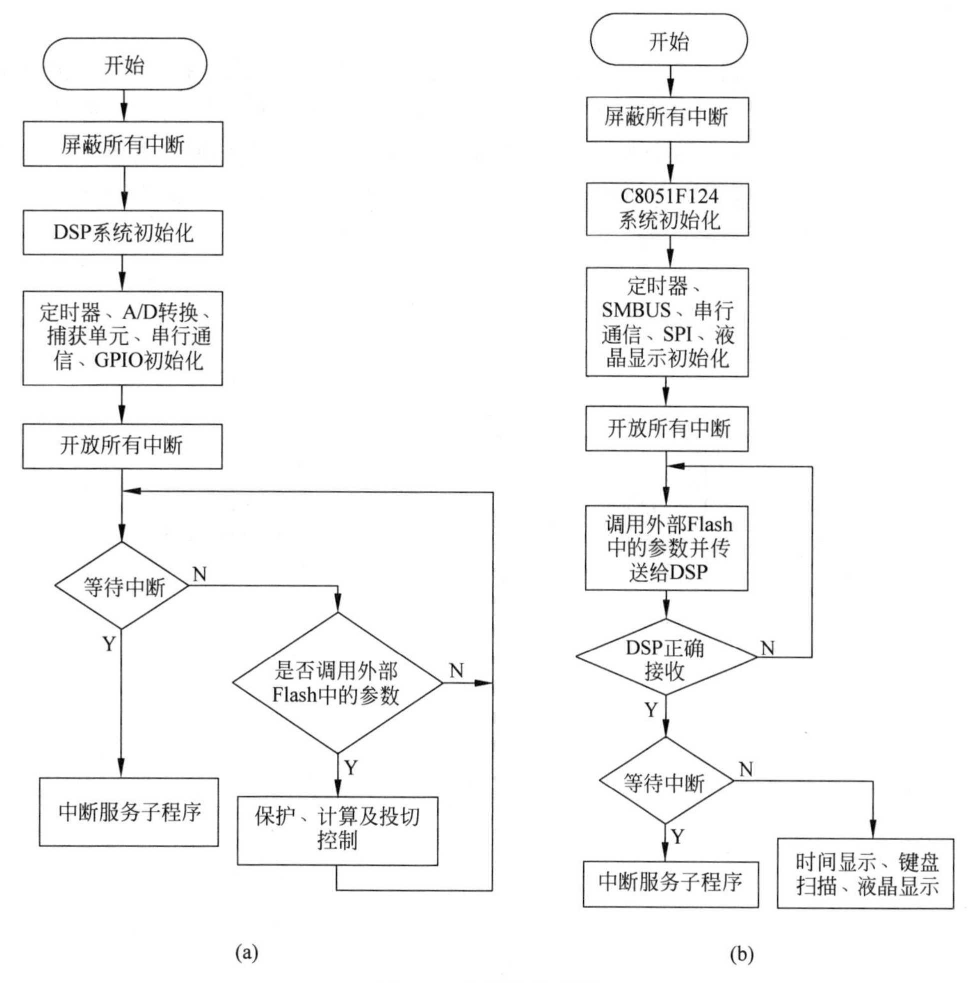

图 7-3 主程序流程图

(a) DSP 主程序流程图；(b) 单片机主程序流程图

1. DSP 主程序设计

DSP 开始运行时或者复位后首先屏蔽所有中断，进行初始化，然后开放所有中断，等待中断的到来，发生中断后再进入中断服务程序处理中断。

2. 单片机主程序设计

同样，单片机在刚开机运行或者复位后也需要进行初始化，然后开放所有中断，等待中断到来再调用中断服务程序。

7.2.3 检测与计算功能模块

1. 信号调理电路

由于 TMS320F28335 DSP 输入信号的范围为 0～3.3V，因此需要对由互感器测得的电压、电流等信号进行调理。信号调理电路部分主要包括电压和电流的调理电路、电压同步电路以及处理器输出信号调理电路。

1）电压、电流调理电路

通过电压互感器（互感器变比为 2A∶2mA）采集主电路的电压信号，变换成有效值不超过 2mA 的电流信号。电压调理电路如图 7-4 所示，可以根据需要增加电压调理的通道数。电路中叠加＋1.65V 偏置电压后变为 0～3.3V，输入 DSP 中。＋1.65V 偏置电压生成电路如图 7-5 所示，＋3.3V 的直流供电电压经过电阻分压后，通过一个电压跟随器产生＋1.65V 偏置电压；电压跟随器的输入为高阻抗，减少了对前级电路的影响。

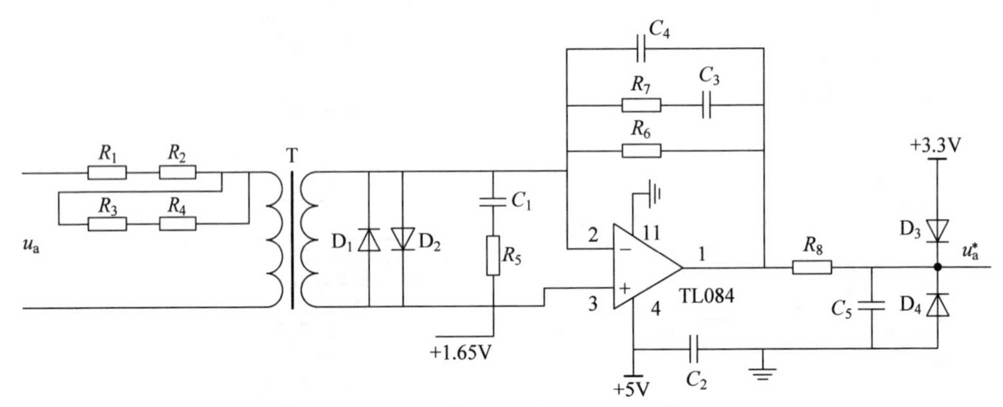

图 7-4 电压调理电路

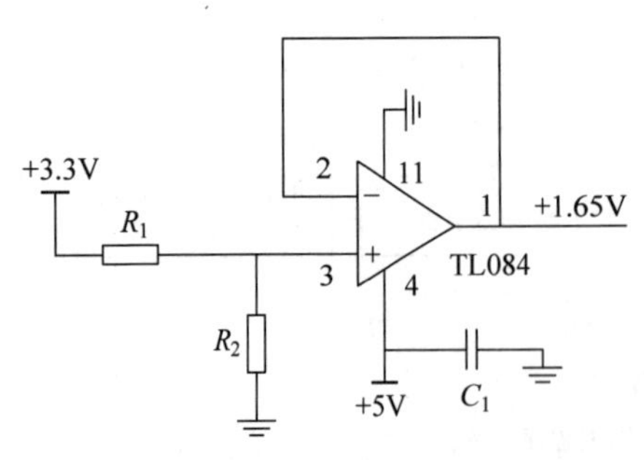

图 7-5 ＋1.65V 偏置电压生成电路

电流调理电路与电压调理电路原理类似，通过电流互感器（互感器变比为 5A∶5mA）将电流信号变换成有效值不超过 5mA 的电流信号。与电压调理电路不同的是，电流调理电路不需要通过电阻将电压信号转化为电流信号，它是直接输出电流信号，接入后级取样电路。

2）电压同步电路

电压同步电路如图 7-6 所示，a 相电压经过低通滤波器滤除高频干扰后接入比较器，将正弦电压信号转换成同步方波信号，方波信号的上升沿与电网电压同步。在 DSP 中需要电网电压的频率及相位信息，可通过捕获单元检测同步电压方波信号来获得该频率和相位信息。比较器 TL084 的输出端连接光耦芯片 6N137 的输入端，光耦起到了隔离的作用。

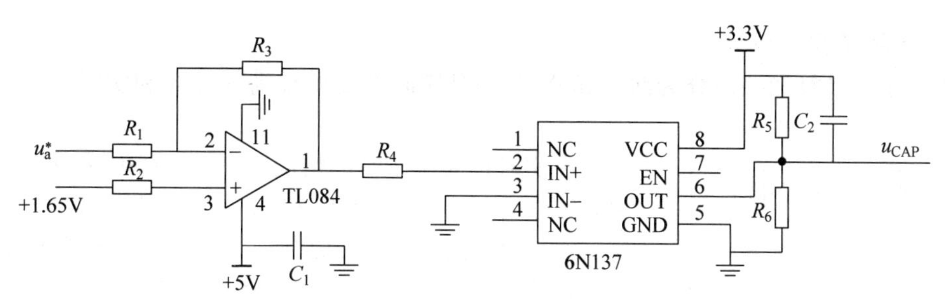

图 7-6 电压同步电路

2. 捕获中断子程序设计

智能电容器可用 FFT 算法来计算出电压或者电流的谐波含量,DSP 通过捕获功能来测量电网的频率和相位,如图 7-7 所示。当 DSP 的捕获引脚上出现高电平或者低电平时,DSP 通过捕获中断得到电平变化信息。可以在第一次捕获中断中启动定时器,第二次捕获到来时读取定时器的值,便可计算出电网频率 f。另外,在每次进入捕获中断程序后,可以对 A/D 采样点数进行清零,保证每个电网周期采样点数的完整。

3. A/D 中断子程序设计

电压、电流信号的采集是通过 DSP 芯片自带的 A/D 转换器(内置采样/保持器)完成数/模转换的,A/D 中断子程序流程图如图 7-8 所示。

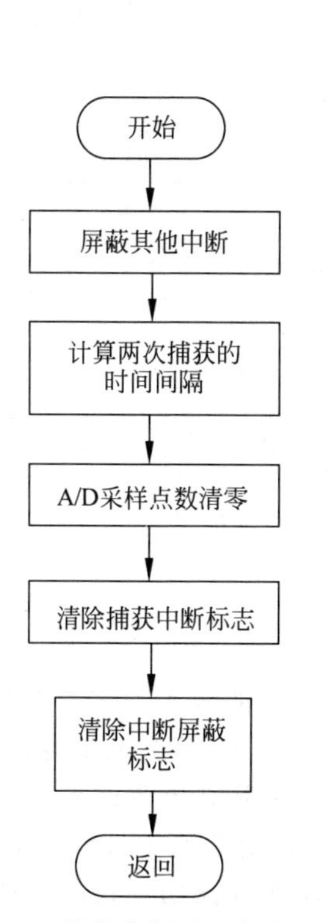

图 7-7 捕获中断子程序流程图

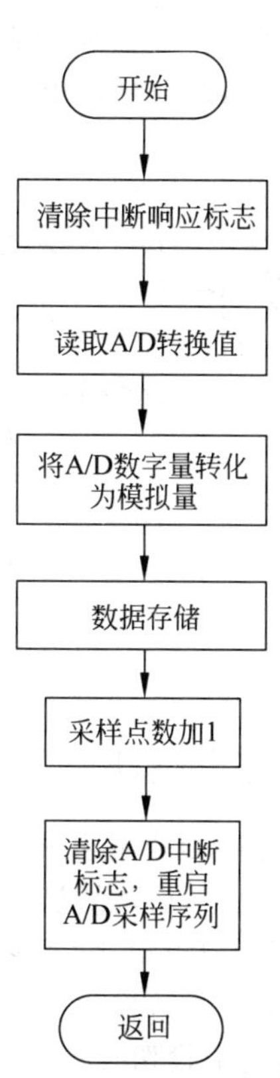

图 7-8 A/D 中断子程序流程图

4. 计算子程序设计

电气量的计算和控制分为两个部分，分别是实时性要求较高的计算和实时性要求不高的计算。

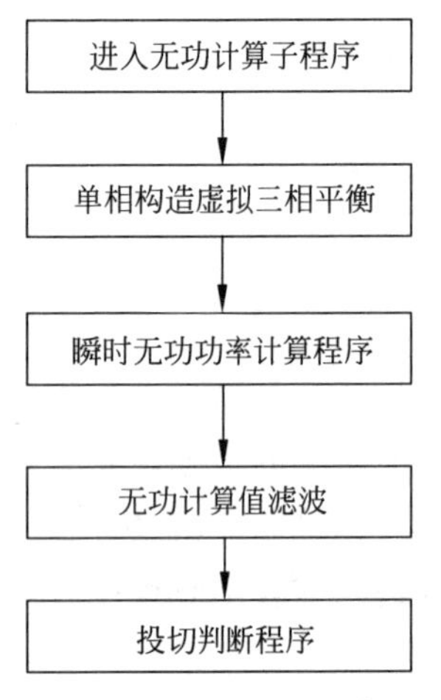

图 7-9 应用瞬时无功功率理论计算无功功率的流程图

在实时性要求较高的情况下，应用 DSP 来计算无功功率和谐波含量等电气参数，根据 A/D 采样得到的电压、电流瞬时值，应用瞬时无功功率理论计算得到当前的无功功率。计算无功功率的流程图如图 7-9 所示。其中，在用瞬时无功功率理论计算无功功率时，可以应用延迟 60°的方法来构造三相平衡系统，以便计算各相的无功功率，方便在共补型和分补型智能电容器中应用。

在实时性要求不高的情况下，例如用于投切保护、液晶显示、数据存储等功能的数据对实时性要求不是很高，应用 DSP 每隔一段时间进行一次计算。例如，为了显示各次谐波信息，每隔一段时间应用 FFT 得到各次谐波含量、电压和电流总畸变率、电压有效值、电流有效值、有功功率、无功功率、功率因数等，FFT 将在一个电源周期内完成。当液晶显示模块处于某一个界面需要显示规定数据时，单片机 C8051F124 通过 SCI 通信中断来发送通信请求，要求 DSP 发送所需数据。DSP 接到单片机的通信请求后将相应的计算标志位置，计算得到所需数据后发送给单片机 C8051F124，单片机控制液晶显示的信息。单片机与 DSP 配合使用的计算框图如图 7-10 所示。

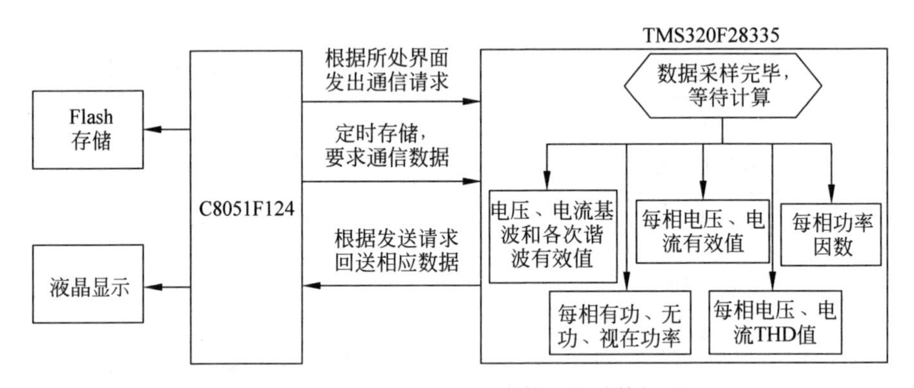

图 7-10 单片机与 DSP 配合使用的计算框图

7.2.4 输出模块

输出模块是将 DSP 输出的信号进行放大，以适应 SSR 的输入需求。当 DSP 输出 SSR 的投入信号(高电平)后，经过输出模块驱动 SSR，使 SSR 导通，将智能电容器接入电网；当 DSP 输出关断信号(低电平)后，经过输出模块控制 SSR，SSR 在电流过零时截止，将智能电容器从配电网上切除。输出信号驱动电路如图 7-11 所示，用光耦 TLP627 进行信号隔离。

图 7-12 给出了投切控制子程序流程图，该程序应用循环投切方式，遵循“先投先切，后投后切”的原则，可使各台智能电容器组投入使用的时间大致均等，从而提高智能电容器的使用寿命。投切控制分为手动投切和自动投切，自动投切控制程序流程图如图 7-13 所示，

手动投切控制程序流程图如图 7-14 所示。在手动投切和自动投切控制中均要防止出现过补偿现象，需要采取相应的防止措施。

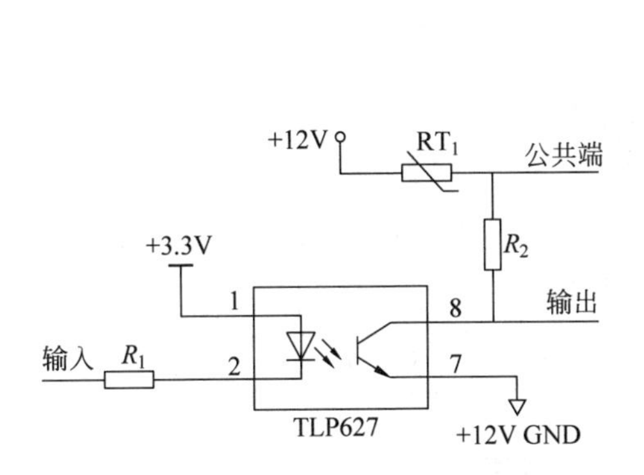

图 7-11 输出信号驱动电路

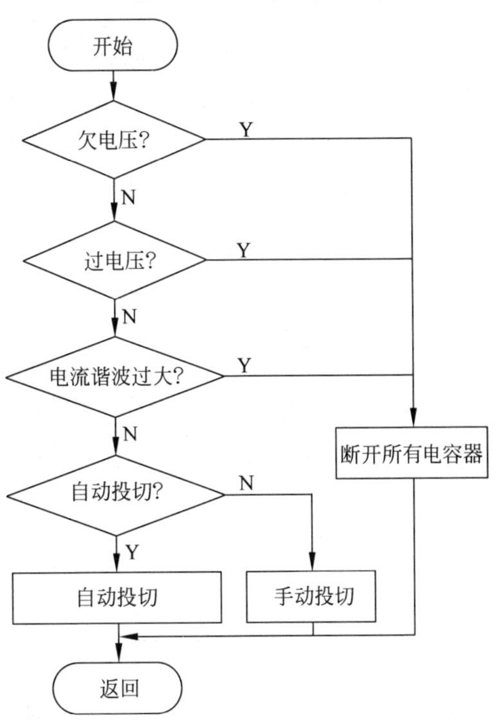

图 7-12 投切控制子程序流程图

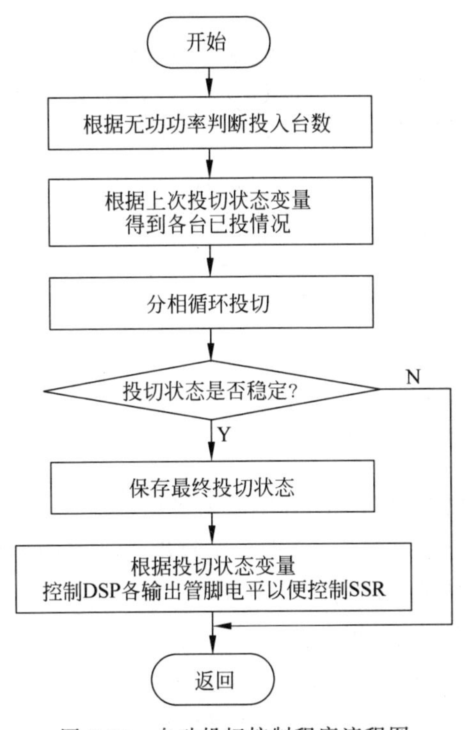

图 7-13 自动投切控制程序流程图

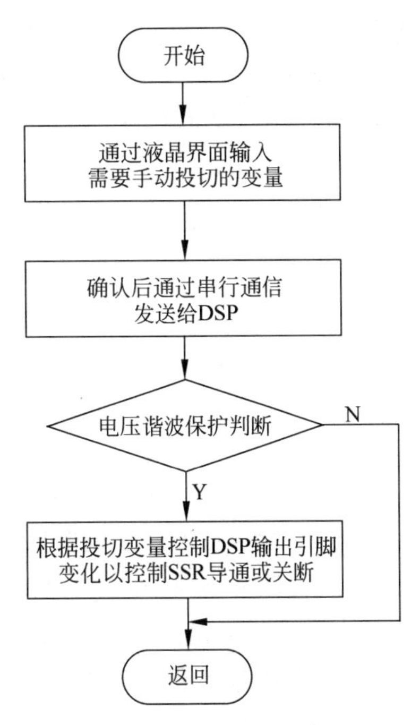

图 7-14 手动投切控制程序流程图

7.2.5 通信功能模块

为了实现对智能电容器的远程监控，需要在 DSP 和单片机之间进行数据传递，可采用串行通信接口（serial communication interface，SCI）模块实现电气量的传送。图 7-15 所示 SCI 通信电路应用了 RS-485 串行通信接口实现 DSP 和单片机之间的数据传递，其中图 7-15（a）为具有信号隔离作用的电路，图 7-15（b）为 RS-485 串行通信接口电路。

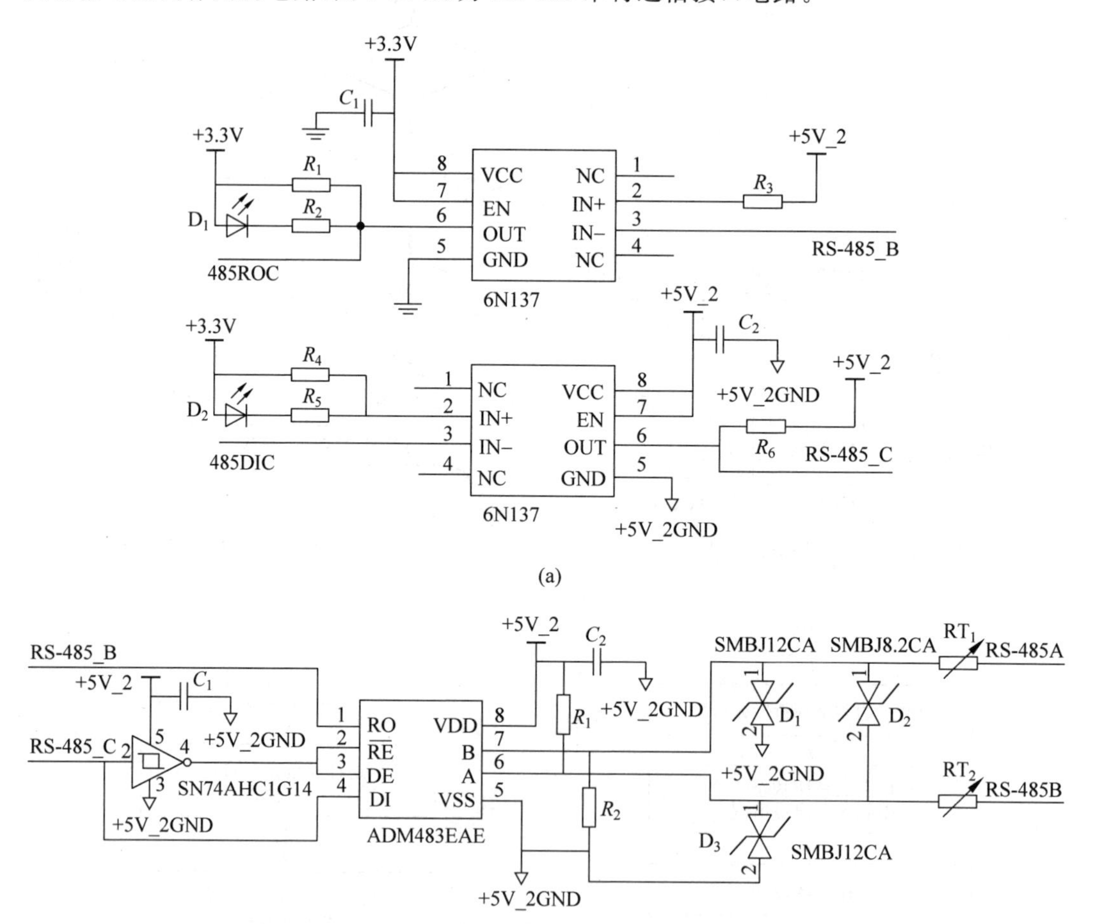

图 7-15 SCI 通信电路

（a）信号隔离电路；（b）RS-485 串行通信接口电路

串行通信接口主要有 3 个基本任务，即实现数据格式化、控制数据传输速率和进行错误检测。在通信过程中，先由主机发出通信申请指令字符串，该指令字符串以从机的地址开头，不同的从机地址不同，各从机只接收与自己地址相同的指令字符串。

通信参数包括通信波特率、字节位数、停止位位数、校验方式等。通信双方需设置相同的通信参数，否则不能保证正常通信，例如设置如表 7-2 所示的通信参数。

表 7-2 通信参数设置

项　　目	参数设置
波特率	38400b/s
校验方式	求和校验
数据位数	8
停止位数	1
本控制器设定地址	0x01

通信时主机、从机间通信的每一帧数据格式可以应用表 7-3 所示的通信协议。

表 7-3 通信协议

从机地址	命令字	信息字	校验码
1 byte	1 byte	N byte	2 byte

说明：

(1) 从机地址：智能电容器的地址，用于识别智能电容器，从而进行通信。

(2) 命令字：设定主机对从机的通信内容，例如读取电气量等命令。

(3) 信息字：包括参数起始地址、字节地址、数据长度、数据信息等。

(4) 校验码：用于检测数据通信错误。

在通信过程中，首先由主机发送通信信息，通信信息包含通信协议中的从机地址、命令字、校验码；从机被唤醒，并且接收主机发送的信息。从机先将信息存储在缓冲区，将计算的校验码与接收到的通信信息中的校验码进行比较，如果校验码不符，则从机不响应；如果接收的信息正确，则从机响应。

TMS320F28335 DSP 的串行通信可以采用查询方式和中断方式。可将 DSP 设置为下位机，并且在 DSP 接收通信信息时采用中断方式，在发送通信信息时采用查询方式；可将单片机设置为上位机，采用中断方式接收通信信息，实时发送通信信息。DSP 中断接收子程序流程图如图 7-16 所示。在图 7-16 中，串行通信中断时，下位机首先要判断接收到的数据帧是地址字节还是数据字节，若是地址字节，开始接收数据字节。

7.2.6 人机交互模块

人机交互模块包含“手动/自动切换”功能键、液晶显示屏和键盘。在智能电容器的控制面板上，具备“手动/自动切换”功能键，既可以手动投切智能电容器，也可以自动投切智能电容器；液晶显示屏可以显示电压、电流、无功功率、功率因数等运行参数，也可以显示运行时的保护报警等信息；用户可以通过键盘输入参数设置信息，例如互感器变比、过压和欠压门限等，也可以输入数据和发出各种控制命令。

键盘电路如图 7-17 所示，可以应用 6 个按键，分别是确定(ENTER)、上(UP)、下(DOWN)、左(LEFT)、右(RIGHT)和取消(ESC)。按键“上”可以用来向上翻页，也可用于参数设置时增加参数；按键“下”用来向下翻页，也可用于参数设置时减小参数。按键“左”和“右”分别用来向左和向右移动光标；按键“确定”表示确认当前选择；按键“取消”表示取

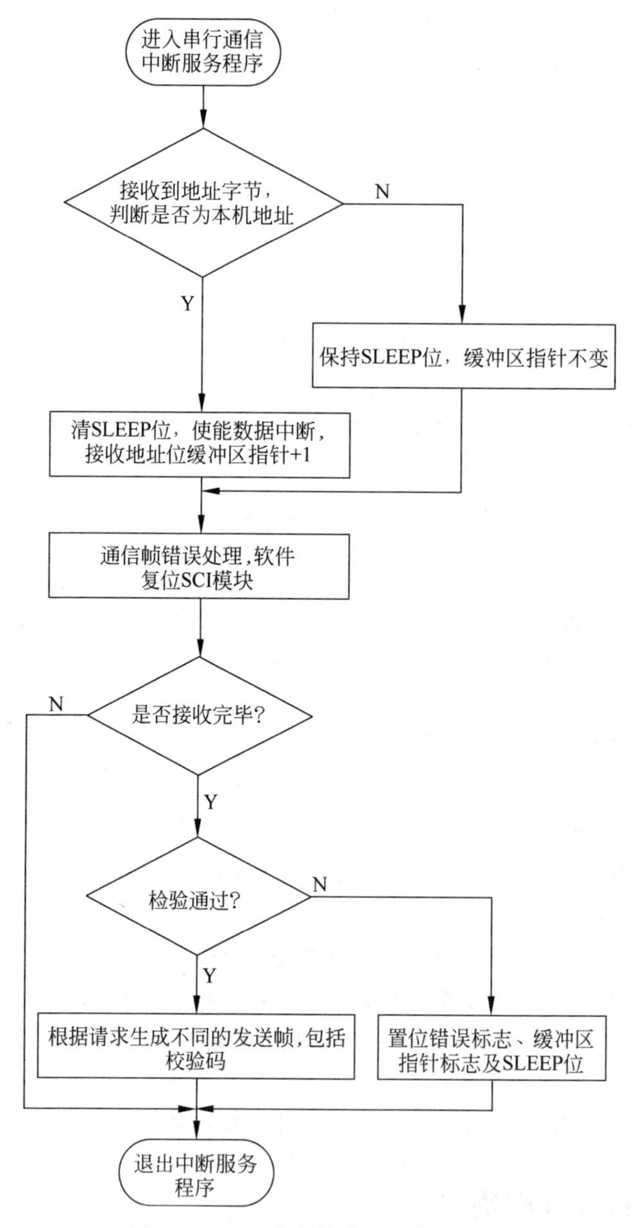

图 7-16　DSP 中断接收子程序流程图

消当前操作,返回上一个操作界面。键盘控制电路连接到了单片机的 I/O 接口,由单片机来识别相关操作,如图 7-17 所示。单片机应用 I/O 接口扫描方式读取 I/O 接口的电平来判断哪个键被按下。

应用单片机的 I/O 接口来访问液晶显示屏时,液晶显示分为若干显示页,每页显示不同的信息。人机交互模块程序流程图如图 7-18 所示。液晶显示屏界面的刷新可以由定时器中断和按键共同控制。在正常运行时,定时器每隔一段时间进行一次中断,进入液晶显示屏刷新程序,滚动显示页面。但是,当处于参数设置或者手动投切页面时,定时器中断被禁止,直到退出设置才恢复定时器中断,并重新进入滚动显示功能。

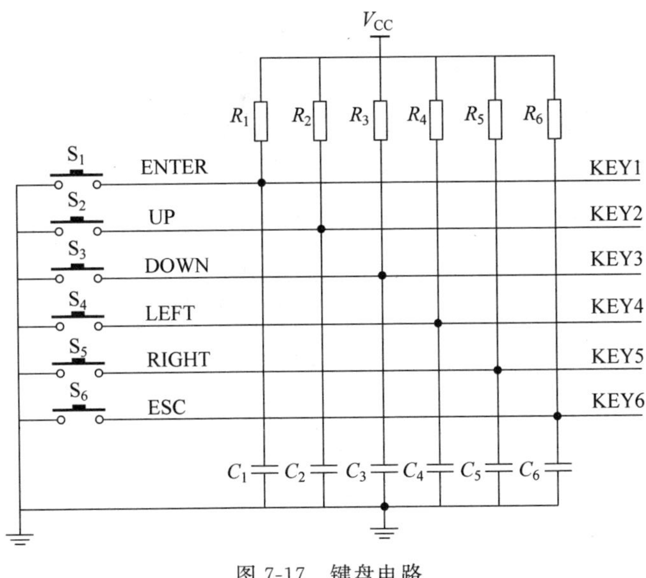

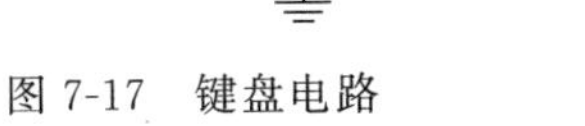
图 7-17 键盘电路

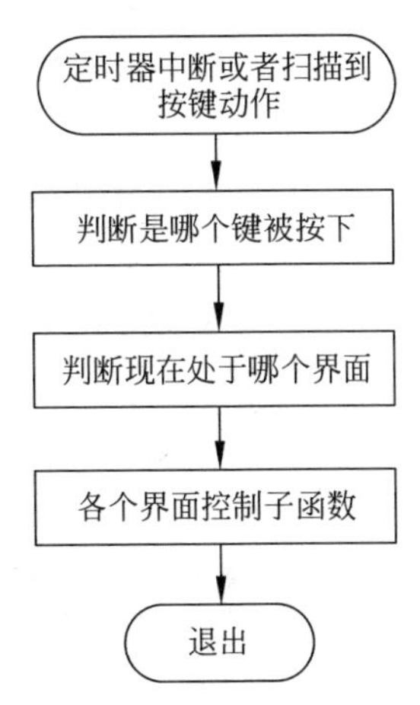

图 7-18 人机交互模块程序流程图

7.2.7 数据存储功能模块

智能电容器在运行过程中需要保存电压、电流、运行时间等重要的数据，以便后期查询；同时需要将用户设置的参数保存起来，以便开机或重启时初始化数据。数据存储电路可采用 AT26DF321(串行 Flash)作为数据存储器，硬件电路图如图 7-19 所示。

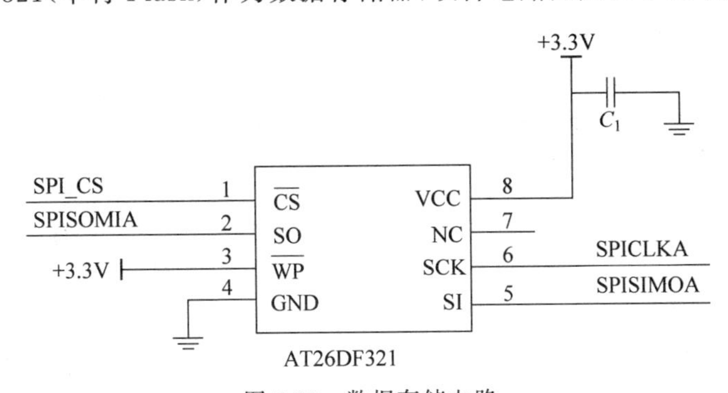

图 7-19 数据存储电路

通过单片机的 SPI 外设接口对数据存储芯片进行读写操作，通用的读写子程序流程图如图 7-20 所示，读写参数子程序流程图如图 7-21 所示。

7.2.8 时钟日历功能模块

为了能够得到系统运行的时间基准，可以采用 DS3231 时钟日历芯片，应用 4.7 节介绍的 DS3231 时钟日历电路，单片机可以通过工业标准 I^2C 总线来对 DS3231 芯片进行操作，读取、写入系统运行时间。通过通信指令完成启动、停止、应答功能及实现数据的发送和接收功能。时钟写子程序流程图如图 7-22 所示，时钟读子程序流程图如图 7-23 所示，分别用来设置当前时间和读取当前时间。

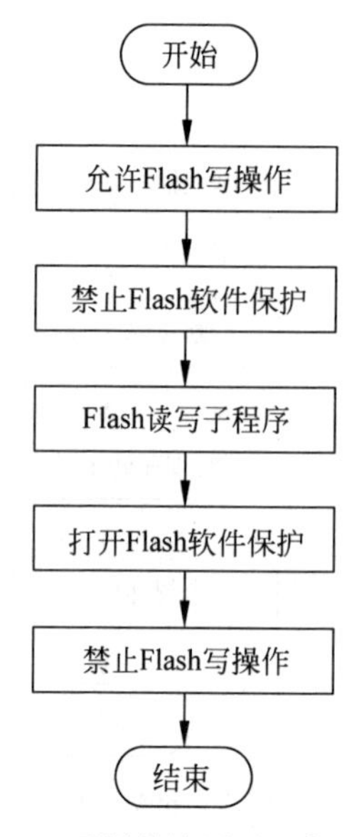

图 7-20 通用的读写子程序流程图

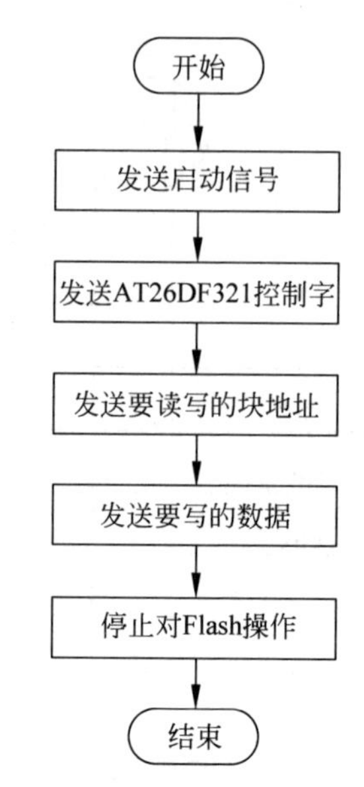

图 7-21 读写参数子程序流程图

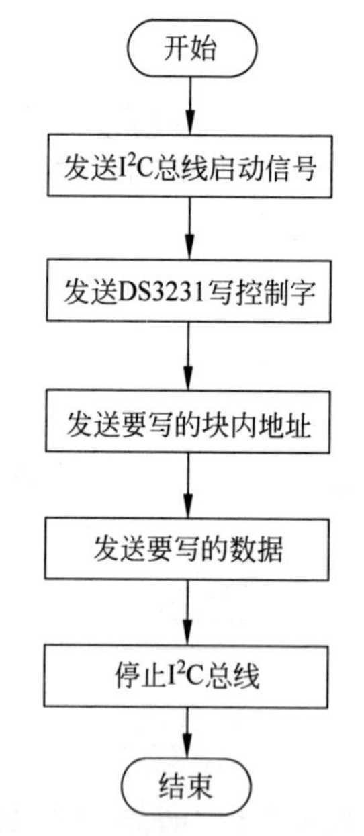

图 7-22 时钟写子程序流程图

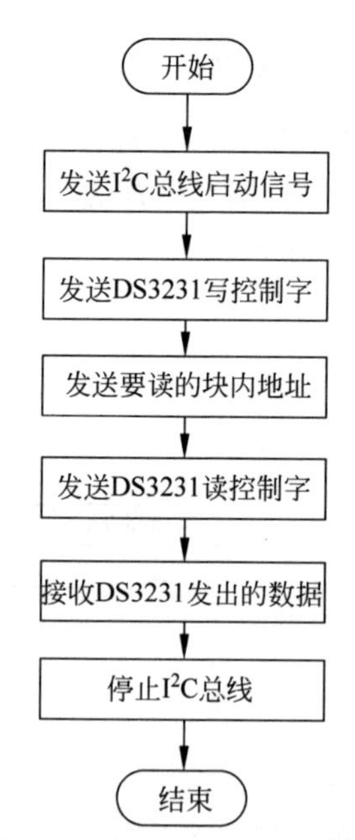

图 7-23 时钟读子程序流程图

第8章

智能电容器仿真

8.1 基于 PSIM 的仿真

在智能电容器设计过程中，可以应用仿真软件进行相关原理的仿真，例如开关两端电压过零投入、开关电流过零切除、无功计算、循环投切等，有助于理解智能电容器的基本工作原理，以便于编写微处理器程序来实现。市场上可用于仿真的软件较多，例如 PSIM、MATLAB、PSpice、Saber 等。本章将以 PSIM 仿真软件为例，介绍开关两端电压过零投入、开关电流过零切除、无功计算和循环投切。关于 PSIM 仿真软件的使用，可以参考相关书籍。

8.1.1 无功功率计算

在第 5 章中介绍了基于瞬时无功功率理论的无功检测算法，在 PSIM 中无功电流的检测算法(或称 Park 变换)如图 8-1 所示。对输入的三相电流进行变换后得到旋转坐标系下的直流分量，旋转变换的角速度由锁相电路得到，如果输入电流包含谐波或者不平衡电流，那么在输出端需要增加滤波器来滤除交流分量。

8.1.2 锁相环仿真

锁相环电路和仿真波形如图 8-2 所示。将旋转坐标系下的 U_q 通过闭环和 PI 调节器使其变为零，即可得 u_a 的相位信息，以角速度和时间的乘积 ωt 表示的波形如图 8-2(b)所示，将得到的 ωt 应用于图 8-1 所示的 Park 变换中。

8.1.3 过零投切仿真

智能电容器要实现开关两端电压过零投入和开关电流过零切除的功能，以三相共补型智能电容器为例进行仿真，仿真图如图 8-3 所示。负载为电阻和电感，产生感性无功功率，负载无功功率的变化由增加或减少电阻和电感来实现，经过无功功率检测算法得到相应的无功功率 Q。当需要投入智能电容器时产生投入信号，再检测投切开关两端电压，将投入信号和投切开关两端电压进行“与”操作，生成驱动脉冲，驱动投切开关，其中 a 相投入控

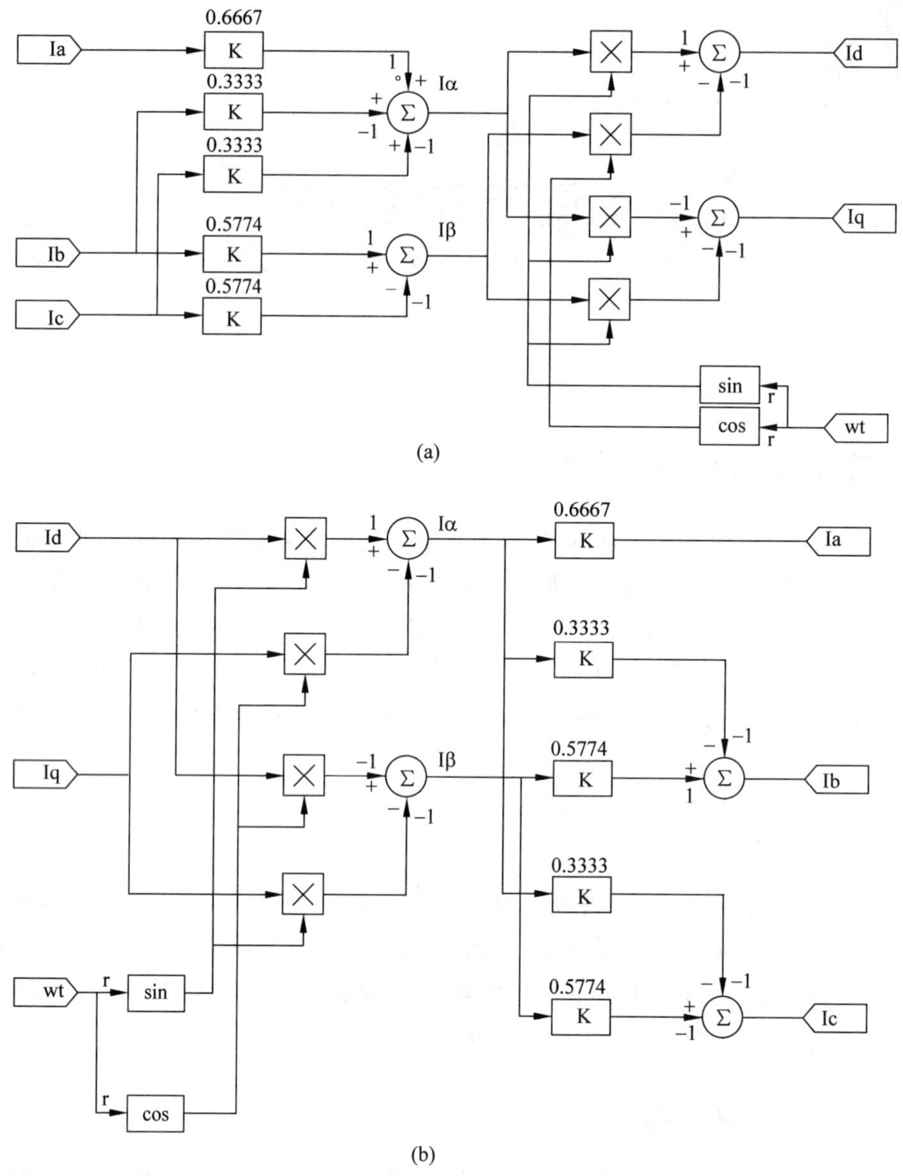

图 8-1 无功电流的检测算法

(a) Park 变换；(b) Park 反变换

制模块和 b 相投入控制模块完成投切开关两端电压过零投入，具体实现过程如图 8-4 所示。

在图 8-4 中，模块 MUX 的作用是选择通道，两个通道用来区分投入信号到来时刻。如果投入信号在同步信号为正时到来，那么锁存器会马上锁存，但此刻不是电压过零点，所以投入信号在同步信号为正时到来的第一个驱动脉冲必须去掉，用延时器实现，应用模块 MUX 上面的通道；如果投入信号在同步信号为负时到来，等到开关两端电压过零点时锁存，应用模块 MUX 下面的通道。模块 MUX 的通道由开关两端电压同步信号的正负来控制。

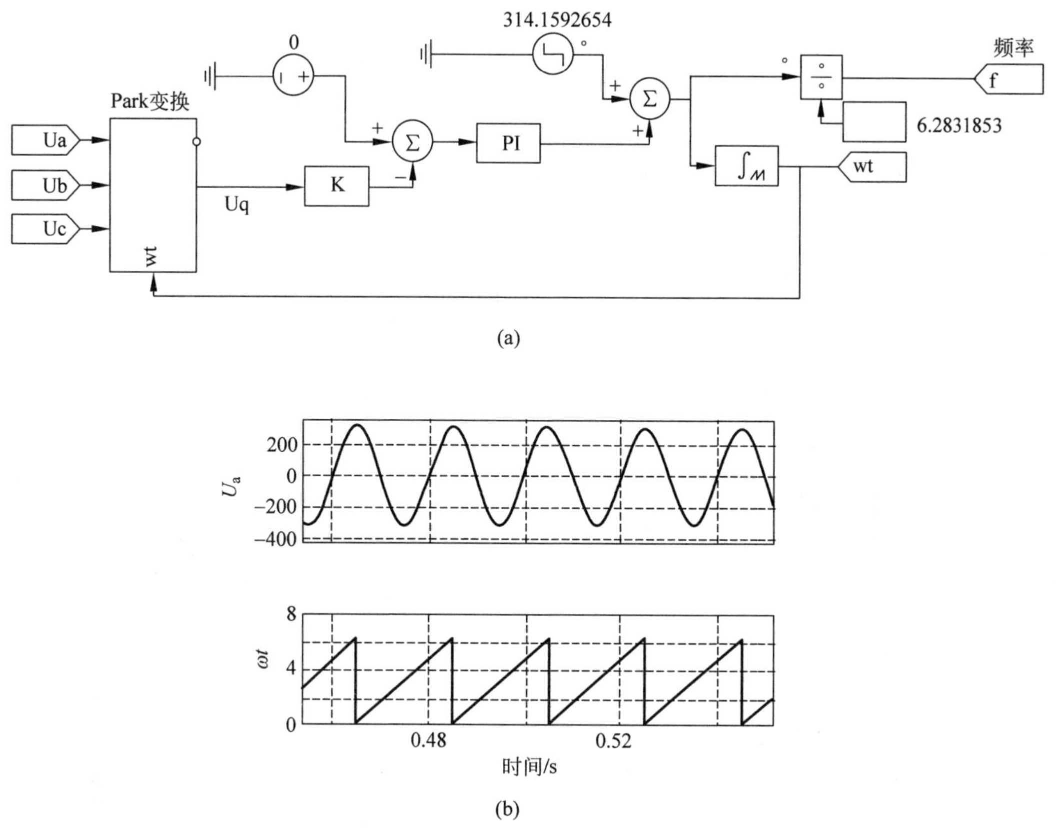

图 8-2 锁相环电路及仿真波形

(a) 锁相环电路；(b) 仿真波形

投切开关两端电压过零投入的仿真波形如图 8-5 所示。当有投入指令时，在开关两端电压生成的同步信号上升沿或者下降沿时才产生驱动信号来驱动投切开关，实现电流无涌流。

投切开关电流过零切除与投切开关两端电压过零投入的原理类似，将开关两端电压输入改为电流输入，同时将投入控制模块输出的驱动信号取反即可。但在投切开关电流过零切除与投切开关两端电压过零投入两种功能同时仿真时，需要增加判断逻辑，让两个模块分时工作。

8.1.4 循环投切仿真

智能电容器组工作时，主机进行无功功率或者功率因数计算，产生投切指令，通过通信模块发给从机，从机进行投切，智能电容器组要具有循环投切的功能。以 3 台智能电容器为例，在主机中进行循环投切控制，循环投切控制模块如图 8-6 所示，其中包含一个 C Block 模块，在其中编写 C 语言函数以实现循环投切，输入侧包含功率比较后的投切电平、投切延时脉冲、复位脉冲以及投指针反馈、切指针反馈，输出端包含 3 台智能电容器的投切指令和进入函数次数标志位。生成各台智能电容器的投切指令后，各台智能电容器再根据上一节讲述的开关两端电压过零投入和开关电流过零切除的控制方法进行智能电容器的投切。

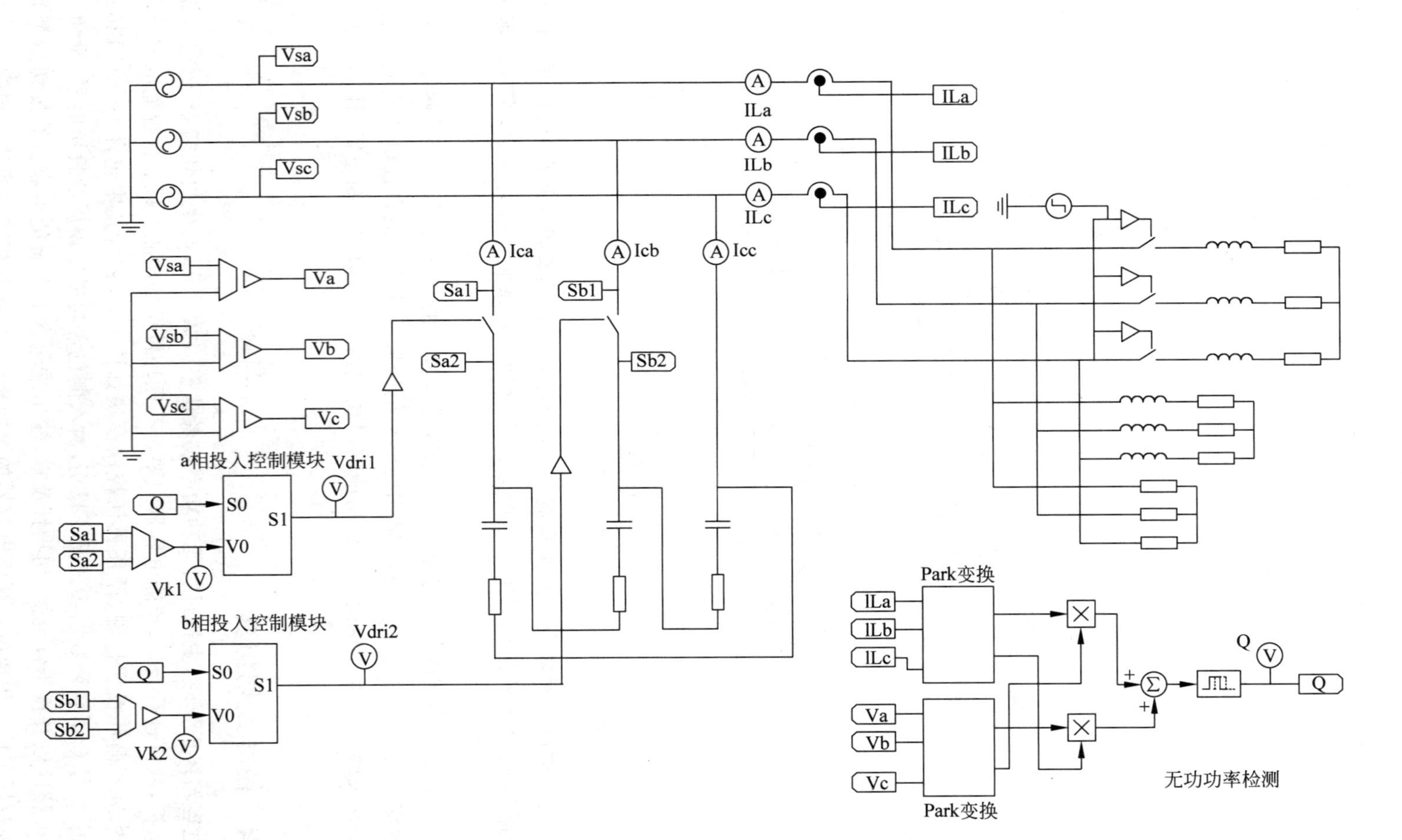

图 8-3 投切开关两端电压过零投入电路

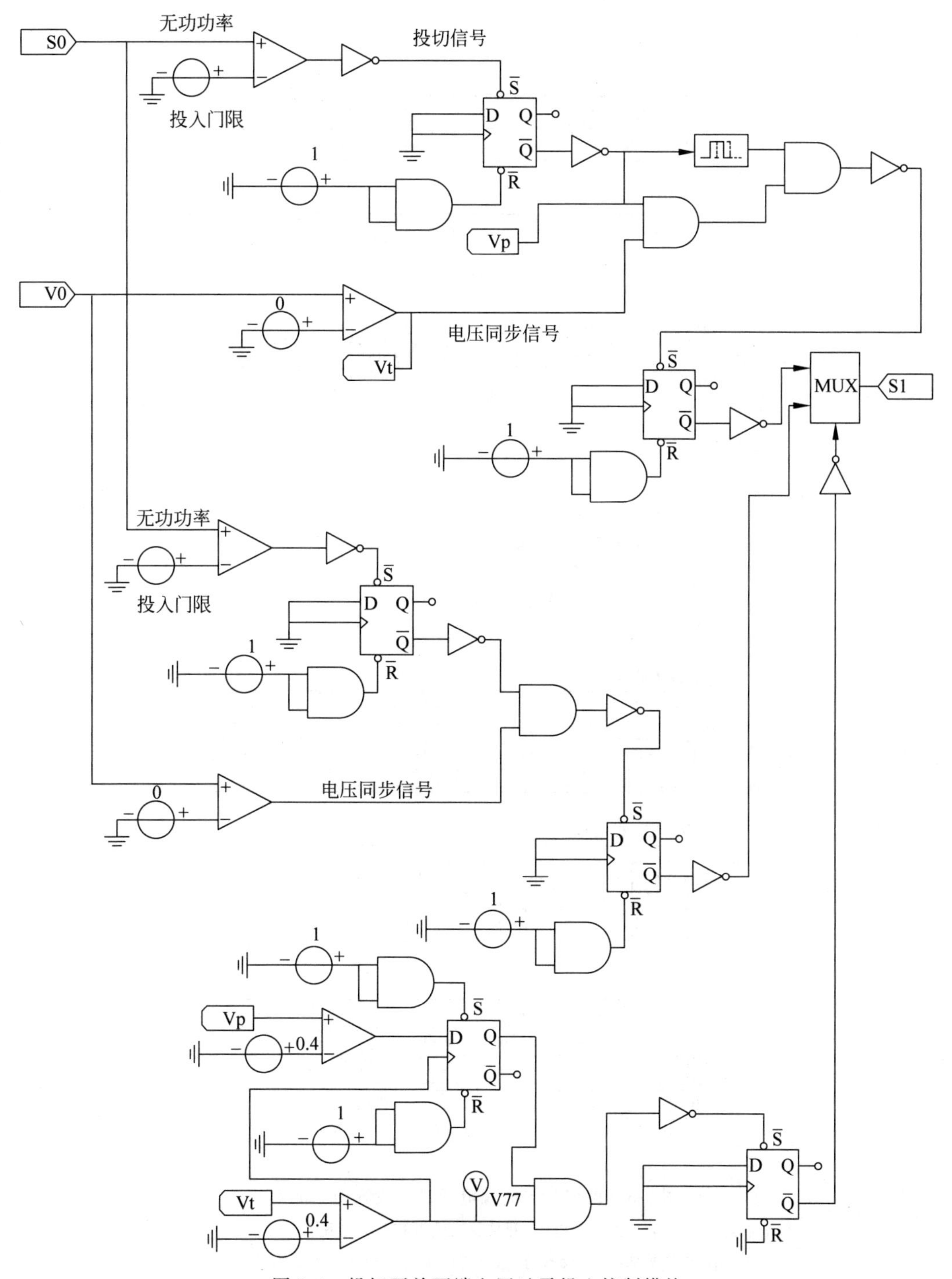

图 8-4 投切开关两端电压过零投入控制模块

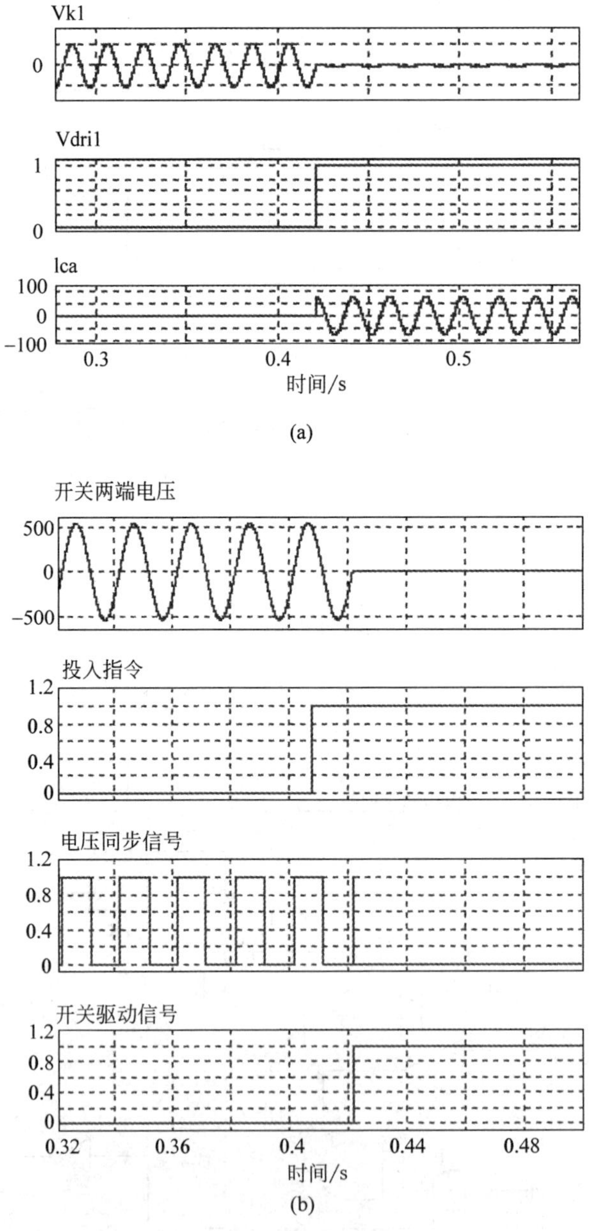

图 8-5 投切开关两端电压过零投入仿真波形

(a) 开关两端电压、开关驱动信号和开关电流波形；

(b) 开关两端电压、投入指令、电压同步信号和开关驱动信号波形

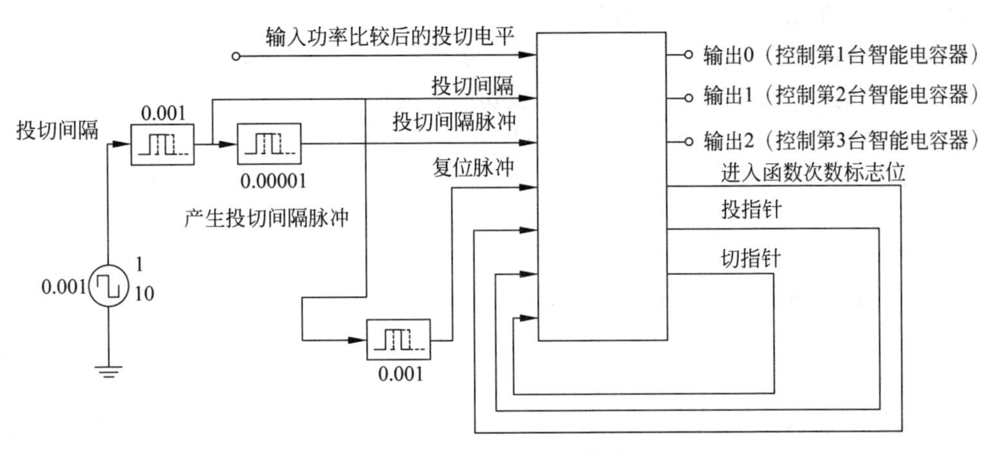

图 8-6　循环投切控制模块

C Block 模块中的循环投切函数如下：

```
{
    int p0 = 0;                                          //投指针初始化
    int p1 = 0;                                          //切指针初始化
    p0 = in[5];
    p1 = in[6];
    if(in[3] == 1) {out[3] = 0;}
    if((in[1]> = 0.90)&&(in[2]< = 0.01)&&(in[4] == 0))   //运行
    {
        out[3] = 1;                                      //进入循环次数标志位
        if(in[0]> = 0.90)
            {
                p0 = p0 + 1;
                if(p0 > = 4) {p0 = 1;}
                out[4] = p0;
                if(p0 == 1) {out[0] = 1;}
                if(p0 == 2) {out[1] = 1;}
                if(p0 == 3) {out[2] = 1;}
            }
        if(in[0]< 0.01)                                  //循环投切
            {
                if(p1 == p0) {p1 = p1;}
                else
                {
                    p1 = p1 + 1;
                    if(p1 > = 4) {p1 = 1;}
                    out[5] = p1;
                    if(p1 == 1) {out[0] = 0;}
                    if(p1 == 2) {out[1] = 0;}
                    if(p1 == 3) {out[2] = 0;}
                }
            }
    }
}
```

图 8-7 给出了循环投切的仿真结果。图 8-7(a)给出了无功功率比较后的投切电平、投指针和切指针的电压波形，当 $t=0.2$s 时，无功功率比较后的投切电平跃变成高电平，投指针电压相应的由 0V 跃变到 1V；经过一个投切间隔周期(0.1s)，到 $t=0.3$s 时无功功率比较后的投切电平仍为高电平，此时投指针电压再次发生跃变，变为 2V；到 $t=0.4$s 时，无功功率比较后的投切电平降为低电平，投指针电压未发生变化而切指针电压由 0V 跃变为 1V；到 $t=0.5$s 时，无功功率比较后的投切电平保持低电平不变，投指针电压依旧不变而切指针电压跃变到 2V；到 $t=0.6$s 时，无功功率比较后的投切电平恢复到高电平，投指针电压由原来的 2V 跃变为 3V，切指针电压保持原值；到 $t=0.7$s 时，无功功率比较后的投切电平保持高电平不变，此时投指针电压由 3V 回落到 1V，切指针电压不变；到 $t=0.8$s 时，无功功率比较后的投切电平变为低电平，投指针电压维持 1V 不变，切指针电压由原来的 2V 升到 3V；到 $t=0.9$s 时，无功功率比较后的投切电平仍为低电平，投指针电压不变，切指针电压由 3V 降为 1V。以此类推，最终得出规律：给定的无功功率比较后的投切电平每 0.2s 变换一次高低电平，电平高时投指针电压在 1V、2V、3V 之间循环变化而切指针电压不变，电平低时切指针电压在 1V、2V、3V 之间循环变化而投指针电压保持不变。在循环投切控制模块中投指针电压值决定投入的智能电容器台号(比如：电压值为 1V 则投入第 1 台)，切指针电压值决定切除的智能电容器台号(比如：电压值为 3V 则切除第 3 台)。换言之，无功功率比较后的投切信号是高电平时，按顺序依次投入 3 台智能电容器并以此循环，若投切信号是低电平，则按顺序依次切除 3 台智能电容器且同样以此循环，各台智能电容器的投切指令的电压波形如图 8-7(b)所示，某相电流与 3 台智能电容器电流波形如图 8-7(c)所示。

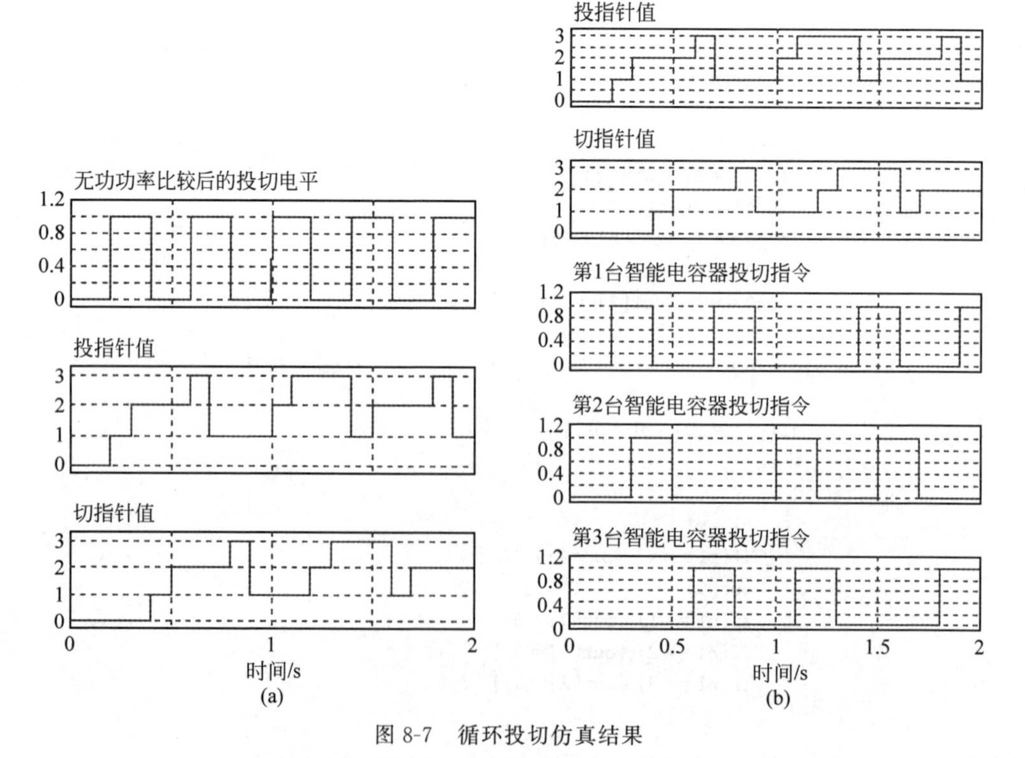

图 8-7 循环投切仿真结果

(a) 无功功率比较后的投切电平、投指针、切指针的电压波形；

(b) 投指针、切指针与各台智能电容器投切指令的电压波形；(c) 某相电流与 3 台智能电容器电流波形

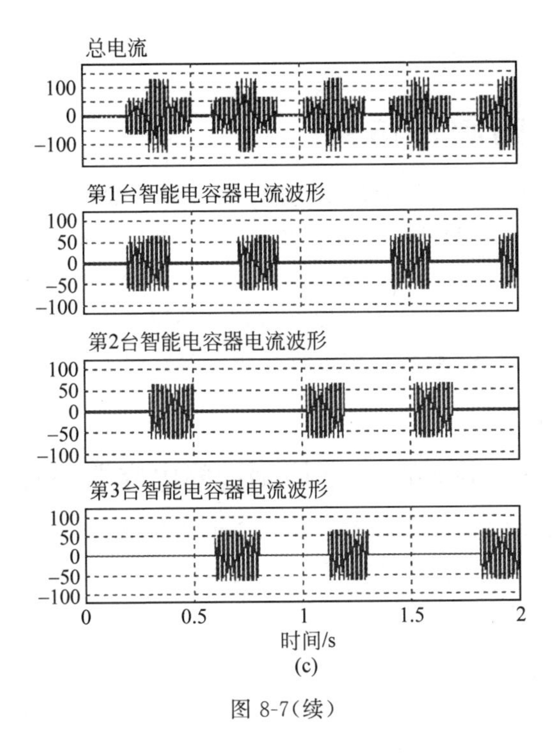

(c)

图 8-7(续)

对以上仿真中智能电容器组的工作过程进行整理,得到循环投切时各台智能电容器的投切状态,如表 8-1 所示。

表 8-1 循环投切工作过程

仿真时间/s	投切信号	各台智能电容器的工作状态	仿真时间/s	投切信号	各台智能电容器的工作状态
0.2	投	第 1 台投	1.5	投	第 2 台投
0.3	投	第 2 台投	1.6	切	第 1 台切
0.4	切	第 1 台切	1.7	切	第 2 台切
0.5	切	第 2 台切	1.8	投	第 3 台投
0.6	投	第 3 台投	1.9	投	第 1 台投
0.7	投	第 1 台投	2.0	切	第 3 台切
0.8	切	第 3 台切	2.1	切	第 1 台切
0.9	切	第 1 台切	2.2	投	第 2 台投
1.0	投	第 2 台投	2.3	投	第 3 台投
1.1	投	第 3 台投	2.4	切	第 2 台切
1.2	切	第 2 台切	2.5	切	第 3 台切
1.3	切	第 3 台切	2.6	投	第 1 台投
1.4	投	第 1 台投	2.7	投	第 2 台投

由表 8-1 可以看出,3 台智能电容器在"投"信号下按第 1、2、3 组的顺序依次投入,在"切"信号下按第 1、2、3 组的顺序依次切除,之后再以此规律循环往复,最终实现对 3 台智能电容器"先投先切、后投后切"的循环投切控制。在这种投切控制方式下,每台智能电容器并入电网运行的时间均匀,从而能有效地避免其中某台智能电容器的频繁投切,在一定程度上降低了运行温度、延长了使用寿命、提高了利用率。

8.2 基于 DSP 的硬件仿真

目前仿真软件提供了基于硬件的仿真功能，例如在 PSIM 仿真软件中，SimCoder 具有自动代码生成功能，基于目标 DSP 可以仿真电路功能，并能生成直接应用于 DSP 的 C 程序代码，在 DSP 硬件上直接运行。应用 SimCoder 的自动代码生成功能可以缩短设计过程，减少开发时间和成本。SimCoder 的使用可以参考相关书籍或者 PSIM 软件自带的帮助文档。本节将基于 TI F28335 的 DSP 硬件目标进行智能电容器的仿真，生成的 C 语言代码可直接在 DSP 硬件中运行。

8.2.1 基于 SimCoder 的 DSP 控制智能电容器设计

以三相共补型智能电容器为例来进行设计，主电路与图 8-3 所示的主电路相同，DSP 模块包含系统参数设置模块、捕获中断模块、A/D 采样模块、无功检测算法模块、投切指令及数字输出模块。

1. 系统参数设置模块

首先设置 DSP 系统参数，如图 8-8 所示。图 8-8(a)给出了仿真模块。在图 8-8(b)中进行硬件板配置(Hardware Board Configuration)，例如配置 GPIO8 引脚为数字输出(Digital Output)端口，GPIO24 配置为捕获 1(Capture 1)。在图 8-8(c)中配置 DSP 的系统时钟(DSP Clock)，例如配置外部输入时钟为 30MHz，经过分频后系统时钟为 150MHz。

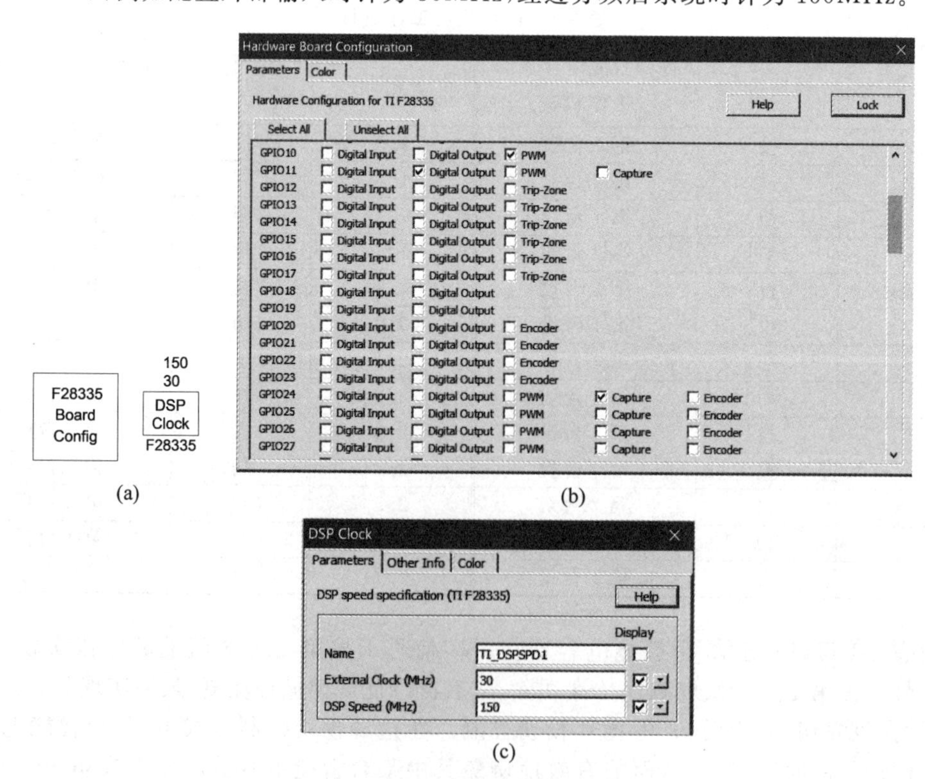

(a) (b) (c)

图 8-8 DSP 系统仿真参数设置

(a) 仿真模块；(b) GPIO 引脚设置；(c) DSP 运行时钟

2. 捕获中断模块

捕获端口配置及捕获中断如图 8-9 所示，其中包含捕获配置模块、捕获中断模块和事件子电路。图 8-9(a)给出了捕获模块图。如图 8-9(b)所示，GPIO24 端口配置为捕获 1(Capture 1)。捕获中断配置如图 8-9(c)所示，上升沿产生中断，将检测电路检测后的电网 a 相电压作为比较器的输入，与零进行比较后产生同步信号，在同步信号的上升沿启动捕获中断。在事件子电路中，将 20ms 的工频电压或电流采样 200 个点，设置 1 个全局变量 g_CurrentSamplingPoint，表示当前 A/D 采样为第几个点，当进入一次捕获中断时，将 g_CurrentSamplingPoint 清零，重新计数。

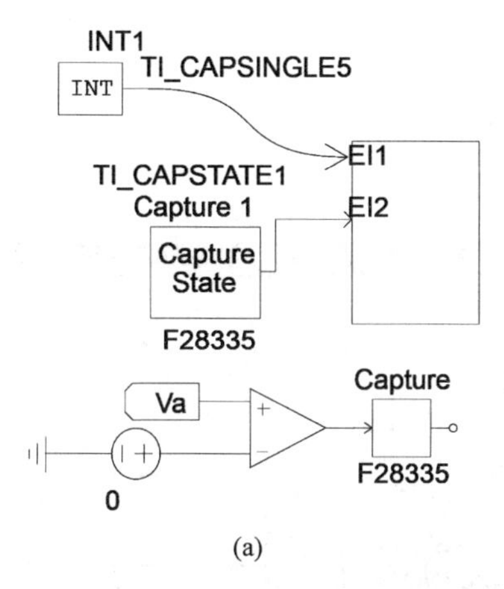

(a)

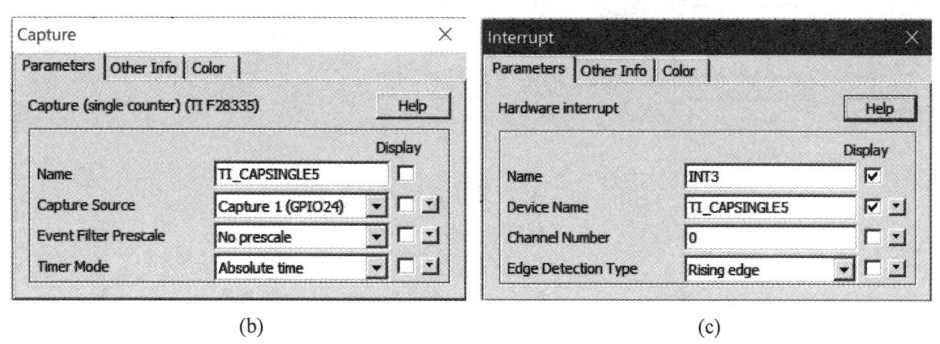

(b) (c)

图 8-9 捕获端口配置及捕获中断配置

(a) 捕获模块；(b) 捕获端口配置；(c) 捕获中断配置

3. A/D 采样模块

A/D 采样模块配置如图 8-10 所示。对负载电流、输出电流和电网电压进行 A/D 采样，因为 DSP 输入电压范围为 0～3.3V，所以需要对互感器变比进行设置，并增加+1.65V 偏置使其满足输入电压范围为 0～3.3V(本节仿真中留有一定裕量，偏置取+1.5V)，该偏置将在 A/D 采样结束后的信号中被减掉。图 8-10(a)给出了 A/D 模块图。A/D 通道配置如图 8-10(b)所示，采用 A 模块的 8 个通道，输入为直流信号。

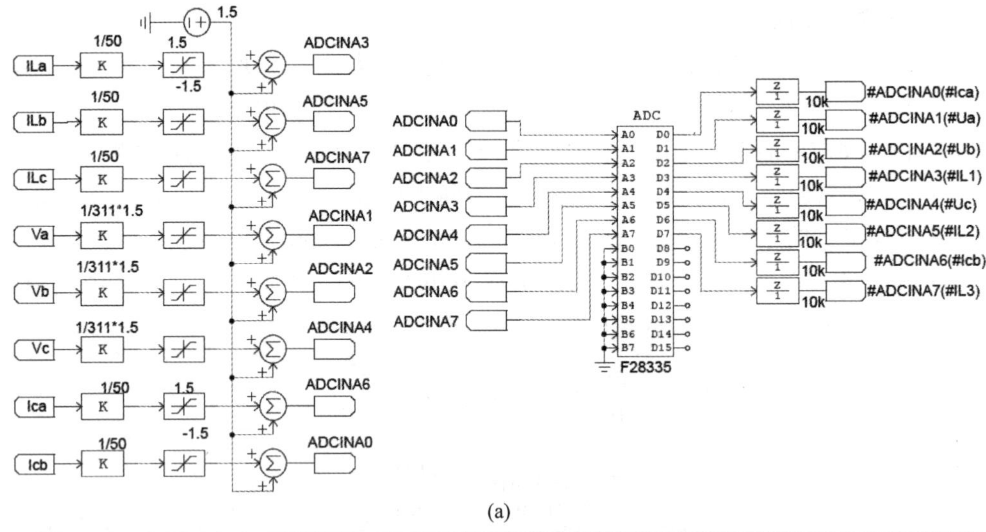

(a)

A/D Converter

Parameters | Other Info | Color

A/D converter (TI F28335)   Help

		Display			Display			Display
Name	TI_ADC1		Ch A5 Mode	DC		Ch B3 Mode	DC	
ADC Mode	Start-stop (8-channel)		Ch A5 Gain	1.0		Ch B3 Gain	1.0	
Ch A0 Mode	DC		Ch A6 Mode	DC		Ch B4 Mode	DC	
Ch A0 Gain	1.0		Ch A6 Gain	1.0		Ch B4 Gain	1.0	
Ch A1 Mode	DC		Ch A7 Mode	DC		Ch B5 Mode	DC	
Ch A1 Gain	1.0		Ch A7 Gain	1.0		Ch B5 Gain	1.0	
Ch A2 Mode	DC		Ch B0 Mode	DC		Ch B6 Mode	DC	
Ch A2 Gain	1.0		Ch B0 Gain	1.0		Ch B6 Gain	1.0	
Ch A3 Mode	DC		Ch B1 Mode	DC		Ch B7 Mode	DC	
Ch A3 Gain	1.0		Ch B1 Gain	1.0		Ch B7 Gain	1.0	
Ch A4 Mode	DC		Ch B2 Mode	DC				
Ch A4 Gain	1.0		Ch B2 Gain	1.0				

(b)

图 8-10　A/D 采样模块及其配置

(a) A/D 采样模块；(b) A/D 通道配置

4. 无功检测算法模块

无功检测算法模块如图 8-11 所示，其中需要一个 C Block 模块来增加和清零采样计数点。C Block 模块的输入为 g_CurrentSampingPoint 变量，在 C Block 中编写“y1＝x1＋1；if(y1>199)｛y1＝0;｝”的程序，每采样一个点 g_CurrentSampingPoint 加 1，当 g_CurrentSampingPoint 采样完成 200 个点后从零开始重新计数。

坐标系旋转变换需要 $\sin\omega t$ 和 $\cos\omega t$，提前将正弦表和余弦表存入 Sin_table200. tbl 和 Cos_table200. tbl 文件中，用 LKUP1 和 LKUP2 对其进行调用，产生在 g_CurrentSampingPoint 点处的旋转变换用 $\sin\omega t$ 和 $\cos\omega t$ 的值。在旋转坐标系中，无功功率变为直流分量，可以应用低通滤波器进行滤波，例如应用二阶数字低通滤波器进行滤波，其 $b_0 \sim b_2$ 的值可以设置为 9. 8262891E-006，1. 9652578E-005，9. 8262891E-006，其 $a_0 \sim a_2$ 的值可以设置为 1，－1. 9912028，0. 99124215，采样频率设置为 10kHz。计算出无功功率值后，与门槛值进行比较，生成投切指令 p_OutputQ。

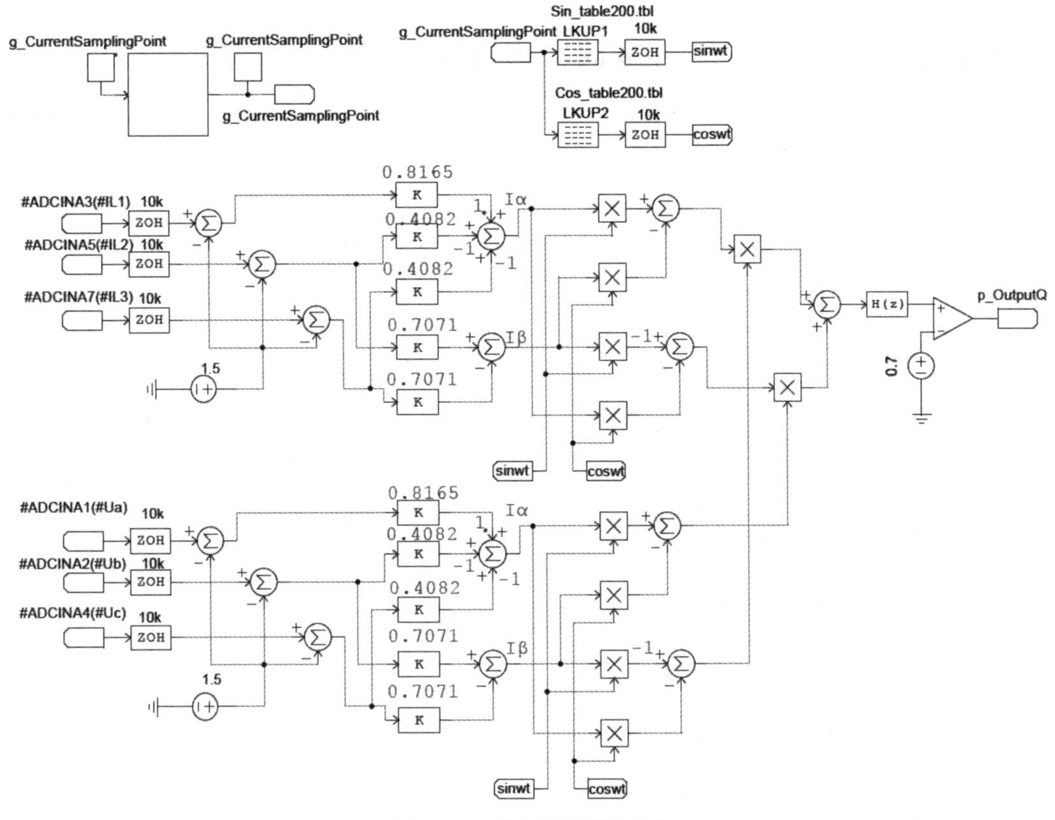

图 8-11　无功检测算法模块

5. 数字输出模块

数字输出模块如图 8-12(a)所示，由图 8-11 中的无功检测算法模块生成的投切指令输入数字输出模块，生成指令 OutputQ，该指令可以输入图 8-3 中的过零投切模块，在开关两端电压过零时投入开关，在开关电流过零时切除开关。图 8-12(b)给出了数字输出模块的配置，GPIO8 被设置为数字输出通道。

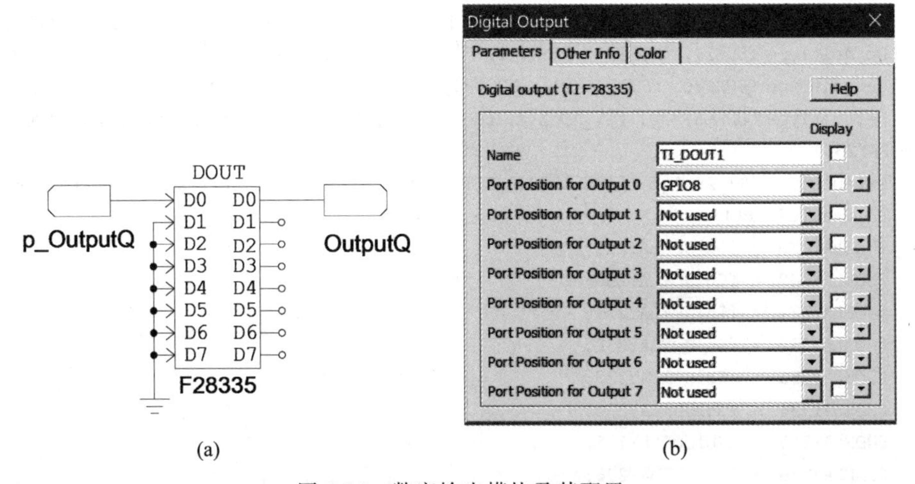

图 8-12　数字输出模块及其配置

(a) 数字输出模块；(b) 数字输出模块配置

8.2.2 基于 SimCoder 生成的 C 语言代码

在 PSIM 中使用代码生成功能，基于 SimCoder 生成的 C 语言代码如下所示，该代码可以下载到 DSP 中，用于智能电容器开发和设计。

```
/*********************************************************************
// This code is created by SimCoder Version 9.1 for TI F28335 Hardware Target
*********************************************************************/
#include  <math.h>
#include  "PS_bios.h"
typedef float DefaultType;
#define  GetCurTime() PS_GetSysTimer()
interrupt void Task();
interrupt void Task_1();
void TaskS4(DefaultType fIn0);
DefaultTypefGblg_CurrentSamplingPoint = 0;
DefaultTypefGblg_CapStarFlag = 0;
DefaultTypefGblUDELAY229 = 0;
DefaultTypefGblUDELAY230 = 0;
DefaultTypefGblUDELAY231 = 0;
DefaultTypefGblUDELAY232 = 0;
DefaultTypefGblUDELAY233 = 0;
DefaultTypefGblUDELAY234 = 0;
DefaultTypefGblUDELAY235 = 0;
DefaultTypefGblUDELAY236 = 0;
DefaultTypefGblS4_V3 = 0.0;
DefaultTypefGblS4_V4 = 0.0;
DefaultTypefGblS4_V5 = 0.0;
interrupt void Task()
{
    DefaultType fZOH5, fVDC4, fSUM14, fP18, fZOH6, fSUM15, fP19, fZOH7, fSUM16, fP20, fSUM32;
    DefaultType fg_CurrentSamplingPoint, fSSCB1, fLKUP1, fZOH13, fMULT9, fP21, fP22, fSUM19;
    DefaultType fLKUP2, fZOH14, fMULT10, fSUM18, fZOH26, fVDC225, fSUM13, fP56, fZOH27, fSUM20;
    DefaultType fP57, fSUM23, fMULT35, fZOH25, fSUM12, fP53, fP54, fP55, fSUM33, fMULT36;
    DefaultType fSUM21, fMULT37, fMULT11, fMULT12, fSUM17, fMULT33, fMULT34, fSUM22, fMULT38;
    DefaultType fSUMP30, fFILTER_D1, fVDC199, fCOMP7, fTI_ADC1_1, fUDELAY229, fTI_ADC1_6;
    DefaultType fUDELAY230, fTI_ADC1_4, fUDELAY231, fTI_ADC1_2, fUDELAY232, fTI_ADC1_3,
fUDELAY233;
    DefaultType fTI_ADC1_5, fUDELAY234, fTI_ADC1_7, fUDELAY235, fTI_ADC1, fUDELAY236;
    PS_EnableIntr();
    fUDELAY229 = fGblUDELAY229;
    fUDELAY230 = fGblUDELAY230;
    fUDELAY231 = fGblUDELAY231;
    fUDELAY232 = fGblUDELAY232;
    fUDELAY233 = fGblUDELAY233;
    fUDELAY234 = fGblUDELAY234;
    fUDELAY235 = fGblUDELAY235;
    fUDELAY236 = fGblUDELAY236;
    fTI_ADC1_1 = PS_GetDcAdc(1);
```

```
    fTI_ADC1_6 = PS_GetDcAdc(6);
    fTI_ADC1_4 = PS_GetDcAdc(4);
    fTI_ADC1_2 = PS_GetDcAdc(2);
    fTI_ADC1_3 = PS_GetDcAdc(3);
    fTI_ADC1_5 = PS_GetDcAdc(5);
    fTI_ADC1_7 = PS_GetDcAdc(7);
    fTI_ADC1 = PS_GetDcAdc(0);
    fZOH5 = fUDELAY233;
    fVDC4 = 1.5;
    fSUM14 = fZOH5 - fVDC4;
    fP18 = fSUM14 * 0.8165;
    fZOH6 = fUDELAY234;
    fSUM15 = fZOH6 - fVDC4;
    fP19 = fSUM15 * 0.4082;
    fZOH7 = fUDELAY235;
    fSUM16 = fZOH7 - fVDC4;
    fP20 = fSUM16 * 0.4082;
    fSUM32 = fP18 * 1 + fP19 * (-1) + fP20 * (-1);
fg_CurrentSamplingPoint = fGblg_CurrentSamplingPoint;
    {
        fSSCB1 = fg_CurrentSamplingPoint + 1;
        if(fSSCB1 > 199) {fSSCB1 = 0;}
    }
    fGblg_CurrentSamplingPoint = fSSCB1;
    {
        const float lkupTbl[200][2] = {{0.,  0},       {1.,  0.031410759},
{2.,  0.06279052},        {3.,  0.094108313},       {4.,  0.125333234},
{5.,  0.156434465},       {6.,  0.187381315},       {7.,  0.218143241},
{8.,  0.248689887},       {9.,  0.278991106},       {10., 0.309016994},
{11., 0.33873792},        {12., 0.368124553},       {13., 0.397147891},
{14., 0.425779292},       {15., 0.4539905},         {16., 0.481753674},
{17., 0.509041416},       {18., 0.535826795},       {19., 0.562083378},
{20., 0.587785252},       {21., 0.612907054},       {22., 0.63742399},
{23., 0.661311865},       {24., 0.684547106},       {25., 0.707106781},
{26., 0.728968627},       {27., 0.75011107},        {28., 0.770513243},
{29., 0.790155012},       {30., 0.809016994},       {31., 0.827080574},
{32., 0.844327926},       {33., 0.860742027},       {34., 0.87630668},
{35., 0.891006524},       {36., 0.904827052},       {37., 0.917754626},
{38., 0.929776486},       {39., 0.940880769},       {40., 0.951056516},
{41., 0.960293686},       {42., 0.968583161},       {43., 0.975916762},
{44., 0.982287251},       {45., 0.987688341},       {46., 0.992114701},
{47., 0.995561965},       {48., 0.998026728},       {49., 0.99950656},
{50., 1},                 {51., 0.99950656},        {52., 0.998026728},
{53., 0.995561965},       {54., 0.992114701},       {55., 0.987688341},
{56., 0.982287251},       {57., 0.975916762},       {58., 0.968583161},
{59., 0.960293686},       {60., 0.951056516},       {61., 0.940880769},
{62., 0.929776486},       {63., 0.917754626},       {64., 0.904827052},
{65., 0.891006524},       {66., 0.87630668},        {67., 0.860742027},
{68., 0.844327926},       {69., 0.827080574},       {70., 0.809016994},
{71., 0.790155012},       {72., 0.770513243},       {73., 0.75011107},
{74., 0.728968627},       {75., 0.707106781},       {76., 0.684547106},
```

```
{77., 0.661311865},        {78., 0.63742399},          {79., 0.612907054},
{80., 0.587785252},        {81., 0.562083378},         {82., 0.535826795},
{83., 0.509041416},        {84., 0.481753674},         {85., 0.4539905},
{86., 0.425779292},        {87., 0.397147891},         {88., 0.368124553},
{89., 0.33873792},         {90., 0.309016994},         {91., 0.278991106},
{92., 0.248689887},        {93., 0.218143241},         {94., 0.187381315},
{95., 0.156434465},        {96., 0.125333234},         {97., 0.094108313},
{98., 0.06279052},         {99., 0.031410759},         {100., 1.22515E-16},
{101., -0.031410759},      {102., -0.06279052},        {103., -0.094108313},
{104., -0.125333234},      {105., -0.156434465},       {106., -0.187381315},
{107., -0.218143241},      {108., -0.248689887},       {109., -0.278991106},
{110., -0.309016994},      {111., -0.33873792},        {112., -0.368124553},
{113., -0.397147891},      {114., -0.425779292},       {115., -0.4539905},
{116., -0.481753674},      {117., -0.509041416},       {118., -0.535826795},
{119., -0.562083378},      {120., -0.587785252},       {121., -0.612907054},
{122., -0.63742399},       {123., -0.661311865},       {124., -0.684547106},
{125., -0.707106781},      {126., -0.728968627},       {127., -0.75011107},
{128., -0.770513243},      {129., -0.790155012},       {130., -0.809016994},
{131., -0.827080574},      {132., -0.844327926},       {133., -0.860742027},
{134., -0.87630668},       {135., -0.891006524},       {136., -0.904827052},
{137., -0.917754626},      {138., -0.929776486},       {139., -0.940880769},
{140., -0.951056516},      {141., -0.960293686},       {142., -0.968583161},
{143., -0.975916762},      {144., -0.982287251},       {145., -0.987688341},
{146., -0.992114701},      {147., -0.995561965},       {148., -0.998026728},
{149., -0.99950656},       {150., -1},                 {151., -0.99950656},
{152., -0.998026728},      {153., -0.995561965},       {154., -0.992114701},
{155., -0.987688341},      {156., -0.982287251},       {157., -0.975916762},
{158., -0.968583161},      {159., -0.960293686},       {160., -0.951056516},
{161., -0.940880769},      {162., -0.929776486},       {163., -0.917754626},
{164., -0.904827052},      {165., -0.891006524},       {166., -0.87630668},
{167., -0.860742027},      {168., -0.844327926},       {169., -0.827080574},
{170., -0.809016994},      {171., -0.790155012},       {172., -0.770513243},
{173., -0.75011107},       {174., -0.728968627},       {175., -0.707106781},
{176., -0.684547106},      {177., -0.661311865},       {178., -0.63742399},
{179., -0.612907054},      {180., -0.587785252},       {181., -0.562083378},
{182., -0.535826795},      {183., -0.509041416},       {184., -0.481753674},
{185., -0.4539905},        {186., -0.425779292},       {187., -0.397147891},
{188., -0.368124553},      {189., -0.33873792},        {190., -0.309016994},
{191., -0.278991106},      {192., -0.248689887},       {193., -0.218143241},
{194., -0.187381315},      {195., -0.156434465},       {196., -0.125333234},
{197., -0.094108313},      {198., -0.06279052},        {199., -0.031410759}};
        if (fSSCB1 <= lkupTbl[0][0]) {
            fLKUP1 = lkupTbl[0][1];
        } else if (fSSCB1 >= lkupTbl[200 - 1][0]) {
            fLKUP1 = lkupTbl[200 - 1][1];
        } else {
            int i;
            for (i = 1; i < 200; i++) {
                if (fSSCB1 < lkupTbl[i][0]) {
                    fLKUP1 = lkupTbl[i-1][1] + (lkupTbl[i][1] - lkupTbl[i-1][1]) *
(fSSCB1 - lkupTbl[i-1][0]) / (lkupTbl[i][0] - lkupTbl[i-1][0]);
```

```
                    break;
                }
            }
        }
    }
    fZOH13 = fLKUP1;
    fMULT9 = fSUM32 * fZOH13;
    fP21 = fSUM15 * 0.7071;
    fP22 = fSUM16 * 0.7071;
    fSUM19 = fP21 - fP22;
    {
        const float lkupTbl[200][2] = {{0.,  1},         {1.,  0.99950656},
{2.,  0.998026728},       {3.,  0.995561965},       {4.,  0.992114701},
{5.,  0.987688341},       {6.,  0.982287251},       {7.,  0.975916762},
{8.,  0.968583161},       {9.,  0.960293686},       {10., 0.951056516},
{11., 0.940880769},       {12., 0.929776486},       {13., 0.917754626},
{14., 0.904827052},       {15., 0.891006524},       {16., 0.87630668},
{17., 0.860742027},       {18., 0.844327926},       {19., 0.827080574},
{20., 0.809016994},       {21., 0.790155012},       {22., 0.770513243},
{23., 0.75011107},        {24., 0.728968627},       {25., 0.707106781},
{26., 0.684547106},       {27., 0.661311865},       {28., 0.63742399},
{29., 0.612907054},       {30., 0.587785252},       {31., 0.562083378},
{32., 0.535826795},       {33., 0.509041416},       {34., 0.481753674},
{35., 0.4539905},         {36., 0.425779292},       {37., 0.397147891},
{38., 0.368124553},       {39., 0.33873792},        {40., 0.309016994},
{41., 0.278991106},       {42., 0.248689887},       {43., 0.218143241},
{44., 0.187381315},       {45., 0.156434465},       {46., 0.125333234},
{47., 0.094108313},       {48., 0.06279052},        {49., 0.031410759},
{50., 6.12574E-17},       {51., -0.031410759},      {52., -0.06279052},
{53., -0.094108313},      {54., -0.125333234},      {55., -0.156434465},
{56., -0.187381315},      {57., -0.218143241},      {58., -0.248689887},
{59., -0.278991106},      {60., -0.309016994},      {61., -0.33873792},
{62., -0.368124553},      {63., -0.397147891},      {64., -0.425779292},
{65., -0.4539905},        {66., -0.481753674},      {67., -0.509041416},
{68., -0.535826795},      {69., -0.562083378},      {70., -0.587785252},
{71., -0.612907054},      {72., -0.63742399},       {73., -0.661311865},
{74., -0.684547106},      {75., -0.707106781},      {76., -0.728968627},
{77., -0.75011107},       {78., -0.770513243},      {79., -0.790155012},
{80., -0.809016994},      {81., -0.827080574},      {82., -0.844327926},
{83., -0.860742027},      {84., -0.87630668},       {85., -0.891006524},
{86., -0.904827052},      {87., -0.917754626},      {88., -0.929776486},
{89., -0.940880769},      {90., -0.951056516},      {91., -0.960293686},
{92., -0.968583161},      {93., -0.975916762},      {94., -0.982287251},
{95., -0.987688341},      {96., -0.992114701},      {97., -0.995561965},
{98., -0.998026728},      {99., -0.99950656},       {100., -1},
{101., -0.99950656},      {102., -0.998026728},     {103., -0.995561965},
{104., -0.992114701},     {105., -0.987688341},     {106., -0.982287251},
{107., -0.975916762},     {108., -0.968583161},     {109., -0.960293686},
{110., -0.951056516},     {111., -0.940880769},     {112., -0.929776486},
{113., -0.917754626},     {114., -0.904827052},     {115., -0.891006524},
{116., -0.87630668},      {117., -0.860742027},     {118., -0.844327926},
```

```
{119., -0.827080574},     {120., -0.809016994},     {121., -0.790155012},
{122., -0.770513243},     {123., -0.75011107},      {124., -0.728968627},
{125., -0.707106781},     {126., -0.684547106},     {127., -0.661311865},
{128., -0.63742399},      {129., -0.612907054},     {130., -0.587785252},
{131., -0.562083378},     {132., -0.535826795},     {133., -0.509041416},
{134., -0.481753674},     {135., -0.4539905},       {136., -0.425779292},
{137., -0.397147891},     {138., -0.368124553},     {139., -0.33873792},
{140., -0.309016994},     {141., -0.278991106},     {142., -0.248689887},
{143., -0.218143241},     {144., -0.187381315},     {145., -0.156434465},
{146., -0.125333234},     {147., -0.094108313},     {148., -0.06279052},
{149., -0.031410759},     {150., -1.83772E-16},     {151., 0.031410759},
{152., 0.06279052},       {153., 0.094108313},      {154., 0.125333234},
{155., 0.156434465},      {156., 0.187381315},      {157., 0.218143241},
{158., 0.248689887},      {159., 0.278991106},      {160., 0.309016994},
{161., 0.33873792},       {162., 0.368124553},      {163., 0.397147891},
{164., 0.425779292},      {165., 0.4539905},        {166., 0.481753674},
{167., 0.509041416},      {168., 0.535826795},      {169., 0.562083378},
{170., 0.587785252},      {171., 0.612907054},      {172., 0.63742399},
{173., 0.661311865},      {174., 0.684547106},      {175., 0.707106781},
{176., 0.728968627},      {177., 0.75011107},       {178., 0.770513243},
{179., 0.790155012},      {180., 0.809016994},      {181., 0.827080574},
{182., 0.844327926},      {183., 0.860742027},      {184., 0.87630668},
{185., 0.891006524},      {186., 0.904827052},      {187., 0.917754626},
{188., 0.929776486},      {189., 0.940880769},      {190., 0.951056516},
{191., 0.960293686},      {192., 0.968583161},      {193., 0.975916762},
{194., 0.982287251},      {195., 0.987688341},      {196., 0.992114701},
{197., 0.995561965},      {198., 0.998026728},      {199., 0.99950656}};
        if (fSSCB1 <= lkupTbl[0][0]) {
            fLKUP2 = lkupTbl[0][1];
        } else if (fSSCB1 >= lkupTbl[200 - 1][0]) {
            fLKUP2 = lkupTbl[200 - 1][1];
        } else {
            int i;
            for (i = 1; i < 200; i++) {
                if (fSSCB1 < lkupTbl[i][0]) {
                    fLKUP2 = lkupTbl[i-1][1] + (lkupTbl[i][1] - lkupTbl[i-1][1]) *
(fSSCB1 - lkupTbl[i-1][0]) / (lkupTbl[i][0] - lkupTbl[i-1][0]);
                    break;
                }
            }
        }
    }
    fZOH14 = fLKUP2;
    fMULT10 = fSUM19 * fZOH14;
    fSUM18 = fMULT9 - fMULT10;
    fZOH26 = fUDELAY232;
    fVDC225 = 1.5;
    fSUM13 = fZOH26 - fVDC225;
    fP56 = fSUM13 * 0.7071;
    fZOH27 = fUDELAY231;
    fSUM20 = fZOH27 - fVDC225;
```

```
    fP57 = fSUM20 * 0.7071;
    fSUM23 = fP56 - fP57;
    fMULT35 = fSUM23 * fZOH13;
    fZOH25 = fUDELAY229;
    fSUM12 = fZOH25 - fVDC225;
    fP53 = fSUM12 * 0.8165;
    fP54 = fSUM13 * 0.4082;
    fP55 = fSUM20 * 0.4082;
    fSUM33 = fP53 * 1 + fP54 * (-1) + fP55 * (-1);
    fMULT36 = fSUM33 * fZOH14;
    fSUM21 = fMULT35 * (-1) + fMULT36 * (-1);
    fMULT37 = fSUM18 * fSUM21;
    fMULT11 = fSUM19 * fZOH13;
    fMULT12 = fSUM32 * fZOH14;
    fSUM17 = fMULT11 * (-1) + fMULT12 * (-1);
    fMULT33 = fSUM33 * fZOH13;
    fMULT34 = fSUM23 * fZOH14;
    fSUM22 = fMULT33 - fMULT34;
    fMULT38 = fSUM17 * fSUM22;
    fSUMP30 = fMULT37 + fMULT38;
    {
        static DefaultType fIn[3] = {0, 0, 0}, fOut[3] = {0, 0, 0};
        fFILTER_D1 = (9.8262891E-006) * fSUMP30 + (1.9652578E-005) * fIn[0] -
(-1.9912028) * fOut[0] + (9.8262891E-006) * fIn[1] - 0.99124215 * fOut[1];
        fIn[2] = fIn[1];
        fIn[1] = fIn[0];
        fIn[0] = fSUMP30;
        fOut[2] = fOut[1];
        fOut[1] = fOut[0];
        fOut[0] = fFILTER_D1;
    }
    fVDC199 = 0.7;
    fCOMP7 = (fFILTER_D1 > fVDC199) ? 1 : 0;
    fGblUDELAY229 = fTI_ADC1_1;
    fGblUDELAY230 = fTI_ADC1_6;
    fGblUDELAY231 = fTI_ADC1_4;
    fGblUDELAY232 = fTI_ADC1_2;
    fGblUDELAY233 = fTI_ADC1_3;
    fGblUDELAY234 = fTI_ADC1_5;
    fGblUDELAY235 = fTI_ADC1_7;
    fGblUDELAY236 = fTI_ADC1;
    (fCOMP7 == 0) ? PS_ClearDigitOutBitA((Uint32)1 << 8) : PS_SetDigitOutBitA((Uint32)1 << 8);
    PS_ExitTimer1Intr();
}
interrupt void Task_1()
{
    DefaultType fTI_CAPSTATE1;
    PS_EnableIntr();
    fTI_CAPSTATE1 = PS_IsRisingEdgeCap1();
    TaskS4(fTI_CAPSTATE1);
    PS_ExitCapture1Intr();
```

```
}
void TaskS4(DefaultType fIn0)
{
    DefaultType fS4_SSCB2, fS4_SSCB2_1;
    {
        fS4_SSCB2 = 1;
        fS4_SSCB2_1 = 0;
    }
    fGblg_CapStarFlag = fS4_SSCB2;
    fGblg_CurrentSamplingPoint = fS4_SSCB2_1;
#ifdef  _DEBUG
    fGblS4_V3 = fS4_SSCB2;
#endif
#ifdef  _DEBUG
    fGblS4_V4 = fS4_SSCB2_1;
#endif
#ifdef  _DEBUG
    fGblS4_V5 = fIn0;
#endif
}
void Initialize(void)
{
    PS_SysInit(30, 10);
    PS_InitTimer(0, 0xffffffff);
    PS_ResetAdcConvSeq();
    PS_SetAdcConvSeq(eAdc0Intr, 0, 1.0);
    PS_SetAdcConvSeq(eAdc0Intr, 1, 1.0);
    PS_SetAdcConvSeq(eAdc0Intr, 2, 1.0);
    PS_SetAdcConvSeq(eAdc0Intr, 3, 1.0);
    PS_SetAdcConvSeq(eAdc0Intr, 4, 1.0);
    PS_SetAdcConvSeq(eAdc0Intr, 5, 1.0);
    PS_SetAdcConvSeq(eAdc0Intr, 6, 1.0);
    PS_SetAdcConvSeq(eAdc0Intr, 7, 1.0);
    PS_AdcInit(0, !1);
    PS_InitDigitOut(8);
    PS_InitCapture(1, 24, 0, 0);
    PS_InitTimer(1,100);
    PS_SetTimerIntrVector(1, Task);
    PS_SetCaptureIntrVector(1, 1, 1, Task_1);
}
void main()
{
    Initialize();
    PS_EnableIntr();            // Enable Global interrupt INTM
    PS_EnableDbgm();
    for (;;) {
    }
}
```

8.2.3 基于 SimCoder 的仿真结果

在 PSIM 中可以实现基于 DSP 硬件的仿真，下面给出仿真结果。电网电压和负载电流的 A/D 采样结果如图 8-13 所示，采样结果为小于 3V 的正弦量。A/D 采样计数、正弦表和余弦表如图 8-14 所示，一个工频周期采样 200 个点，在第 199 个点后采样计数变量从 0 开始重新计数，通过采样计数变量得到的正弦表和余弦表用于旋转坐标系的旋转变换。投切开关两端电压和投切指令如图 8-15 所示，在投切开关两端电压过零处生成开关触发信号，实现开关两端电压过零投入功能，开关电流过零切除功能与开关两端电压过零投入原理类似。投切开关两端电压和开关电流如图 8-16 所示，可以看出在开关两端电压过零处投入智能电容器，实现了无涌流投入。

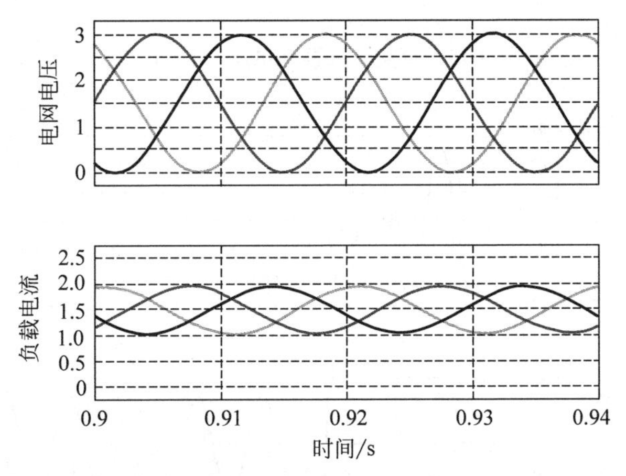

图 8-13 电网电压和负载电流的 A/D 采样结果

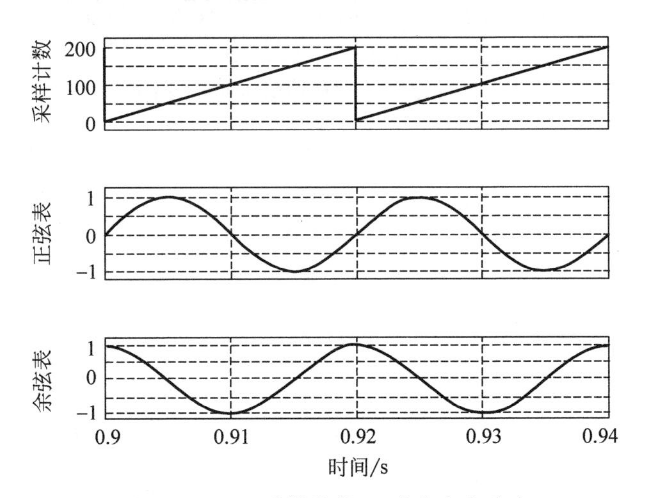

图 8-14 A/D 采样计数、正弦表和余弦表

通过基于 SimCoder 的仿真结果可知该系统实现了过零投切，可以将生成的 C 语言代码直接应用于 DSP 中，以实现智能电容器无功补偿的功能。在该程序基础上还可以增加智能电容器的其他功能，这里不再介绍。

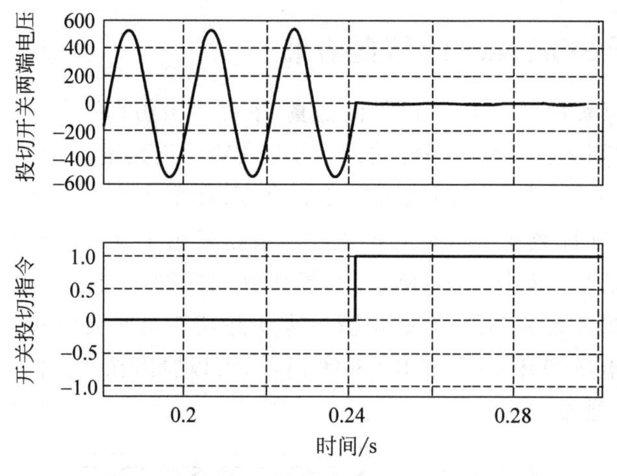

图 8-15　投切开关两端电压和投切指令

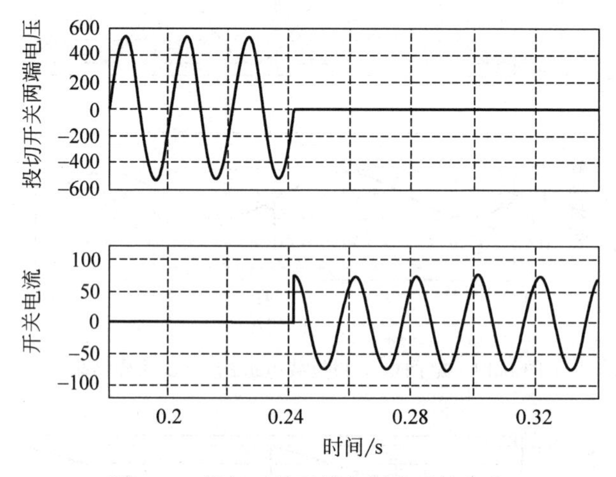

图 8-16　投切开关两端电压和开关电流

第9章 智能电容器工程设计与应用

9.1 智能电容器应用的相关标准

目前，尚未有针对智能电容器的标准和规范要求，可以参考其他标准来进行设计和应用，适用于智能电容器的标准和规范要求主要分为三个方面：①元器件（电容器、电抗器、投切开关等）；②控制器（测量、保护、通信功能等）；③低压无功补偿成套装置。

从智能电容器目前涉及的标准来看，作为智能电容器组成元器件的电容器和电抗器的标准较多，也较为全面，低压电力电容器、电抗器所对应的标准如表9-1所示，这些标准可以用于智能电容器所涉及的电容器本体及电抗器本体的设计与应用。有关低压无功功率补偿控制器，目前有两个标准可以参考，如表9-2所示，但在这两个标准中，对无功功率补偿控制器的控制方式、功能、电气参数、通信报警等的规定均与智能电容器相关性不强，因为智能电容器是独立的、模块化的结构，与应用无功功率补偿控制器投切电容器进行无功补偿的方式不同，在很大程度上控制功能差异较大。有关低压无功功率补偿装置的标准和规范都以传统补偿方式为基础，即为传统的柜式结构或箱式结构，低压无功功率补偿装置所对应的标准如表9-3所示，由于低压无功功率补偿装置在主电路结构、接线方式、分组容量、投切开关、保护通信功能、控制器功能、运行条件等方面均与智能电容器有着较大的不同，所以标准中有些内容可以参考，有些内容用不到智能电容器中。

表9-1 低压电力电容器、电抗器所对应的标准

标准编号	标准名称	发布部门	实施日期	状态
DL/T 250—2012	并联补偿电容器保护装置通用技术条件	国家能源局	2012-07-01	现行
DL/T 355—2019	滤波器及并联电容器装置检修导则	国家能源局	2020-05-01	现行
DL/T 842—2015	低压并联电容器装置使用技术条件	国家能源局	2015-09-01	现行
GB/T 12747.1—2017	标称电压1000V及以下交流电力系统用自愈式并联电容器 第1部分：总则 性能、试验和定额 安全要求 安装和运行导则	中华人民共和国国家质量监督检验检疫总局、中国国家标准化管理委员会	2018-02-01	现行

续表

标 准 编 号	标 准 名 称	发 布 部 门	实施日期	状态
GB/T 12747.2—2017	标称电压 1000V 及以下交流电力系统用自愈式并联电容器 第 2 部分：老化试验、自愈性试验和破坏试验	中华人民共和国国家质量监督检验检疫总局、中国国家标准化管理委员会	2018-02-01	现行
GB/T 12795—1991	电子设备用固定电容器	国家技术监督局	1991-12-01	现行
GB/T 24123-2009	电容器用金属化薄膜	中华人民共和国国家质量监督检验检疫总局、中国国家标准化管理委员会	2009-12-01	现行
GB/T 26870—2011	滤波器和并联电容器在受谐波影响的工业交流电网中的应用	中华人民共和国国家质量监督检验检疫总局、中国国家标准化管理委员会	2011-12-01	现行
GB/T 28543—2021	电力电容器噪声测量方法	国家市场监督管理总局、中国国家标准化管理委员会	2021-12-01	现行
GB 50227—2017	并联电容器装置设计规范	中华人民共和国住房和城乡建设部、中华人民共和国国家质量监督检验检疫总局	2017-11-01	现行
GB/T 6916—2008	湿热带电力电容器	中华人民共和国国家质量监督检验检疫总局、中国国家标准化管理委员会	2009-04-01	现行
JB/T 12166—2015	电力电容器纤维素纸	中华人民共和国工业和信息化部	2015-10-01	现行
JB/T 1811—2011	压缩气体标准电容器	中华人民共和国工业和信息化部	2012-04-01	现行
JB/T 7613—2013	电力电容器产品包装通用技术条件	中华人民共和国工业和信息化部	2014-07-01	现行
JJF 1095—2002	电容器介质损耗测量仪校准规范	国家质量监督检验检疫总局	2003-05-04	现行
JJF 1293—1990	电容器损耗因数基准操作技术规范	国家技术监督局	2000-12-01	现行
NB/SH/T 0866—2013	自愈式金属化电容器用蜡	国家能源局	2013-10-01	现行
SDJ 25—1985	并联电容器装置设计技术规程	中华人民共和国水利电力部	1985-02-12	现行
SJ/T 10150—1991	电子器件图形库 电阻器、电容器、电感器图形	中华人民共和国机械电子工业部	1991-12-01	现行
SJ/T 10465—2015	电容器用金属化聚酯薄膜	中华人民共和国工业和信息化部	2015-10-01	现行
GB/T 1094.6—2011	电力变压器 第 6 部分：电抗器	中华人民共和国国家质量监督检验检疫总局、中国国家标准化管理委员会	2011-12-01	现行

续表

标准编号	标准名称	发布部门	实施日期	状态
GB/T 19212.7—2012	电源电压为1100V及以下的变压器、电抗器、电源装置和类似产品的安全 第7部分：安全隔离变压器和内装安全隔离变压器的电源装置的特殊要求和试验	中华人民共和国国家质量监督检验检疫总局、中国国家标准化管理委员会	2013-05-01	现行
GB/T 19212.14—2012	电源电压为1100V及以下的变压器、电抗器、电源装置和类似产品的安全 第14部分：自耦变压器和内装自耦变压器的电源装置的特殊要求和试验	中华人民共和国国家质量监督检验检疫总局、中国国家标准化管理委员会	2013-05-01	现行
GB/T 21419—2021	变压器、电源装置、电抗器及其类似产品 电磁兼容(EMC)要求	国家市场监督管理总局、中国国家标准化管理委员会	2022-07-01	现行
JB/T 831—2016	热带电力变压器、互感器、调压器、电抗器	中华人民共和国工业和信息化部	2017-04-01	现行

表9-2 低压无功功率补偿控制器所对应的标准

标准编号	标准名称	发布部门	实施日期	状态
JB/T 9663—2013	低压无功功率自动补偿控制器	中华人民共和国工业和信息化部	2014-07-01	现行
DL/T 597—2017	低压无功补偿控制器使用技术条件	国家能源局	2018-06-01	现行

表9-3 低压无功补偿装置所对应的标准

标准编号	标准名称	发布部门	实施日期	状态
DL/T 1417—2015	低压无功补偿装置运行规程	国家能源局	2015-09-01	现行
DL/T 597—2017	低压无功补偿控制器使用技术条件	国家能源局	2018-06-01	现行
JB/T 7115—2011	低压电动机就地无功补偿装置	中华人民共和国工业和信息化部	2012-04-01	现行
TB/T 3309—2013	电气化铁路动态无功补偿装置	中华人民共和国铁道部	2013-06-01	现行
YB/T 4268—2020	矿热炉低压无功补偿技术规范	中华人民共和国工业和信息化部	2021-04-01	现行
GB/T 15576—2020	低压成套无功功率补偿装置	国家市场监督管理总局、中国国家标准化管理委员会	2021-06-01	现行
GB/T 22264.3—2022	安装式数字显示电测量仪表 第3部分：功率表和无功功率表的特殊要求	国家市场监督管理总局、中国国家标准化管理委员会	2023-07-01	现行

续表

标准编号	标准名称	发布部门	实施日期	状态
GB/T 29312—2022	低压无功功率补偿投切器	国家市场监督管理总局、中国国家标准化管理委员会	2023-05-01	现行
JB/T 10695—2007	低压无功功率动态补偿装置	中华人民共和国国家发展和改革委员会	2007-07-01	现行
MT/T 1048—2007	矿用隔爆型低压无功功率终端补偿器	国家安全生产监督管理总局	2008-01-01	现行
NB/T 31038—2012	风力发电用低压成套无功功率补偿装置	国家能源局	2013-03-01	现行
GB/T 22582—2023	电力电容器 低压功率因数校正装置	国家市场监督管理总局、中国国家标准化管理委员会	2023-09-01	现行
DL/T 1417—2015	低压无功补偿装置运行规程	国家能源局	2015-09-01	现行

9.2 智能电容器工程设计

9.2.1 智能电容器工程条件

可以参考低压无功补偿成套装置的有关标准来设计基于智能电容器的无功补偿工程。

1. 环境条件

1）海拔

参考国家标准《低压成套无功功率补偿装置》(GB/T 15576—2020)和行业标准《低压无功功率动态补偿装置》(JB/T 10695—2007)，智能电容器可按照安装地点海拔不超过 2km 考虑，用于海拔高于 2km 地区的智能电容器需要考虑介电强度降低和空气冷却效果减弱的影响，相关设计需要由用户与制造方协商确定。

2）温度和湿度范围

智能电容器安装在户内时，其周围空气温度应不超过＋40℃，空气温度的下限不低于－5℃，而且在 24h 内周围空气平均温度不超过＋35℃，在周围空气温度为＋40℃时空气相对湿度不超过 50％，在周围空气温度较低时允许智能电容器运行环境有较高的相对湿度。智能电容器安装在户外时，其周围空气温度应不超过＋40℃，空气温度的下限不低于－25℃，而且在 24h 内周围空气平均温度不超过＋35℃，空气温度为＋25℃时空气相对湿度短时可达 100％。空气温度较低或者较高时，需要制造商与用户之间达成专门的协议，在智能电容器设计过程中需要特殊考虑温度和湿度的适应性。

3）防污秽能力

智能电容器安装在屋内时应具有防污染的效果，安装在屋外时需要考虑环境的污秽等级。

2. 配电系统条件

1）电压偏差

智能电容器应考虑接入点的配电网实际和可能的运行电压范围。

2）电压波动

智能电容器应考虑接入点的配电网电压波动和闪变。

3）频率变化

智能电容器应考虑接入点的配电网频率的变化范围。

4）谐波水平

智能电容器应考虑不同运行方式和运行电压及负荷水平下配电网背景谐波。

5）电压不平衡度

智能电容器应考虑接入点配电网三相电压不平衡度。

9.2.2 工程设计要求

1. 接入配电网的基本要求

智能电容器应根据拟安装地点配电网接线及运行方式、背景谐波和无功需求等因素，按全面规划、合理布局、分级补偿、就地平衡的原则确定最优的无功补偿容量和方式。

2. 投切要求

对智能电容器投切过程所引起的涌流和过电压应采取相应的抑制和保护措施。

3. 无功补偿要求

智能电容器补偿容量应根据负荷无功需求，并结合本地区电网无功规划以及无功电压有关规定来确定。例如，考虑安装地点用户变压器、电抗器及其他感性负荷设备的无功功率需求，确保应用智能电容器补偿后的功率因数符合相关规定，不得出现无功功率过补偿，不能使用户功率因数超前。

4. 安全运行要求

智能电容器元件应安全可靠运行，在配电网中不会发生谐振和谐波放大现象，且应具备完善的保护功能，在智能电容器必须装设放电器件时，放电特性应满足国家标准《并联电容器装置设计规范》(GB 50227—2017)的相关规定要求。智能电容器的外壳、安装支架及绝缘台架的电位均应固定，应满足国家标准《并联电容器装置设计规范》(GB 50227—2017)的相关规定要求。

5. 可靠性要求

在事先约定的配电网电压偏差、频率偏差和设备允许温度变化范围内，智能电容器的性能应满足设计要求，并且需要在设计时进行可靠性、安全性校核计算。

6. 环保要求

智能电容器运行中产生的噪声应符合国家的相关规定要求。

9.2.3 智能电容器参数选择

1. 智能电容器容量选择

在工程应用中，按照设计容量、补偿容量和安装容量来进行容量选择。首先要根据负荷无功补偿的需求确定补偿容量的大小，然后考虑配电网工况后选择智能电容器组的安装容量，通常以提高功率因数的方法确定安装容量和安装的智能电容器台数。

智能电容器设计容量较为固定，单台智能电容器产品均按照常用的容量来进行设计，且产品按照常见的容量等级设计。

智能电容器的补偿容量是根据实际的功率因数得出的智能电容器输出的容量。

智能电容器的安装容量可以参考国家标准或行业标准中关于并联电容器的相关规定，例如，国家标准《并联电容器装置设计规范》(GB 50227—2017)规定了并联电容器接入配电网应按全面规划、合理布局、分层分区补偿、就地平衡的原则来确定最优补偿容量。应在配电网有功规划的基础上进行无功规划，且能随负荷变化进行调整。

智能电容器的安装容量与补偿容量稍有不同，考虑到智能电容器电压、电流余量和串联电抗器的影响，安装容量一般会大于补偿容量。例如，智能电容器应用 30kvar/450V 的电容器，如果实际电网电压为 400V，智能电容器输出容量小于 30kvar。

2. 智能电容器元器件参数选择

智能电容器的元器件包含投切开关、电容器、电抗器、断路器等，参数包含额定容量、额定电压、额定电流、海拔、温度、污秽等级等。参数选择可以参考第 3 章的方法。表 9-4 给出了一个典型应用例子的参数表格。

表 9-4 智能电容器参数示例

参　　数	符　　号	数　　值	单　　位
系统电压	V_s	400	V
补偿容量	Q	25	kvar
额定频率	f	50	Hz
电容器充电电流	I_c	36	A
选用熔断器的电流规格	I_r	>54	A
电抗器规格	X_L	7	%
电抗器电感值	L	3.83	mH
谐振共振点	f_0	3.78	次
电容器实际工作电压	V_e	430	V
电容器等效无功补偿容量	Q_e	27	kvar
设计安全电压	V_m	11.6	%
补偿电容实际额定电压	V_c	480	V
电容器额定补偿容量	Q_c	33	kvar
电容器的电容值	C	463	μF

9.2.4 智能电容器组配置方案

智能电容器一般应用于低压无功补偿场合，多台智能电容器构成智能电容器组进行工作，按照智能电容器的连接方式可分为三相共补型(△连接)和三相分补型(Y 连接)两种类型；按照是否串联电抗器可分为无串联电抗器型智能电容器和三相谐波补偿型(串联电抗器)智能电容器。各种智能电容器的配置一般是按照负荷特性来进行的，也可以将共补型和分补型智能电容器混合配置。表 9-5 为某智能电容器厂家提供的智能电容器产品参数等级。

表 9-5 某厂智能电容器产品参数等级

补偿类型	容量/kvar	额定电压/V
共补型智能电容器	5	450
	10	450
	15	450
	20	450
	30	450
	40	450
分补型智能电容器	5	260
	10	260
	15	260
	20	260
	30	260
	40	260
串联电抗器的共补型智能电容器	5(7%串联电抗器)	480
	10(7%串联电抗器)	480
	15(7%串联电抗器)	480
	20(7%串联电抗器)	480
	30(7%串联电抗器)	480
	40(7%串联电抗器)	480
	5(14%串联电抗器)	525
	10(14%串联电抗器)	525
	15(14%串联电抗器)	525
	20(14%串联电抗器)	525
	30(14%串联电抗器)	525
	37(14%串联电抗器)	525
串联电抗器的分补型智能电容器	5(7%串联电抗器)	280
	10(7%串联电抗器)	280
	15(7%串联电抗器)	280
	20(7%串联电抗器)	280
	25(7%串联电抗器)	280
	5(14%串联电抗器)	300
	10(14%串联电抗器)	300
	15(14%串联电抗器)	300
	20(14%串联电抗器)	300

由表 9-5 可知,共补型智能电容器的额定电压有 450V、480V 和 525V 三种,分补型智能电容器的额定电压有 260V、280V 和 300V 三种。目前大部分智能电容器厂家产品的额定电压基本与表 9-5 所示的相同。工程应用中选择额定电压时留有一定的裕量,一般选择高一个电压等级的智能电容器,如 400V 选 450V,220V 选 230V 或 260V 等。

实际工程应用时,需要根据智能电容器组中智能电容器的台数、智能电容器的种类、各台智能电容器的容量等来选配智能电容器。对于智能电容器容量配置方案并无通用规则,需根据实际情况具体确定。若无规则方案,可按配电网并入点变压器容量的 20%~50%进行方案配置,共补型智能电容器和分补型智能电容器容量可按照 2∶1 来进行配置。由于目前配电网中谐波型负荷较多，所以尽量选择带串联电抗器的智能电容器配置方案，以防止谐波放大，提高智能电容器的使用寿命。表 9-6 给出了工业应用中的智能电容器容量配置方案例子。各个厂家的智能电容器产品的容量等级和成本有所不同，容量配置方案也会有所不同。另外，还应考虑并入电网点的运行情况，所以具体应用应具体分析。

表 9-6　某厂智能电容器典型配置方案

类　别	安装容量											
	200kvar		240kvar		300kvar		360kvar		400kvar		480kvar	
	方案 1	方案 2	方案 1	方案 2	方案 1	方案 2	方案 1	方案 2	方案 1	方案 2	方案 1	方案 2
三相无功共补	5 台		6 台		6 台		9 台		10 台		12 台	
		4 台		8 台	2 台	10 台		12 台		14 台		16 台
		4 台										
三相无功分补	7 台	4 台	8 台		10 台		12 台		14 台		16 台	8 台
		4 台		12 台		15 台		18 台		20 台		8 台
三相谐波共补串 7%电抗器	5 台		6 台		8 台		9 台		10 台		12 台	
		4 台		8 台		10 台		12 台		14 台		16 台
		4 台										
三相谐波共补串 14%电抗器	5 台		6 台		8 台		10 台		11 台		13 台	
		4 台		8 台		10 台		12 台		14 台		16 台
	1 台	4 台	1 台									
三相谐波分补串 7%电抗器	8 台		10 台		12 台		15 台					
		10 台		12 台		15 台						
				1 台								
三相谐波分补串 14%电抗器	10 台	8 台	12 台	10 台	15 台							
		4 台		4 台								

9.2.5　智能电容器试验

目前，智能电容器作为新一代的低压无功功率补偿装置，国家没有一个统一的标准来规范和约束其生产、制造和检验，智能电容器取得的 CCC（中国强制性产品认证）证书中执行的国家标准为《低压成套无功功率补偿装置》（GB/T 15576—2020），此标准对智能电容器的要求较低，尤其在控制功能和投切开关上几乎没有针对性的要求，在响应速度和涌流抑制上的标准过于宽松，在投切开关带载投切次数上没有任何规定，因此，对于智能电容器来说，较易实现标准所对应的 CCC 强制认证。

CCC 认证依据国家标准《低压成套无功功率补偿装置》（GB/T 15576—2020）进行相应试验，具体如表 9-7 所示。

表 9-7　试验项目表

序号	试验项目	依据标准条款
1	材料和部件的强度	9.2
2	装置的防护等级	9.3

续表

序号	试 验 项 目	依据标准条款
3	电气间隙和爬电距离	9.4
4	电击防护和保护电路的完整性	9.5
5	电器元件和辅件的组合	9.6
6	内部电路和连接	9.7
7	外接导线端子	9.8
8	介电性能	9.9
9	温升验证	9.10
10	短路耐受强度	9.11
11	EMC 试验	9.12
12	机械操作试验	9.13
13	噪声测试	9.14
14	装置的控制和保护	9.15
15	放电试验	9.16
16	动态响应时间检测	9.17
17	抑制谐波或滤波功能验证	9.18
18	通电操作试验	9.19
19	环境温度性能试验(仅适用于户外型)	9.20
20	内装元件的组合	10.5
21	布线、操作性能和功能	10.10

应用磁保持继电器的投切开关具有百万次投切的性能，在应用磁保持继电器的智能电容器中，为了提高智能电容器的可靠性，可以进行百万次全载投切试验，具体如下：

(1) 智能电力电容器应与相同容量的感性负荷并联于400V配电网上，智能电容器全载工作。

(2) 智能电容器进行全载投切控制，设置智能电容器投切动作时间为3～5s/次。在连续投切智能电容器的过程中，在规定完成投切次数的10％、50％、75％时，应检查智能电容器开关是否仍能正常投切，投切过程中是否有涌流、过电压、电弧等产生，检测电容器本身温度是否过高，智能电容器状态显示是否正常，投切计数器是否正常，并检查400V配电网电压是否正常。

(3) 若智能电容器在投切过程中发生故障、死机、计数不准、跳闸等问题，重启后应重新进行投切计数。

(4) 在智能电容器完成百万次全载投切试验后，手动投切智能电容器，投切开关组件应仍能正常工作，检查智能电容器投切开关有无结构损坏，触点有无粘连、焊死、脱落等现象，检查电抗器、电容器等元件是否有损坏。

9.3 智能电容器安装及检验

由于智能电容器集成了投切开关、控制电路、电容器、电抗器及断路器等器件，独立成装置，因此，将其安装在低压开关柜内或就地补偿负荷无功时，一次主电路接线非常简单，仅需要提供配电网动力线即可，共补型智能电容器只需三相三线（A、B、C动力线），分补型智能电容器只需三相四线（A、B、C、N动力线）即可，相对于传统的无功补偿电容器装置来说，大大减少了各元器件在柜内的接线。智能电容器的控制器电源从输入端主电路中获取，其电压与电流检测模块也集成在智能电容器本体中，使接线简洁明了。

智能电容器在低压开关柜内的二次接线也非常简单，主要包含负荷的采样电流互感器连接、智能电容器之间的通信连接和对智能电容器进行监控的外部通信线连接。智能电容器需要采集负荷电流信号，以计算无功功率和功率因数。智能电容器的补偿类型不同，采集的电流的相也不同。共补型智能电容器采集某一相的电流信号并计算该相的功率因数及无功功率值，然后进行投切控制；分补型智能电容器需要采集三相的电流信号并分别计算三相的功率因数及无功功率值，然后进行分相电容投切控制。一般通过两级二次电流互感器采集负荷电流，一次电流互感器输出0～5A电流，二次电流互感器将0～5A电流变换成0～5mA电流信号供控制器使用。图9-1给出了智能电容器的接线图示例。

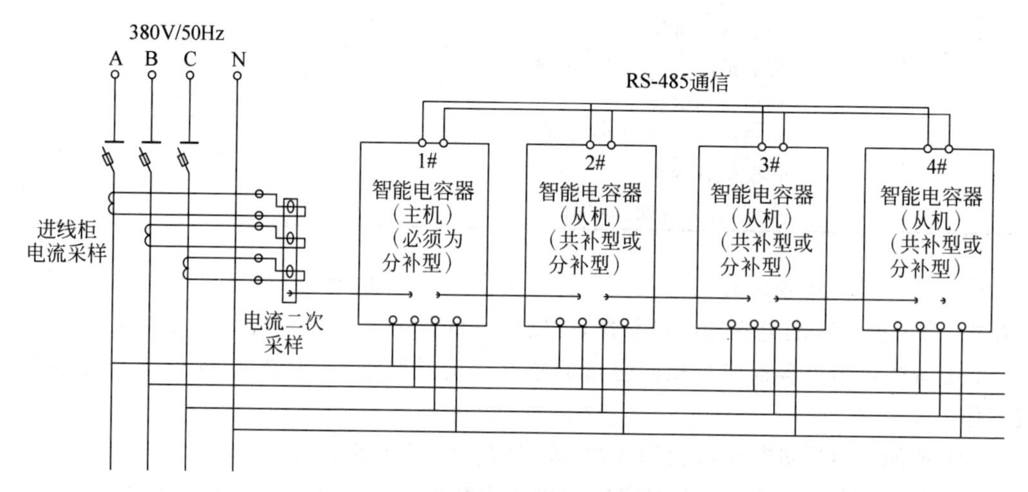

图9-1 智能电容器的接线图示例

智能电容器的检验与传统无功补偿装置有着较大的不同，其区别主要在于智能电容器的通信功能检验、保护功能检验等方面。下面给出了一个具体的生产检验步骤实例，见表9-8。

表9-8 智能电容器生产检测步骤实例

序号	步骤	具体内容
1	数量、型号、附件及资料检查	(1) 检查智能电容器的数量及型号、监控系统的数量及型号、电容器合格证及接线端子标签、电容器编号、二次电流互感器的相序及方向标签、智能电容器使用说明书、智能电容器上电使用步骤表。 (2) 检查监控系统电源、通信线、二次电流互感器、手/自动开关是否有缺漏。 (3) 检查智能电容器是否以编号从小到大顺序安装；检查智能电容器外观是否完整；检查智能电容器上的断路器开关能否手动合分闸，并在上电前使其处于分闸状态

续表

序号	步 骤	具 体 内 容
2	接线检查	(1) 检查进线柜电流互感器到智能电容器的电流互感器接线端子是否正确。 (2) 检查二次电流互感器接线方向和相序是否正确。 (3) 检查智能电容器组一次接线、监控系统连接线、各智能电容器之间的通信线是否连接正确并连接牢固。 (4) 检查编号为1#主机的端子是否与监控系统和手/自动开关相连、二次电流互感器的通信线是否与1#主机连接
3	通电检验	(1) 将含智能电容器组的柜体柜门上的手/自动旋转开关转到手动位置。若无手/自动旋转开关,则将1#主机上的开关拨到手动位置,将每台智能电容器调至手动状态,确认其断路器开关处于断开状态。 (2) 给含智能电容器组的柜体通电并将隔离开关合闸,一台接一台地将智能电容器断路器开关调至闭合状态;检查每台智能电容器显示是否正常,有无白屏、黑屏、打火等现象,是否显示手动操作状态下的页面;检查监控系统指示灯是否亮起,是否正常显示,检查是否有智能电容器跳闸现象
4	设置检验与核对	(1) 检查智能电容器人机交互系统拨动开关、按键是否灵活可靠,检查液晶显示屏安装是否正确;查看每台智能电容器的参数,包括地址、CT变比、投切间隔、PF等。 (2) 1#主机:检查地址是否正确、台数是否正确、混合补偿时1#主机是否为分补、主机灯是否点亮、CT变比等参数是否正确;将PF值选项中的Q值设置为容量。 (3) 从机:检查地址是否与编号一一对应,检查共补型和分补型是否设置正确,检查是否将从机误设为主机现象,检查CT变比等参数是否正确
5	模拟投切	(1) 将每台智能电容器设置为自动投切状态,使用模拟负载设备输出0.5~1A的感性三相电流,提供给电流二次采样互感器,在自动投切状态下查看每台智能电容器的参数显示是否正常。参数范围参考如下: ① 电压范围:220~240V。 ② 电流范围:若CT变比为200且二次采样互感器输入1A电流,液晶显示屏显示电流值约为200A。 ③ 功率因数:在二次采样互感器输入电流为感性时,功率因数为正值。 ④ 状态显示:查看每台智能电容器投切状态显示是否正确。 (2) 将手/自动开关设置为自动,观察每台智能电容器运行指示灯是否按地址顺序一台一台地点亮,监控系统是否显示智能电容器按顺序一台一台地投入;然后将二次采样互感器的输入电流转换为容性,观察每台智能电容器运行指示灯是否按顺序一台一台地熄灭,监控系统是否显示智能电容器按顺序一台一台地切除。 (3) 自动投切状态时监控系统的电压参数和PF参数应显示,若无显示,则存在通信问题,需检查接线
6	恢复设置	(1) 将含智能电容器组的柜体柜门上的手/自动旋转开关转到手动位置。 (2) 确认每台智能电容器设置为自动状态。 (3) 将每台智能电容器的断路器开关断开。 (4) 将含智能电容器组的柜体刀闸开关断开。 (5) 断电,检验过程结束
7	挂合格证	全部检验完成后,可对符合要求的智能电容组补偿柜挂合格证
8	入库	按照生产厂家要求进行入库

9.4 智能电容器与 APF 混合应用技术

智能电容器用于补偿无功功率，在具有谐波的场合，会使用有源电力滤波器(active power filters，APF)构成混合补偿系统，本节介绍智能电容器和 APF 混合应用技术。

智能电容器和 APF 在配电网中的接线位置不同，混合补偿效果也不同，主要有 4 种接入方式[38]，如图 9-2 所示。

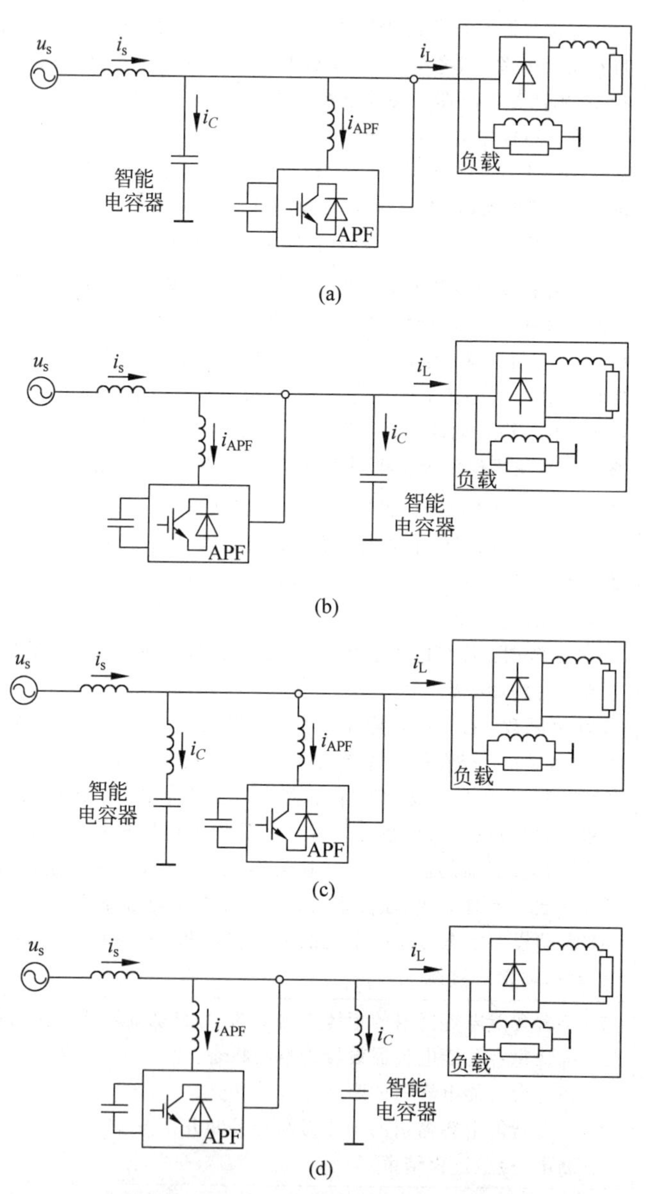

图 9-2 智能电容器与 APF 混合补偿系统接线方式

(a) 智能电容器接入配电网侧；(b) 智能电容器接入负载侧；
(c) 智能电容器串联电感后接入电网侧；(d) 智能电容器串联电感后接入负载侧

系统的单相谐波等效电路如图 9-3 所示，图中 Z_S 表示电网阻抗，Z_C 表示智能电容器阻抗，负载等效为谐波电流源。

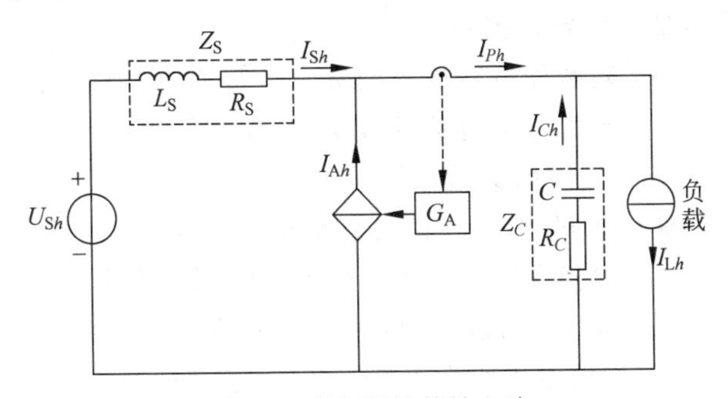

图 9-3 单相谐波等效电路

通过对图 9-2 所示的智能电容器与 APF 不同接线方案的分析比较，可以得出如下结论[38]：

（1）在含有谐波负载的系统中，无串联电抗器的智能电容器对较高次谐波的阻抗较低，可能会产生谐波放大现象，如果系统中有 APF，会影响 APF 的谐波抑制功能，导致 APF 的电流流入智能电容器，产生过大的电源谐波电流，无法对负载谐波进行补偿。

（2）当智能电容器包含串联电抗器时，其可以与 APF 共同运行，无论智能电容器是接在电网侧还是负载侧，APF 都可以完成谐波抑制功能，智能电容器串联电抗器抑制了谐波的放大。

（3）带串联电抗器的智能电容器与 APF 配合使用时，从无功和谐波的补偿效果来看，智能电容器接入电网侧要优于智能电容器接入负载侧，因为智能电容器的阻抗不是无穷大，导致 APF 输出的谐波补偿电流要流向电网和智能电容器中，电网和智能电容器对谐波电流的分配取决于智能电容器阻抗和电网阻抗的大小，但就 APF 功能来说，没有完全抵消负载的谐波电流，影响其补偿效果。

9.5 智能监控系统及自适应控制技术

在智能电容器的设计、调试、生产过程中需要一些配套设备，本节简单介绍智能电容器组智能监控系统、智能电容器组满载模拟试验设备以及智能电容器同步开关自适应控制系统。

9.5.1 智能电容器组智能监控系统

在智能电容器组运行过程中，主机可以通过液晶显示屏进行各从机的运行参数和运行状态监控，为了方便调试，也可以应用一些辅助设备完成监控功能，例如智能电容器组触摸屏人机交互系统，下面介绍一下设计和应用智能电容器组触摸屏人机交互系统对各台智能电容器的运行参数和运行状态进行监控。

智能监控系统通过含通信功能的触摸屏实现对智能电容器组的监控，设备主要由含 PLC 的人机交互界面（触摸屏）组成。PLC 采用 AB CompactLogix/ControlLogix 系列 PLC

作为主控芯片，其引脚直接与其他模块的数据、控制引脚连接；触摸屏完成显示和操作功能；PLC 芯片与各智能电容器相连，实现 RS-485 通信功能，通过 RS-485 通信模块来实现各个智能电容器的参数监控和投切控制。

智能监控器的作用有：对智能电容器组的每一台智能电容器进行参数和状态显示，方便且直观；可以操作任意一台智能电容器的投切，简单方便地控制智能电容器组。智能监控器作为独立设备，易于安装，使用触摸屏操作，可以简单、方便和直观地实现智能电容器组的控制，可用于生产、调试等过程，也可以安装在开关柜等柜体的外面，直观监控。

图 9-4 为智能电容器组触摸屏监控系统的整体结构，多台智能电容器并联运行，其中一台作为主机，其余作为从机，设置主机和从机的通信地址。主机将根据功率因数和无功功率生成投切指令，主机的投切由主机的投切指令控制；主机通过 RS-485 通信线向从机发送投切指令，对从机进行投切控制，从机接收到投切指令后投切智能电容器。智能电容器组中增加智能监控器，通过 RS-485 通信线与各台智能电容器相连。当智能监控器进行监控时需先与主机进行通信，让主机收到智能监控器将要进行操作的提示信息，防止主机和智能监控器同时向从机发送 RS-485 通信信息，保证 RS-485 通信信息发送和接收的时序，以免出现 RS-485 通信故障。

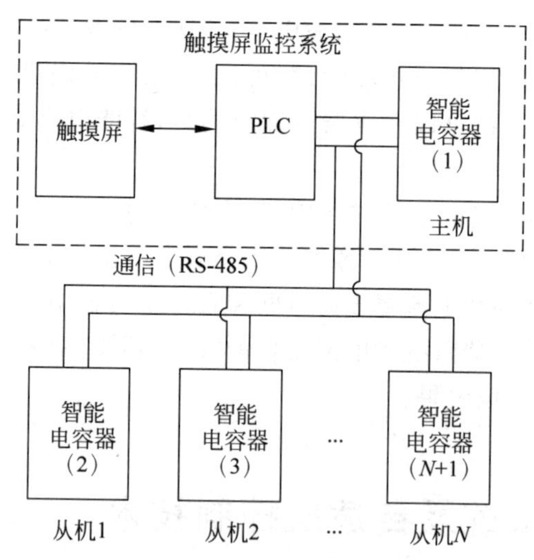

图 9-4 智能电容器组触摸屏监控系统整体结构图

智能监控器应用 RS-485 通信，通过每一台智能电容器独立的地址寻找到该智能电容器，智能电容器将接收到的通信地址与自己的地址进行比较，如果地址相同，则该从机被唤醒，并进行指令操作；如果地址不同，该从机进入静默状态。在触摸屏上触摸相应的选项可以对该智能电容器进行操作，智能电容器通过 RS-485 通信线将参数和状态信息返回给智能监控器。

图 9-5 为智能监控器的功能示意图。智能监控器在触摸屏上显示各台智能电容器的参数和状态信息，包含从机数、通信故障指示、运行总故障指示、对智能电容器全部投入的控制、对智能电容器全部切除的控制、分补或共补的显示、温度显示、三相电压和功率因数显示、每一台智能电容器的投切状态等；智能监控器可对任意一台智能电容器进行投切操作。通过对智能监控器进行编程实现监控功能，并转化为 RS-485 通信信息与各台智能电容器进行信息传递。通过上述方法可方便和直观地显示各台智能电容器的状态，简单、方便地控制智能电容器组。

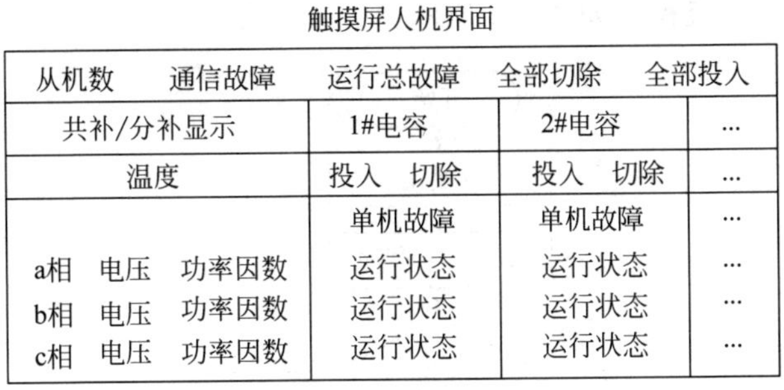

触摸屏人机界面

从机数　通信故障　运行总故障　全部切除　全部投入			
共补/分补显示	1#电容	2#电容	...
温度	投入　切除	投入　切除	...
	单机故障	单机故障	...
a相　电压　功率因数	运行状态	运行状态	...
b相　电压　功率因数	运行状态	运行状态	...
c相　电压　功率因数	运行状态	运行状态	...

图 9-5　智能监控器的功能示意图

智能监控器的整体软件结构如图 9-6 所示，主要包含触摸屏模块、PLC 驱动模块和主机单片机通信模块。

如图 9-7 所示，软件首先对单片机的通信模块进行检验，如果通信不正常，则直接退出运行；如果通信正常，则通过主机单片机通信模块向 PLC 发送各台智能电容器的状态信息，并在触摸屏上显示。若触摸屏上有操作信息，则通过 PLC 发送操作通信信息，主机单片机接收操作信息，对智能电容器组进行相应操作。

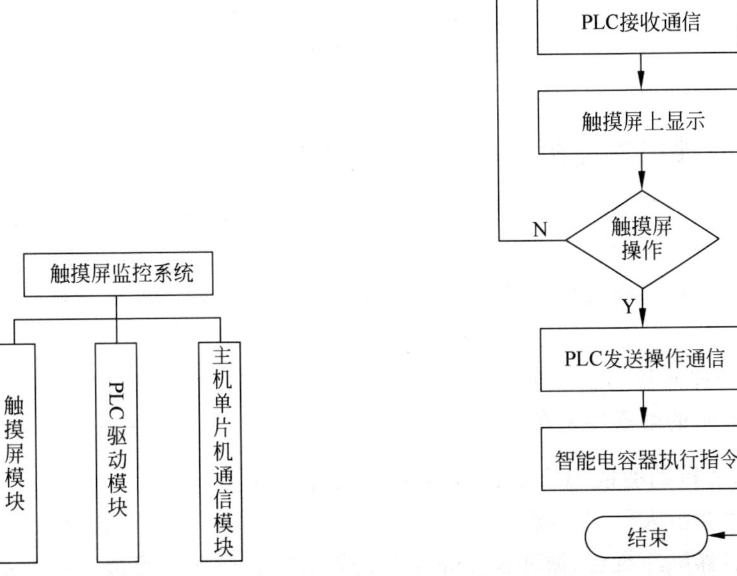

图 9-6　智能电容器组触摸屏监控系统软件结构图

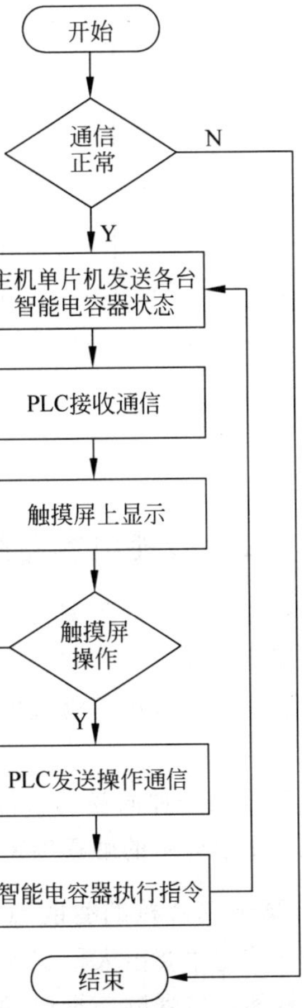

图 9-7　智能电容器组触摸屏监控软件流程图

PLC 驱动模块程序流程图如图 9-8 所示。

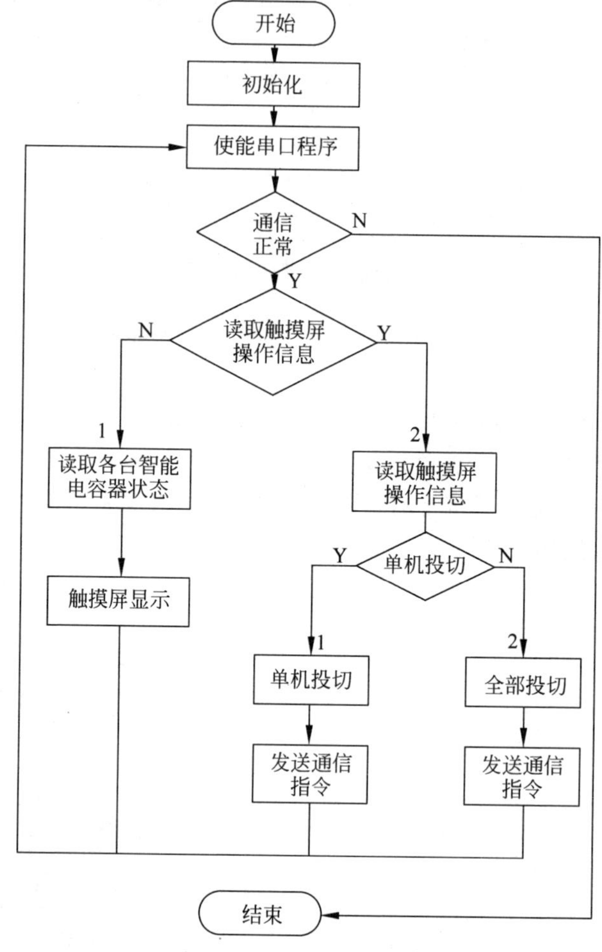

图 9-8 PLC 驱动模块程序流程图

9.5.2 智能电容器组满载模拟试验设备

在智能电容器产品即将出厂时需要进行智能电容器组满载模拟试验,测试智能电容器组的功能和性能,同时也要进行老化试验,在这些试验过程中需要提供感性的无功负载。可以通过一些设备进行满载模拟试验,例如让各台智能电容器不断地循环投切以测试其稳定性。

本节介绍一种简易的智能电容器组满负荷运行测试装置,可以由单片机来实现,也可以由 9.5.1 节介绍的触摸屏来实现。

1. 基于单片机的智能电容器组满载模拟试验设备

测试装置主要由人机交互模块、RS-485 通信模块和单片机组成,通过 RS-485 通信来实现各个智能电容器顺序投切、循环投切和先投先切功能。可通过模拟满负荷系统进行智能电容器组满负荷运行测试,模拟电网功率因数和无功功率变化,通过人机交互模块简单、方便地控制智能电容器组；可应用于设备的出厂试验、连续运行试验和环境试验等，满足厂家和用户的需要。

图 9-9 为智能电容器组满负荷运行测试装置结构示意图。该装置主要由人机交互模块、RS-485 通信模块和单片机组成。人机交互模块由液晶显示屏和按键操作面板构成，与单片机相连完成显示和操作功能。单片机通过 GPIO 口中断来判断按键操作，通过串行通信将按键面板操作信息和智能电容器组的状态信息显示在液晶显示屏上。单片机 RS-485 通信模块与各台智能电容器相连，通过发送 RS-485 通信指令来实现各台智能电容器的顺序投切。单片机 RS-485 通信模块先给各智能电容器发送状态查询指令，被选择的智能电容器将运行状态信息通过通信模块返回给智能电容器组满负荷运行测试装置，并在装置的液晶显示屏上显示。智能电容器组中的各台智能电容器在进行满负荷运行测试时不进行任何无功功率和功率因数的计算，智能电容器的投切完全由满负荷运行测试装置发出的 RS-485 通信指令决定。

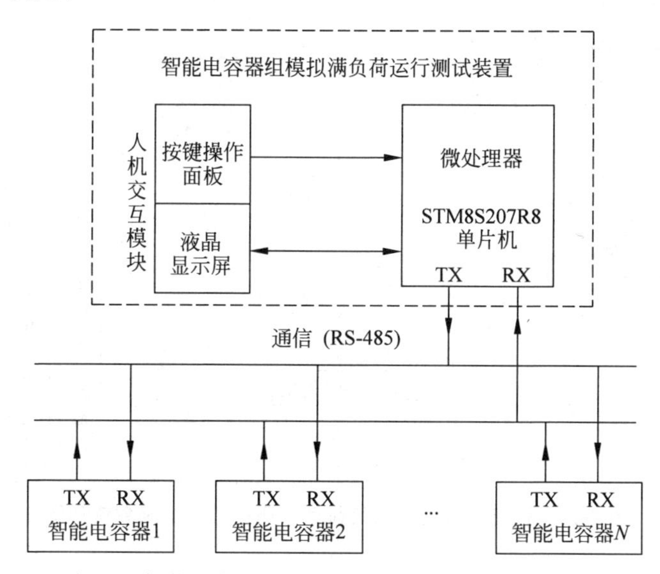

图 9-9 智能电容器组满负荷运行测试装置结构示意图

图 9-10 为智能电容器组满负荷运行测试装置主函数流程图。首先通过初始化设置，使系统处于预备工作状态，进行手动模式和自动模式判断，然后进入系统选择界面。液晶显示屏的显示界面主要包括显示、设置及故障界面。显示界面主要包括 A、B、C 三相电压值、电流值、功率因数和无功功率等。设置界面主要包括 A、B、C 三相功率因数投切的门限值和智能电容器投切的时间间隔。故障界面主要显示系统运行中的故障类型。如果单片机 GPIO 口检测到由按键操作面板输入的信号为手动模式，进入手动操作界面，可手动对某一台智能电容器进行操作；如果单片机 GPIO 口检测到由按键操作面板输入的信号为自动模式，进入自动操作界面，根据设定的功率因数值自动投切各台智能电容器。单片机通过 RS-485 通信模块与各智能电容器进行通信，用地址唤醒所对应的智能电容器，其他智能电容器仍然处于静默状态。被选择的智能电容器将通过接收到的 RS-485 操作指令进行智能电容器的投切操作，并将闭合或者关断状态信息通过 RS-485 通信模块返回给智能电容器组满负荷运行测试装置，在智能电容器组满负荷运行测试装置的

液晶显示屏上显示。

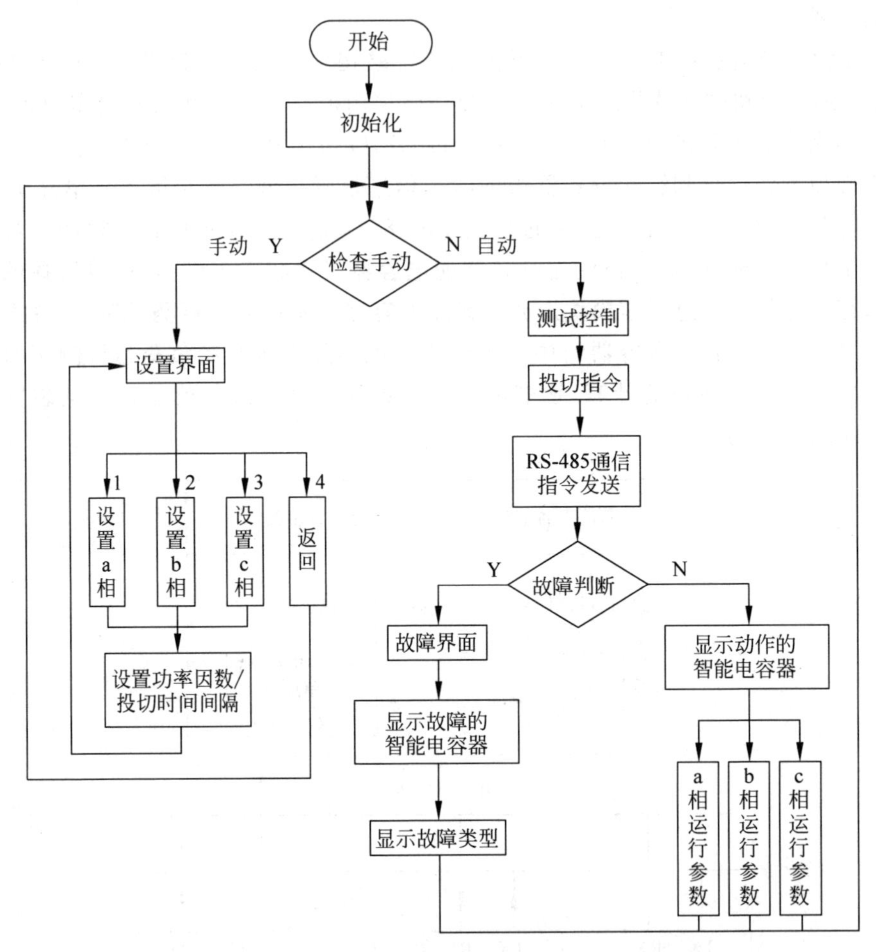

图 9-10 智能电容器组满负荷运行测试装置主函数流程图

智能电容器组满负荷运行测试装置的测试功能控制流程图如图 9-11 所示。可通过人机交互模块输入多个功率因数值,通过模拟修改电网运行的功率因数,让各台智能电容器顺序投入,各台智能电容器完成过零投入,投入完毕后再修改功率因数,让各台智能电容器顺序切除,从而实现智能电容器的循环投切,测试智能电容器组运行的可靠性和稳定性。通过上述方法可方便地模拟电网功率因数和无功功率变化,进行智能电容器组满负荷运行测试。

2. 基于触摸屏的智能电容器组满载模拟试验设备

应用 9.5.1 节中的触摸屏系统可以设计出智能电容器组满载模拟试验设备,其结构与图 9-4 和图 9-9 所示设备结构类似,多台智能电容器并联运行构成智能电容器组,智能电容器组满载模拟试验设备对智能电容器组进行控制,实现满载试验。

图 9-12 为触摸屏系统控制流程图,与图 9-7 所示流程类似,由触摸屏人机交互界面输入功率因数值,可以输入多个功率因数值,在每一次智能电容器组循环投切过程中应用一个功率因数值,下一次循环投切过程自动更新为下一个功率因数值,多个值执行结束后再

从第一个输入的功率因数值开始执行，以后重复上述过程。通过模拟修改电网运行的功率因数，让各台智能电容器顺序投入，各台智能电容器完成过零投入，投入完毕后再修改功率因数值，让各台智能电容器顺序切除，从而实现智能电容器的循环投切，测试智能电容器运行的可靠性和稳定性。通过选择触摸屏上的功能也可以对某一台智能电容器进行单机投切控制。

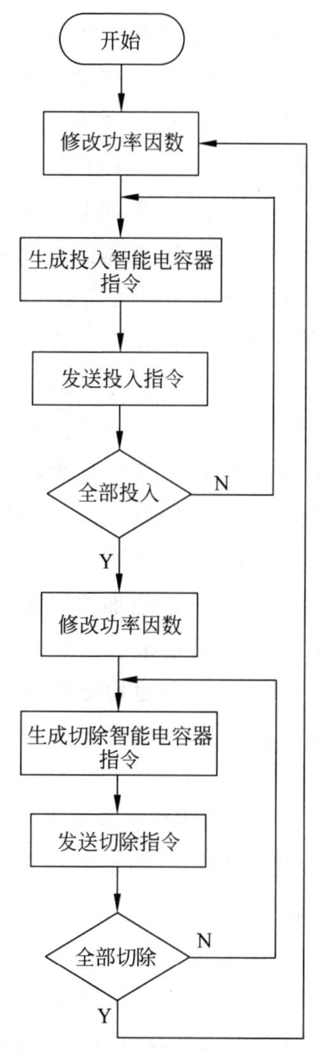

图 9-11 智能电容器组满负荷运行测试装置的测试功能控制流程图

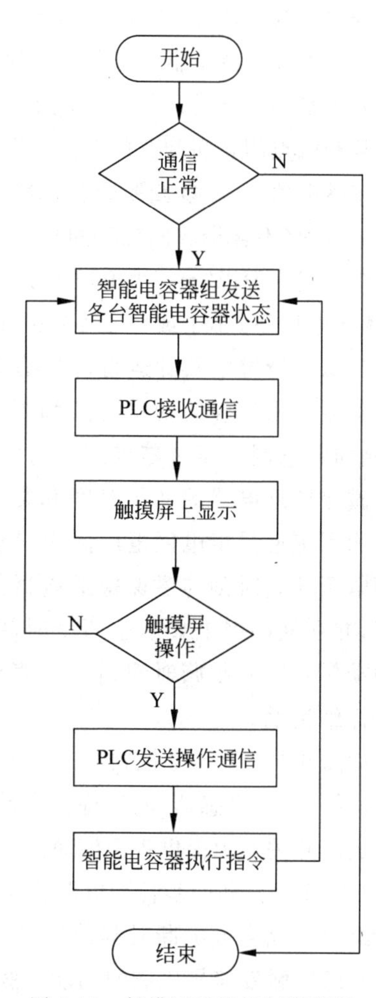

图 9-12 触摸屏系统控制流程图

PLC 驱动模块程序流程图与图 9-8 相同，初始化后使能串行通信，如果通信正常，则根据指令可以读取各台智能电容器的状态和触摸屏的操作信息，将各台智能电容器的状态在触摸屏上显示，触摸屏上的操作通过 RS-485 通信模块发送给各台智能电容器；如果通信不正常，则退出运行。通过上述方法可以方便地模拟电网功率因数和无功功率变化，进行智能电容器组满载模拟试验。

9.5.3 智能电容器同步开关自适应控制系统

在智能电容器中，从控制器发出投切指令到投切开关闭合关断过程中所存在的延时在某些场合需要进行检测，本节介绍以磁保持继电器为投切开关的投切延时检测，也就是检测磁保持继电器的动作时间和复归时间。

磁保持继电器可简单地理解为在输入端施加规定的电信号使其输出端闭合或关断的一种开关。为了使磁保持继电器工作可靠，要保证工作线路能向磁保持继电器线圈提供额定电压。磁保持继电器的性能参数中有与闭合和关断时间相关的几个参数：(1)动作时间，是指处于复归状态的磁保持继电器，从给线圈施加阶跃额定电压的瞬间起，到磁保持继电器的常开触点闭合瞬间止的时间(不含动作回跳时间)；(2)复归时间，是指处于动作状态的磁保持继电器，从给复归线圈施加额定电压的瞬间起，到磁保持继电器的常闭触点打开瞬间止的时间(不含释放回跳时间)；(3)回跳时间，是指从触点闭合瞬间到稳定闭合的时间。这几个时间一般以“ms”为单位表示。磁保持继电器的使用指南给出了动作时间和复归时间(额定电压下)小于或等于 20ms，其只给出了一个范围值。这是因为动作时间和复归时间与磁保持继电器的运行环境有关，受到触点参数、环境温度、电源波动情况的影响，所以不能给出精确的动作时间和复归时间。在动作时间和复归时间必须精确的应用场合，例如在电网电压过零点闭合的应用中，必须确定动作时间，所以针对不同应用环境需要对磁保持继电器的动作时间和复归时间进行测量。磁保持继电器动作时间和复归时间检测系统通过将电网电压同步信号作为参考，应用单片机测量施加给磁保持继电器的驱动电压开始时刻与磁保持继电器闭合或者关断时刻的时间差来确定动作时间或复归时间，并在液晶屏上显示这两个时间。该检测系统可简单、方便地检测磁保持继电器精确的动作时间和复归时间，快速、直观地显示这两个参数。本节将对该系统的开发过程进行详细说明。

如图 9-13 所示，微控制器选用 STM8S207R8 型单片机，检测装置由开关电源、液晶屏、按键面板、电压互感器、同步检测电路、单片机、磁保持继电器驱动电路和闭合关断检测电路构成。开关电源提供各个模块的直流电压；液晶屏和按键面板完成测试功能的显示和操作；电压互感器和同步检测电路将生成电网电压同步信号，并输入单片机 GPIO 口，作为磁保持继电器闭合或关断时刻的参考；单片机通过 GPIO 口完成按键面板指令接收、液晶屏显示和脉冲触发信号生成的功能；驱动电路完成磁保持继电器的驱动功能；闭合关断检测电路完成磁保持继电器状态反馈的功能。检测装置通过单片机检测电压同步信号上升沿，启动定时器，生成驱动信号；磁保持继电器闭合或者关断后由闭合关断检测电路产生反馈信号，单片机测量电压同步信号上升沿与反馈信号的时间差，该时间差即为动作时间或复归时间，并在液晶屏上显示该时间。

检测系统的软件是基于 STM8S207R8 型单片机实现的，采用 C 语言编程，实现电气信号采集、转换、存储、计算以及生成投切信号、显示工作状态、手动按键操作等功能。软件主要包括液晶显示模块、按键操作模块、时间检测模块、磁保持继电器驱动模块，如图 9-14 所示。

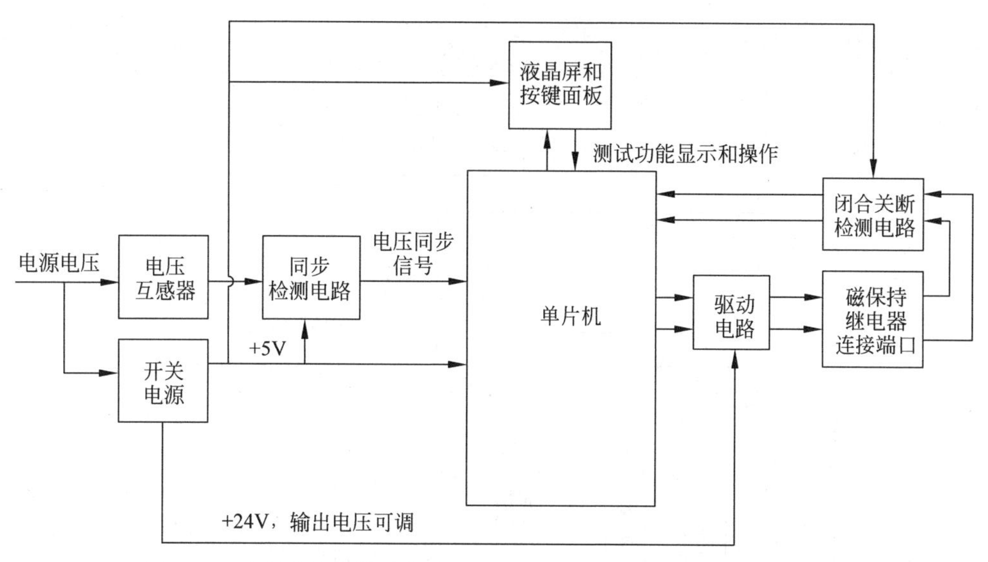

图 9-13　磁保持继电器动作时间和复归时间检测系统整体结构示意图

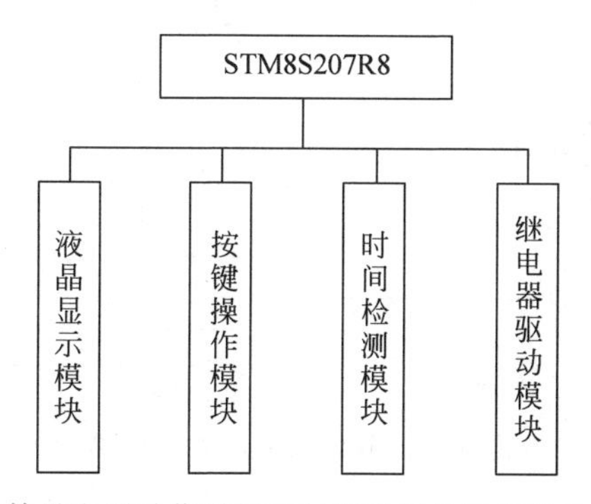

图 9-14　磁保持继电器动作时间和复归时间检测系统软件结构示意图

软件的主函数流程图如图 9-15 所示。首先通过初始化设置，使系统处于预备工作状态。液晶显示屏的界面主要包括显示界面和测试界面。显示界面主要包括 A、B、C 三相磁保持继电器动作时间和复归时间的测试结果。测试界面主要包括 A、B、C 三相测试操作的选择及投切界面。

在电压同步信号上升沿单片机 GPIO 口产生上升沿中断，在中断程序中启动定时器进行计时，设置定时器周期，再设置一个定时器周期计数变量，记录定时器的周期数，例如设置每 20ms 内记录 200 个周期。在由电压同步信号产生的 GPIO 口上升沿中断的程序中，单片机输出驱动信号经过放大电路放大后驱动磁保持继电器，驱动脉冲要持续 100ms。当磁保持继电器闭合或者关断后产生反馈信号，反馈信号输入单片机 GPIO 口，在下降沿(闭合)或者上升沿(关断)产生中断。将由电压同步信号产生的上升沿中断时刻与由磁保持继电器反馈信号产生的中断时刻相减，即为磁保持继电器的动作时间或者复归时间。液晶屏与单片机 GPIO 口相连，通过数据并行通信方式传送数据，并在液晶屏上显示动作时间和复归时间。

图 9-16 为磁保持继电器动作时间和复归时间检测示意图。在电压同步信号上升沿到

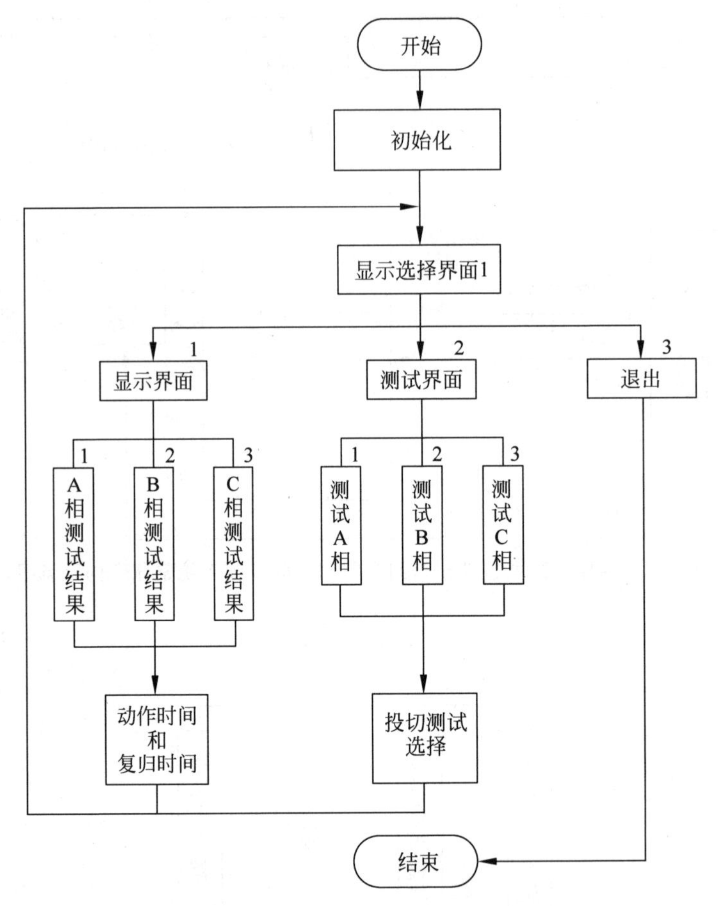

图 9-15 软件的主函数流程图

来时刻产生单片机 GPIO 口上升沿中断，在中断程序中启动定时器并输出闭合驱动信号，在磁保持继电器闭合时刻产生单片机 GPIO 口中断，两次中断之间的时间差即为动作时间 Δt_1；同样的过程用于检测复归时间 Δt_2。

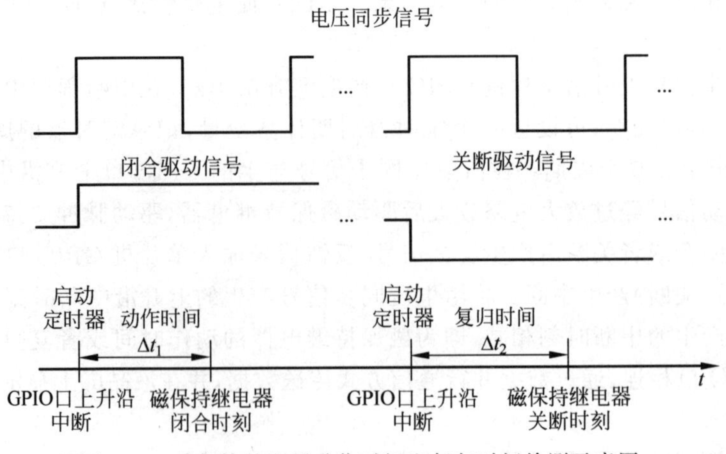

图 9-16 磁保持继电器动作时间和复归时间检测示意图

图 9-17 为动作时间和复归时间检测的程序流程图。用户在液晶界面上通过按键来选择测试类型，程序利用定时器中断和 GPIO 中断的时间差来实现检测磁保持继电器的动作时间和复归时间。

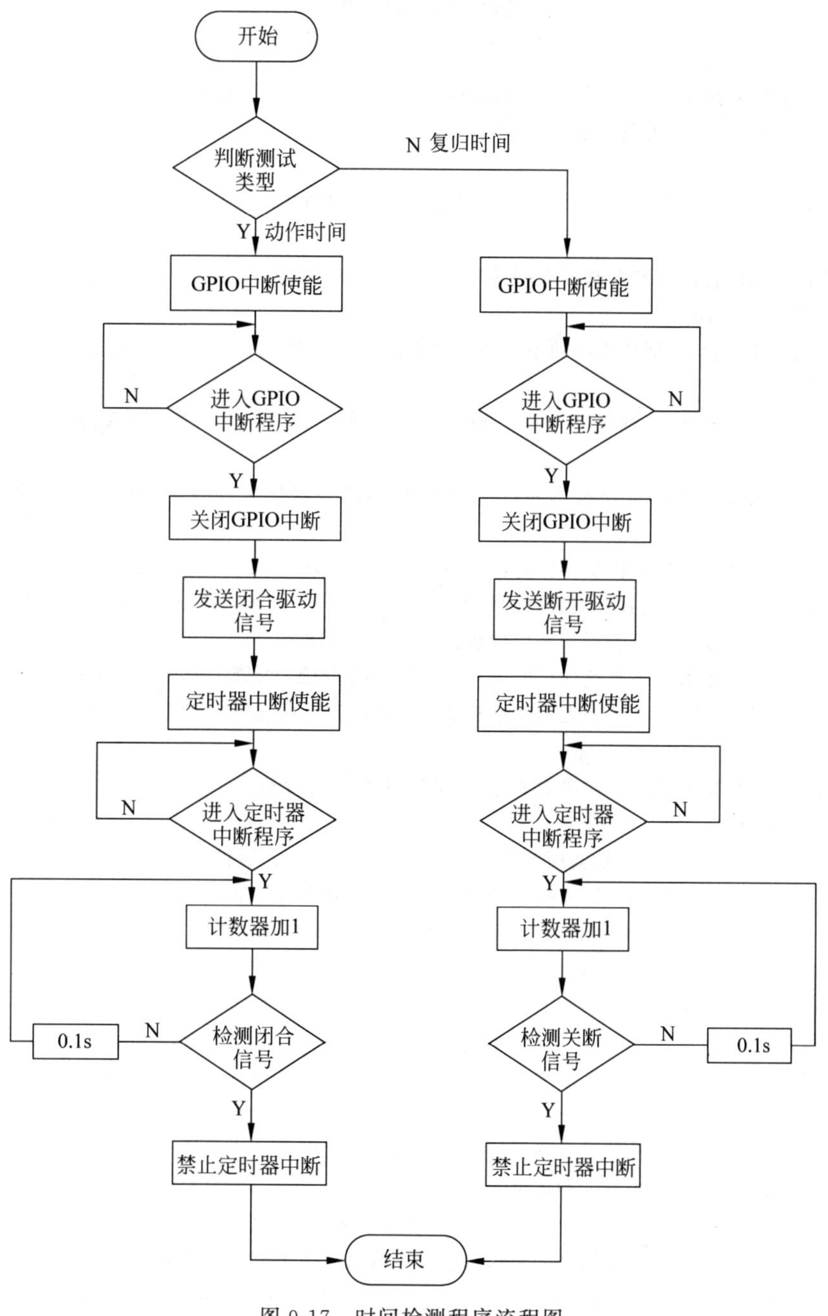

图 9-17　时间检测程序流程图

参考文献

[1] 王兆安，杨君，刘进军. 谐波抑制和无功功率补偿[M]. 2 版. 北京：机械工业出版社，2005.

[2] 中国电器工业协会. 电力电容器 低压功率因数校正装置：GB/T 22582—2023[S]. 北京：中国标准出版社，2023：5.

[3] 中国电器工业协会. 低压成套无功功率补偿装置：GB/T 15576—2020[S]. 北京：中国标准出版社，2020：11.

[4] 中华人民共和国住房和城乡建设部. 并联电容器装置设计规范：GB 50227—2017[S]. 北京：中国计划出版社，2017：10

[5] 中国机械工业联合会. 低压无功功率动态补偿装置：JB/T 10695—2007[S]. 北京：机械工业出版社，2007：6.

[6] 宋玉锋，沈卫峰，施博一. 低压电力电容器的智能化与低压无功补偿设备的变革[J]. 上海电力，2008，(2)：168-170.

[7] 电力行业电力电容器标准化技术委员会. 并联电容器装置技术及应用[M]. 北京：中国电力出版社，2012.

[8] 吴志民，吴俊. 电力电容器投切器件的比较[J]. 科技创业家，2012，(19)：122.

[9] 蒋晓刚. 低压无功补偿电容投切装置的性能比较及选型[J]. 江苏电气，2008，(5)：62-64.

[10] 郭大鹏. 无功补偿装置电容投切开关性能比较[J]. 电气制造，2012，(9)：66-67.

[11] 董如春. 集合式电容器不平衡保护的应用和分析[D]. 合肥：合肥工业大学，2009.

[12] 陈才明，贾德星，朱一元. 干式无油化结构是自愈式电容器的发展趋势[J]. 电力电容器与无功补偿，2014，35(4)：1-4.

[13] 王贺萍，王刚，宋华，等. 并联电容补偿工程参数计算与分析[J]. 电力电容器与无功补偿，2011，32(2)：9-12.

[14] 程文，卜贤成. 低压无功补偿实用技术[M]. 北京：中国电力出版社，2012.

[15] 徐琳. 动态无功补偿新型控制策略研究[D]. 上海：上海交通大学，2009.

[16] 罗永昌. 基于 DSP 的 TSC 型低压动态无功补偿装置的研制[D]. 西安：西安交通大学，2004.

[17] 吕晓洁. 智能低压 TSC 动态无功补偿装置的研究[D]. 西安：西安科技大学，2008.

[18] 邓彦国. 智能低压无功补偿装置的研制[D]. 北京：北京交通大学，2007.

[19] 徐嫣. 新型复合开关及动态无功补偿系统的研究[D]. 南宁：广西大学，2006.

[20] 严新忠. 大功率磁保持继电器起动电路的设计[J]. 继电器，2000，28(1)：46-47.

[21] 翁薇. 低压无功补偿控制器的研究与设计[D]. 长沙：湖南大学，2009.

[22] 宋舜波. 智能低压无功补偿系统的设计[D]. 杭州：杭州电子科技大学，2012.

[23] 吴功祥. 无功补偿用电容投切智能复合开关的研究[D]. 福建：福州大学，2010.

[24] 任琳. 基于 DSP 的无功补偿装置的研究与设计[D]. 成都：电子科技大学，2013.

[25] 刘卫星. 三相无功不平衡系统动态补偿控制技术研究[D]. 哈尔滨：哈尔滨工业大学，2010.

[26] 富致超，赵志华，王伦展，等. 积分法测量无功功率的原理初探[J]. 电测与仪表，2004，41(3)：1-2.

[27] 富致超，田春雨，耿心志，等. 数字移相法测量无功功率的频率误差补偿[J]. 电测与仪表，2004，41(10)：9-11.

[28] 朱连欢. 基于 DSP 的低压 TSC 动态无功补偿装置的研制[D]. 杭州：浙江大学，2008.

[29] 胡广书. 数字信号处理——理论、算法与实现[M]. 3. 版. 北京：清华大学出版社，2012.

[30] 杨璇，李胜，邓君丽，等. 滑动平均滤波器在数字控制中的改进[J]. 电力电子技术，2014，48(9)：

68-70.
[31] 何益宏.通用电能质量控制器检测和控制方法的研究[D].西安：西安交通大学，2003.
[32] 牛明.晶闸管投切电容器 TSC 中功率单元的研究[D].哈尔滨：哈尔滨理工大学，2009.
[33] 邓德智.基于 TSC 的无功补偿控制器的研究[D].沈阳：沈阳工业大学，2012.
[34] 张维.低压 TSC 型动态无功补偿装置的重复投切响应研究[D].西安：西安交通大学，2011.
[35] 巩庆.晶闸管投切电容器动态无功补偿技术及其应用[J].电网技术，2007，31(2)：118-122.
[36] 谷永刚.微机控制 TSC 型低压动态无功补偿装置的研究[D].西安：西安交通大学，2003.
[37] 张磊.420kvar TSC 型快速动态无功补偿装置的研制[D].西安：西安交通大学，2009.
[38] 孙伟，张新闻，同向前.并联电容器接入方式与位置对 APF 的影响分析[J].电力电容器与无功补偿，2012，33(5)：13-16.
[39] 周建丰，顾亚琴.无功补偿装置的发展及性能比较分析[J].四川电力技术，2007，30(4)：59-62.
[40] 洪文化.低压并联电容器回路中串联电抗器的选用[J].建筑电气，2009，28(3)：13-16.
[41] 罗永昌，谷永刚，肖国春，等.SSR 在 TSC 装置中应用的实验研究[J].电力电子技术，2004，38(4)：66-68.
[42] 房金兰.我国电力电容器及无功补偿装置制造技术的发展[J].电力电容器，2006，(5)：1-5.
[43] 陈炬，霍立新.无功补偿电容器及其装置在使用中的问题浅析[J].新疆有色金属，2008，31(4)：43-44.
[44] 王志洁，季美红.低压并联电容器装置中串联电抗器的选用[J].电工电气，2009，(8)：32-34.
[45] 杨毅，刘乾业，邹慕震.配电网无功补偿技术讲座——第八讲 串联电抗器在无功补偿装置中的应用[J].电世界，1998，39(3)：34-37.
[46] 李晖.并联电容器与有源电力滤波器混合补偿装置系统特性研究[D].西安：西安交通大学，2008.
[47] 何利铨，邱国跃.电力系统无功功率与有功功率控制[M].重庆：重庆大学出版社，1995.
[48] 游志宇，戴锋，张珍珍.电力电子 PSIM 仿真与应用[M].北京：清华大学出版社，2020.
[49] 闫留常.低压无功补偿系统中智能电容器的研究与设计[D].长沙：湖南大学，2016.
[50] 王砼.低压智能电容器的硬件开发及软件应用[D].厦门：厦门理工学院，2014.
[51] 万莉.智能电容器系统设计与实现[D].镇江：江苏大学，2019.
[52] 王砼，陈丽安，刘涛.低压智能电容器自适应过零投切技术的研究[J].电器与能效管理技术，2014，(17)：10-14.

智能电容器相关标准一览表

序号	标 准 编 号	标 准 名 称	发 布 部 门	实施日期
1	DL/T 250—2012	并联补偿电容器保护装置通用技术条件	国家能源局	2012-07-01
2	DL/T 355—2019	滤波器及并联电容器装置检修导则	国家能源局	2020-05-01
3	DL/T 842—2015	低压并联电容器装置使用技术条件	国家能源局	2015-09-01
4	GB/T 12747.1—2017	标称电压 1000V 及以下交流电力系统用自愈式并联电容器 第 1 部分：总则 性能、试验和定额 安全要求 安装和运行导则	中华人民共和国国家质量监督检验检疫总局、中国国家标准化管理委员会	2018-02-01
5	GB/T 12747.2—2017	标称电压 1000V 及以下交流电力系统用自愈式并联电容器 第 2 部分：老化试验、自愈性试验和破坏试验	中华人民共和国国家质量监督检验检疫总局、中国国家标准化管理委员会	2018-02-01
6	GB/T 12795—1991	电子设备用固定电容器	国家技术监督局	1991-12-01
7	GB/T 24123—2009	电容器用金属化薄膜	中华人民共和国国家质量监督检验检疫总局、中国国家标准化管理委员会	2009-12-01
8	GB/T 26870—2011	滤波器和并联电容器在受谐波影响的工业交流电网中的应用	中华人民共和国国家质量监督检验检疫总局、中国国家标准化管理委员会	2011-12-01
9	GB/T 28543—2021	电力电容器噪声测量方法	国家市场监督管理总局、中国国家标准化管理委员会	2021-12-01
10	GB 50227—2017	并联电容器装置设计规范	中华人民共和国住房和城乡建设部、中华人民共和国国家质量监督检验检疫总局	2017-11-01

续表

序号	标准编号	标准名称	发布部门	实施日期
11	GB/T 6916—2008	湿热带电力电容器	中华人民共和国国家质量监督检验检疫总局、中国国家标准化管理委员会	2009-04-01
12	JB/T 12166—2015	电力电容器纤维素纸	中华人民共和国工业和信息化部	2015-10-01
13	JB/T 1811—2011	压缩气体标准电容器	中华人民共和国工业和信息化部	2012-04-01
14	JB/T 7613—2013	电力电容器产品包装通用技术条件	中华人民共和国工业和信息化部	2014-07-01
15	JJF 1095—2002	电容器介质损耗测量仪校准规范	中华人民共和国国家质量监督检验检疫总局	2003-05-04
16	JJF 1293—1990	电容器损耗因数基准操作技术规范	国家技术监督局	2000-12-01
17	NB/SH/T 0866—2013	自愈式金属化电容器用蜡	国家能源局	2013-10-01
18	SDJ 25—1985	并联电容器装置设计技术规程	中华人民共和国水利电力部	1985-02-12
19	SJ/T 10150—1991	电子器件图形库 电阻器、电容器、电感器图形	中华人民共和国机械电子工业部	1991-12-01
20	SJ/T 10465—2015	电容器用金属化聚酯薄膜	中华人民共和国工业和信息化部	2015-10-01
21	GB/T 1094.6—2011	电力变压器 第6部分：电抗器	中华人民共和国国家质量监督检验检疫总局、中国国家标准化管理委员会	2011-12-01
22	GB/T 19212.7—2012	电源电压为1100V及以下的变压器、电抗器、电源装置和类似产品的安全 第7部分：安全隔离变压器和内装安全隔离变压器的电源装置的特殊要求和试验	中华人民共和国国家质量监督检验检疫总局、中国国家标准化管理委员会	2013-05-01
23	GB/T 19212.14—2012	电源电压为1100V及以下的变压器、电抗器、电源装置和类似产品的安全 第14部分：自耦变压器和内装自耦变压器的电源装置的特殊要求和试验	中华人民共和国国家质量监督检验检疫总局、中国国家标准化管理委员会	2013-05-01
24	GB/T 21419—2021	变压器、电源装置、电抗器及其类似产品 电磁兼容(EMC)要求	国家市场监督管理总局、中国国家标准化管理委员会	2022-07-01
25	JB/T 831—2016	热带电力变压器、互感器、调压器、电抗器	中华人民共和国工业和信息化部	2017-04-01
26	JB/T 9663—2013	低压无功功率自动补偿控制器	中华人民共和国工业和信息化部	2014-07-01

续表

序号	标准编号	标准名称	发布部门	实施日期
27	DL/T 597—2017	低压无功补偿控制器使用技术条件	国家能源局	2018-06-01
28	DL/T 1417—2015	低压无功补偿装置运行规程	国家能源局	2015-09-01
29	DL/T 597—2017	低压无功补偿控制器使用技术条件	国家能源局	2018-06-01
30	JB/T 7115—2011	低压电动机就地无功补偿装置	中华人民共和国工业和信息化部	2012-04-01
31	TB/T 3309—2013	电气化铁路动态无功补偿装置	中华人民共和国铁道部	2013-06-01
32	YB/T 4268—2020	矿热炉低压无功补偿技术规范	中华人民共和国工业和信息化部	2021-04-01
33	GB/T 15576—2020	低压成套无功功率补偿装置	国家市场监督管理总局、中国国家标准化管理委员会	2021-06-01
34	GB/T 22264.3—2022	安装式数字显示电测量仪表 第3部分：功率表和无功功率表的特殊要求	国家市场监督管理总局、中国国家标准化管理委员会	2023-07-01
35	GB/T 29312—2022	低压无功功率补偿投切器	国家市场监督管理总局、中国国家标准化管理委员会	2023-05-01
36	JB/T 10695—2007	低压无功功率动态补偿装置	中华人民共和国国家发展和改革委员会	2007-07-01
37	MT/T 1048—2007	矿用隔爆型低压无功功率终端补偿器	国家安全生产监督管理总局	2008-01-01
38	NB/T 31038—2012	风力发电用低压成套无功功率补偿装置	国家能源局	2013-03-01
39	GB/T 22582—2023	电力电容器 低压功率因数校正装置	国家市场监督管理总局、中国国家标准化管理委员会	2023-09-01
40	GB/T 4026—2019	人机界面标志标识的基本和安全规则 设备端子、导体终端和导体的标识	国家市场监督管理总局、中国国家标准化管理委员会	2020-01-01
41	GB/T 4025—2010	人机界面标志标识的基本和安全规则 指示器和操作器件的编码规则	中华人民共和国国家质量监督检验检疫总局、中国国家标准化管理委员会	2011-07-01
42	GB/T 4208—2017	外壳防护等级(IP代码)	中华人民共和国国家质量监督检验检疫总局、中国国家标准化管理委员会	2018-02-01
43	GB/T 5585.1—2018	电工用铜、铝及其合金母线 第1部分：铜和铜合金母线	国家市场监督管理总局、中国国家标准化管理委员会	2019-07-01

续表

序号	标准编号	标准名称	发布部门	实施日期
44	GB 7251.1—2013	低压成套开关设备和控制设备 第1部分：总则	中华人民共和国国家质量监督检验检疫总局、中国国家标准化管理委员会	2015-01-13
45	GB/T 14549—1993	电能质量 公用电网谐波	国家技术监督局	1994-03-01
46	GB/T 9090—1988	标准电容器	国家标准局	1989-01-01
47	GB/T 2900.16—1996	电工术语 电力电容器	国家技术监督局	1997-07-01
48	IEEE Std C18—2002	IEEE Standard for shunt power capacitors	IEC	2002
49	IEC 60831-1—2014	Shunt power capacitors of the self-healing type for a. c. systems having a rated voltage up to and including 1000 V. Part 1: General. Performance, testing and rating. Safety requirements. Guide for installation and operation	IEC	2014-02-11
50	IEC 60831-2—2014	Shunt power capacitors of the self-healing type for a. c. systems having a rated voltage up to and including 1000 V. Part 2: Ageing test, self-healing test and destruction test	IEC	2014-02-12

附录B

功率因数调整电费计算表

表1　以0.90标准值的功率因数调整电费表

减收电费	实际功率因数	0.90	0.91	0.92	0.93	0.94	0.95～1.00			0.95～1.00								
	月电费减少/%	0.0	0.15	0.30	0.45	0.60	0.75			0.75								
增收电费	实际功率因数	0.89	0.88	0.87	0.86	0.85	0.84	0.83	0.82	0.81	0.80	0.79	0.78	0.77	0.76	0.75	0.74	0.73
	月电费增加/%	0.5	1.0	1.5	2.0	2.5	3.0	3.5	4.0	4.5	5.0	5.5	6.0	6.5	7.0	7.5	8.0	8.5
减收电费	实际功率因数																	
	月电费减少/%																	
增收电费	实际功率因数	0.72	0.71	0.70	0.69	0.68	0.67	0.66	0.65	自0.64及以下，每降低0.01，电费增加2%								
	月电费增加/%	9.0	9.5	10.0	11.0	12.0	13.0	14.0	15.0									

表2　以0.85标准值的功率因数调整电费表

减收电费	实际功率因数	0.85	0.86	0.87	0.88	0.89	0.90	0.91	0.92	0.93	0.94～1.00							
	月电费减少/%	0.0	0.1	0.2	0.3	0.4	0.5	0.65	0.80	0.95	1.1							
增收电费	实际功率因数	0.84	0.83	0.82	0.81	0.80	0.79	0.78	0.77	0.76	0.75	0.74	0.73	0.72	0.71	0.70	0.69	0.68
	月电费增加/%	0.5	1.0	1.5	2.0	2.5	3.0	3.5	4.0	4.5	5.0	5.5	6.0	6.5	7.0	7.5	8.0	8.5
减收电费	实际功率因数																	
	月电费减少/%																	
增收电费	实际功率因数	0.67	0.66	0.65	0.64	0.63	0.62	0.61	0.60	自0.59及以下，每降低0.01，电费增加2%								
	月电费增加/%	9.0	9.5	10.0	11.0	12.0	13.0	14.0	15.0									

表 3 以 0.80 标准值的功率因数调整电费表

减收电费	实际功率因数	0.80	0.81	0.82	0.83	0.84	0.85	0.86	0.87	0.88	0.89	0.90	0.91	0.92～1.00				
	月电费减少/%	0.0	0.1	0.2	0.3	0.4	0.5	0.6	0.7	0.8	0.9	1.0	1.15	1.3				
增收电费	实际功率因数	0.79	0.78	0.77	0.76	0.75	0.74	0.73	0.72	0.71	0.70	0.69	0.68	0.67	0.66	0.65	0.64	0.63
	月电费增加/%	0.5	1.0	1.5	2.0	2.5	3.0	3.5	4.0	4.5	5.0	5.5	6.0	6.5	7.0	7.5	8.0	8.5
减收电费	实际功率因数																	
	月电费减少/%																	
增收电费	实际功率因数	0.62	0.61	0.60	0.59	0.58	0.57	0.56	0.55	自 0.54 及以下，每降低 0.01，电费增加 2%								
	月电费增加/%	9.0	9.5	10.0	11.0	12.0	13.0	14.0	15.0									

表 4 功率因数调整电费计算公式表

功率因数标准值	实际功率因数值	电费调整计算公式/%
0.80	0.55	$+50\times(2.5-4\cos\varphi)$
	>0.55～0.60	$+50\times(1.4-2\cos\varphi)$
	>0.60～0.80	$+50\times(0.8-\cos\varphi)$
	>0.80～0.90	$-10\times(0.8-\cos\varphi)$
	0.91	−1.15
	0.92～1.00	−1.30
0.85	0～0.60	$+50\times(2.7-4\cos\varphi)$
	>0.60～0.65	$+50\times(1.5-2\cos\varphi)$
	>0.65～0.85	$+50\times(0.85-\cos\varphi)$
	>0.85～0.90	$-10\times(0.85-\cos\varphi)$
	>0.90～0.94	$-10\times(1.3-1.5\cos\varphi)$
	>0.94～1.00	−1.10
0.90	0～0.65	$+50\times(2.9-4\cos\varphi)$
	>0.65～0.70	$+50\times(1.6-2\cos\varphi)$
	>0.70～0.90	$+50\times(0.9-\cos\varphi)$
	>0.90～0.95	$-15\times(0.9-\cos\varphi)$
	>0.95～1.00	−0.75